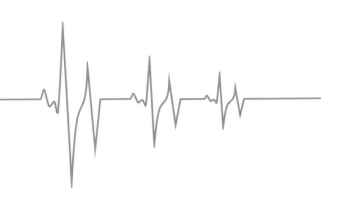

跨境动物
疾病图谱

Atlas of Transboundary
Animal Diseases

［美］Peter J. Fernández William R. White 编著

邓明义 王志亮 主译

中国农业出版社

Atlas of Transboundary Animal Diseases
By Peter J. Fernández, William R. White
© OIE (World Organisation for Animal Health), 2010

北京市版权局著作权合同登记号：图字01-2016-6272号

图书在版编目（CIP）数据

跨境动物疾病图谱 /（美）彼得·J. 费尔南德斯（Peter J. Fernández），（美）威廉·R. 怀特（William R. White）编著；邓明义，王志亮主译. —北京：中国农业出版社，2016.12
    ISBN 978-7-109-22453-7

Ⅰ. ① 跨… Ⅱ. ① 彼… ② 威… ③ 邓… ④ 王…
Ⅲ. ① 动物检疫－国境检疫－图谱 Ⅳ. ① S851.34-64

中国版本图书馆CIP数据核字（2016）第296037号

中国农业出版社出版
（北京市朝阳区麦子店街18号楼）
（邮政编码100125）
责任编辑　邱利伟　王森鹤

北京通州皇家印刷厂印刷　　新华书店北京发行所发行
2016年12月第1版　　2016年12月北京第1次印刷

开本：880mm×1230mm　1/16　　印张：17.5
字数：390千字
定价：240.00元
（凡本版图书出现印刷、装订错误，请向出版社发行部调换）

译者的话

　　世界动物卫生组织（OIE）所编《跨境动物疾病图谱》提供了29种OIE法定报告动物疾病的图片和文字信息，对于预防、诊断、控制和扑灭这些疾病是一本极为有用的参考书。这本书的英文版自2010年出版以来，就一直被用作美国农业部动植物检疫局每年在梅岛动物疾病中心举办的外来动物疾病诊断人员培训班和跨境动物疾病国际培训班的教材，也广泛用于世界其他国家跨境动物疫病的培训。无论对于临床兽医师，还是对于从事动物疾病诊断的实验室人员、从事兽医科学教育的人员，或对跨境动物疾病感兴趣的任何其他人士，这本书定将是不可多得的宝贵资料。

　　我们衷心感谢OIE总干事Bernard Vallat博士、OIE行政后勤与出版部主任Daniel Chaisemartin博士和副主任Annie Souyri女士对翻译团队的信任和授权发行《跨境动物疾病图谱》中文版。

　　参加本书翻译的有来自美国，中国大陆和台湾的共38位兽医专家（详见翻译人员名录）。我们对每一位专家的辛勤劳动表示衷心感谢。在所有翻译人员中，有16位来自中国农业部动物卫生与流行病学中心，他们的参与大大加快了翻译进度。

　　我们衷心感谢美国农业部动植物检疫局外来动物疾病诊断实验室主任Fernando Torres-Velez博士。他对翻译工作给予了鼎力支持。特别感谢本书英文版作者Peter J. Fernández博士和William R. White博士及对本书英文版做出显著贡献的Elizabeth D. Clark女士，没有他们的努力，中文版也难以面世。还要感谢OIE中国代表张仲秋博士对本书翻译所给予的大力支持。

　　参与本书翻译的虽然都是兽医领域的专家，但不是专业翻译人员。书中错误之处在所难免。请读者不吝指教，以便再版时更正。

　　我们希望本书为增进全球动物健康做出应有的贡献。

2015年4月

邓明义

美国农业部动植物检疫局外来动物疾病诊断实验室高级兽医师

电子邮箱：ming.y.deng@aphis.usda.gov

邓明义博士
Dr. Mingyi Deng

王志亮

中国动物卫生与流行病学中心总兽医师、研究员

电子邮箱：wangzhiliang@cahec.cn

王志亮博士
Dr. Zhiliang Wang

翻译人员名录

　　将《跨境动物疾病图谱》一书从原英文版翻译成中文的课题，共有38人参加。翻译人员按姓氏笔画排列。对相同笔画的姓氏，按姓氏汉语拼音第一个字母的顺序排列。对相同的姓氏，按名字的笔画排列。

于建敏，副研究员，中国动物卫生与流行病学中心国家外来动物疫病研究中心

邓明义，高级兽医师，美国农业部动植物检疫局外来动物疾病诊断实验室

戈胜强，副研究员，中国动物卫生与流行病学中心国家外来动物疫病研究中心

王志亮，研究员、总兽医师，中国动物卫生与流行病学中心和国家外来动物疫病研究中心

王清华，副研究员，中国动物卫生与流行病学中心国家外来动物疫病研究中心

王淑娟，副研究员，中国动物卫生与流行病学中心国家外来动物疫病研究中心

王静静，副研究员，中国动物卫生与流行病学中心国家外来动物疫病研究中心

史喜菊，研究员，北京出入境检验检疫局

李华春，研究员、院长，云南省畜牧兽医科学院和云南省热带亚热带动物病毒病重点实验室

李金明，副研究员，中国动物卫生与流行病学中心国家外来动物疫病研究中心

李　林，副研究员，中国动物卫生与流行病学中心国家外来动物疫病研究中心

李　震，研究员，上海市农业科学院畜牧兽医研究所

刘华雷，研究员，中国动物卫生与流行病学中心国家外来动物疫病研究中心

刘拂晓，副研究员，中国动物卫生与流行病学中心国家外来动物疫病研究中心

朱于敏，副研究员，上海市农业科学院畜牧兽医研究所

朱忠武，副主任，湖南出入境检验检疫局检验检疫技术中心

陈颖钰，副教授，华中农业大学动物医学院

沙才华，高级兽医师，珠海出入境检验检疫局技术中心

张永强，副研究员，中国动物卫生与流行病学中心国家外来动物疫病研究中心

张志城，副研究员，中国动物卫生与流行病学中心国家外来动物疫病研究中心

张　慧，博士生，华中农业大学动物医学院

吴绍强，研究员，中国检验检疫科学研究院动物研究所

吴晓东，研究员，中国动物卫生与流行病学中心国家外来动物疫病研究中心

吴　翔，副教授，中南大学湘雅医学院寄生虫学教研室

吴鑑三，研究员，中国动物卫生与流行病学中心国家外来动物疫病研究中心

林有良，副研究员，台湾家畜卫生试验所

林祥梅，研究员，中国检验检疫科学研究院动物研究所

郑东霞，副研究员，中国动物卫生与流行病学中心国家外来动物疫病研究中心

郭爱珍，教授，华中农业大学动物医学院

赵云玲，副研究员，中国动物卫生与流行病学中心国家外来动物疫病研究中心

祝长青，研究员，江苏出入境检验检疫局动植物与食品检测中心

唐连飞，高级兽医师，湖南出入境检验检疫局检验检疫技术中心

徐天刚，副研究员，中国动物卫生与流行病学中心国家外来动物疫病研究中心

程天印，教授、院长，湖南农业大学动物医学院

黄天祥，研究员，台湾家畜卫生试验所

潘居祥，副研究员，台湾家畜卫生试验所

薄清如，研究员、副主任，中国珠海出入境检验检疫局技术中心

英文版序

在疾病诊断培训中所传授的一个基本理念是，避免在临床做出明确的诊断。不过，一个经验丰富和训练有素的临床兽医师通过仔细分析现场得到的信息应该能够对疾病提出尝试性的鉴别诊断。这种"现场的看法"同实验室诊断相结合，对于一个国家有效控制动物疾病是有帮助的。

《跨境动物疾病图谱》尽量包括那些同跨境传播性动物疾病有关联的临床症状和死后损伤有价值的图片。这些图片可以帮助那些在现场实施鉴别诊断的兽医人员对疾病做出合适的尝试性诊断。

病原体可以以多种形式在其所侵害的动物体表现它们自己。此外，许多病原体能够在同一种动物产生一种特定疾病所具有的不同的可观察到的形式。这些疾病形式或表征是由发生在动物体的细胞变化和同时发生的组织变化所致，表现为用显微镜和肉眼可观察到的损伤、临床症状或行为改变。

应该懂得，本图谱中所列疾病并不一定会表现所有图片中显示的情形。事实上，有些跨境动物疾病仅仅表现出很少的临床症状和病理变化，或只表现那些不能用图片显示的特征（例如发热和厌食）。

当任何一种跨境动物疾病向一个从未感染过该病的群体传播时，通常导致急性的有临床症状的疾病，许多包括在本图谱的图片展示这些较明显的疾病表现形式。然而，我们也刻意尽力包括那些不明显的疾病形式。这些疾病形式无明显临床症状和/或地方流行特征。

牛瘟是个特别的例子。近期看到的疾病形式不是历史上出现的那种明显的急性型。

我们已经尽可能使用来自国际上不同地点的现场图片而不只是依靠在实验室复制的疾病图片。在某些情况下，我们包括了野生动物和宠物的跨境疾病，因为这些动物在疾病的流行病学上起重要作用。

许多兽医合作者和同行表达，需要一本展示重要的高质量的跨境动物疾病的图谱要求推动了本图谱的诞生。早先发行的《识别和诊断某些动物疾病的配图手册》，第一和第二卷（墨西哥-美国预防口蹄疫委员会，1982年和1988年）已不再印制且无库存。

美国农业部动植物检疫局（APHIS）所属兽医局的职业发展团队（The Professional Development Staff）曾着手为在梅岛动物疾病中心举办的外来动物疾病诊断人员培训班和跨境动物疾病国际培训班使用的前述配图手册寻求替代者。自1973年以来，已在梅岛举办130多期培训班，有来自全球各地的人员参加。在这样的培训班上，配图手册曾是不可缺少的教材。很显然，新的"适应"教材成为必需，而我们应该向国际兽医界求援以获得具代表性的疾病图片。

OIE曾对此课题给予慷慨支持，并要求APHIS同时重写OIE动物疾病知识卡片。这些卡片构成了本图谱正文的基础。虽然本书有单独的"谢忱"一章，作者还是要在这里感谢Elizabeth D. Clark女士非同寻常的帮助。她的献身精神和在图片选择及使图谱精益求精方面的能力对于图谱的出版至关重要。尽管她没有撰写图谱中的正文，但因在组织和图片方面的杰出贡献，她被认为是一个"荣誉"作者。

我们希望《跨境动物疾病图谱》对于兽医师、兽医助理、教育工作者和其他对跨境动物疾病感兴趣的人士是一本有用的工具书。我们视本次出版为首版，希望以后将不断有再版。我们请求国际同行将高质量的，对在全球控制跨境动物疾病有帮助的图片寄给OIE。

Peter J. Fernández

William R. White

二〇一〇年三月

从左到右：William R. White博士、Elizabeth D. Clark女士和Peter J. Fernández博士

英文版前言

英语中有句俗语："一张图片值千言"。《跨境动物疾病图谱》提供29种在经济上具重要性的跨境动物疾病的图片和文字。

全球优质的兽医服务机构都懂得对动物疾病传入的有效和快速反应取决于快速检测。显然，预防疾病传入是优先的手段。然而在某些情况下，一个国家经常难以得到最好的预期结果。在一个兽医服务机构内，检测跨境动物疾病有多种形式，包括常规监视、现场调查、采样、流行病学调查和确诊。

本图谱所列跨境动物疾病的分布在不同地理区域之间可能有很大差异，但其对全球贸易和为当地居民提供食品方面的影响不能低估。本图谱及时跟在《识别和诊断某些动物疾病的配图手册》的第一和第二卷后出版，为帮助现场兽医作疾病鉴定提供了重要的科学信息和疾病图片。像原先出版的配图手册一样，OIE将在其出版物目录中包括本图谱的英、法和西班牙文版本以使更多的人能得到它。

许多OIE参考实验室和协作中心及其他国际专家为本图谱捐献了图片，这对我们是一种鼓励。数码照相技术为捕获这些疾病提供了极大的方便。然而，或是因为不合适的图片分辨率，或是因为图片的主人已承诺将图片给别的出版者而难以提供给本图谱，作者未能收集到他们曾经希望得到的所有图片。再版时，我们期待有更多的合作者将会前进一步，为传播关于这些具潜在毁灭性的动物疾病的知识做出贡献。

我们期待本图谱将作为所有兽医服务机构的现场人员在对具经济重要性的跨境动物疾病的出现或传入作调查时的一个重要的国际资源。《跨境动物疾病图谱》的出版是OIE在传播可靠兽医科学信息方面所做的又一努力。该图谱对于OIE关于控制动物疾病、加强兽医服务机构和预防跨境动物疾病传播的使命是一直接支持。

最后，我特别提到美国农业部动植物检疫局Peter J. Fernández博士、William R. White博士和Elizabeth D. Clark女士的献身精神和努力及美国农业部在经费上的贡献。没有这些，这一卓越图谱不可能出版。

Bernard Vallat 博士
世界动物卫生组织（OIE）总干事

英文版谢忱

作者对为《跨境动物疾病图谱》的出版提供帮助的各类人员表示感谢。出版本图谱起始的经费支持由美国农业部动植物检疫局兽医局的应急管理和诊断团队提供。起始的组织支持由兽医局职业发展团队的Paula Cowen和Jason Baldwin提供。

图谱中的很多照片由梅岛动物疾病中心视觉信息服务部拍摄。图片的文字说明和注释由Bruce Thomsen和Doug Gregg提供。

最后，作者要感谢OIE及其总干事和科技部、行政后勤和出版部，及动物健康信息部的能干的总部工作人员和各OIE地区代表办公室。

图片来源和捐献人

Alejandro Villaseñor Alvarez

Faculty of Veterinary Medicine and Zootechnics, University of Michocan (FMVZ/UMSNH), San Nicolas de Hidalgo, Mexico

Anna Toffan

OIE/FAO and National Reference Laboratory for AI and ND, Experimental Zooprophylactic Institute of Venice (IZSVe), Padua, Italy

Antonio Arroyave

US Department of Agriculture (USDA), Animal and Plant Health Inspection Service (APHIS), International Services (IS), Vienna, Austria

Arnoldo Gutierrez

US Department of Agriculture, Animal and Plant Health Inspection Service (APHIS), Veterinary Services (VS), Texas, United States of America

Carlos Zenobi

National Service for Agrifood Health and Quality (SENASA), Buenos Aires, Argentina

Christian Griot

Institute of Virology and Immunoprophylaxis (IVI), Mittelhaeusern, Switzerland

Claude Saegerman

Department of Infectious and Parasitic Diseases, Faculty of Veterinary Medicine, University of Liège (DMIP/FMV/ULg), Liège, Belgium

Cleopas Bamhare

Ministry of Agriculture, Water and Forestry, Directorate of Veterinary Services (MAWF/DVS), Windhoek, Namibia

Cornell University

College of Veterinary Medicine (CU/CVM), Partners in Animal Health, Ithaca, NY, United States of America

Cynthia Duerr

Panama – US Commission for the Eradication and Prevention of Screwworm (COPEG), Pacora, Panama

Emma Wilkins

Commonwealth Scientific Industrial Research Organisation, Australian Animal Health Laboratory (CSIRO/AAHL), East Geelong, Victoria, Australia

Filip Claes

Institute of Tropical Medicine Antwerp (ITM), Department of Parasitology, Antwerp, Belgium

Fernando Leandro dos Santos

Rural Federal University of Pernambuco (UFPE), Recife, Brazil

Francisco Simião Medieros de Souto

Agriculture and Livestock Defense Institute of the State of Mato Grosso (INDEA), Cuiabá, Mato Grosso, Brazil

Fred Potgieter

Faculty of Veterinary Science, University of Pretoria and the Onderstepoort Veterinary Institute, Agricultural Research Council (OVI/ARC), Pretoria, South Africa

Greg Chavez

US Department of Agriculture (USDA), Animal and Plant Health Inspection Service (APHIS), Veterinary Services (VS), Pueblo, Colorado, United States of America

Hector Sanguinetti

National Service for Agrifood Health and Quality (SENASA), Buenos Aires, Argentina

Heronides Viegas da Silva

Pernambuco Livestock Defense and Inspection Agency (ADAGRO-PE), Pernambuco, Brazil

Ilaria Capua

OIE/FAO and National Reference Laboratory for AI and ND, Experimental Zooprophylactic Institute of Venice (IZSVe), Padua, Italy

Jackie Pickard

Faculty of Veterinary Science, University of Pretoria and the Onderstepoort Veterinary Institute, Agricultural Research Council (OVI/ARC), Pretoria, South Africa

Jens Teifke

Friedrich Loeffler Institute (FLI), Federal Research for Animal Health, Isle of Reims, Germany

John Fischer

Southeastern Cooperative Wildlife Disease Study (SCWDS), College of Veterinary Medicine, University of Georgia, Athens, Georgia, United States of America

John Putterill

Faculty of Veterinary Science, University of Pretoria and the Onderstepoort Veterinary Institute, Agricultural Research Council (OVI/ARC), Pretoria, South Africa

Jorge Caetano da Silva

Pernambuco Livestock Defense and Inspection Agency (ADAGRO/PE), Pernambuco, Brazil

Jose Manuel Sanchez-Vizcaino

Department of Animal Health, School of Veterinary Medicine, Complutense University of Madrid (FV/UCM), Spain

Karen Sliter

US Department of Agriculture (USDA), Animal and Plant Health Inspection Service (APHIS), International Services (IS), Washington, DC, United States of America

Khosi Motloang

Parasites, Vectors and Vectorborne Diseases, Onderstepoort Veterinary Institute, Agricultural Research Council (OVI/ARC), Pretoria, South Africa

Koos Coetzer

Faculty of Veterinary Science, University of Pretoria and the Onderstepoort Veterinary Institute, Agricultural Research Council (OVI/ARC), Pretoria, South Africa

Linda Logan

US Department of Agriculture (USDA), Animal and Plant Health Inspection Service (APHIS), International Services (IS), Dakar, Senegal

Maristela Brito Vicente

Agriculture and Livestock Defense Institute of the State of Mato Grosso (INDEA), Cuiabá, Mato Grosso

Maritza X. Bonilla Vega

Panama – US Commission for the Eradication and Prevention of Screwworm (COPEG), Pacora, Panama

Nathalie Kirschvink

Department of Veterinary Medicine, Laboratory of Animal Physiology (FUNDP/SVETPA), University of Namur, Namur, Belgium

Peter J. Fernández

US Department of Agriculture (USDA), Animal and Plant Health Inspection Service (APHIS), International Services (IS), Brussels, Belgium

Robert De Nardi

OIE/FAO and National Reference Laboratory for AI and ND, Experimental Zooprophylactic Institute of Venice (IZSVe), Padua, Italy

Robert Glavitis

Central Agricultural Institute, Veterinary Diagnostic Directorate (CAI/VDD), Budapest, Hungary

Roberto Navarro

Mexico-U.S. Exotic Animal Disease Commission (EADC), Palo Alto, Mexico City, Mexico

Roni King

Ministry of Agriculture, Kimron Veterinary Institute (KVI), Bet Dagan, Israel

Sabine Kuhne

Institute of Virology (TiHO), Department of Infectious Diseases, University of Veterinary Medicine Hannover, Germany

Shihabudheen Palakkuzhiyil

Public Authority of Agriculture Affairs and Fish Resources (PAAAFR), Safat, Kuwait

Sinval Aragão Almeida

Superintendency of the Pernambuco Ministry of Agriculture (SFA-PE), Livestock and Food Supply, Pernambuco, Brazil

Udo Feldmann

Insect Pest Control Section, Joint FAO/IAEA Division, International Atomic Energy Agency (IAEA), Vienna, Austria

Ulrich Wernery

Central Veterinary Research Laboratory (CVRL), Dubai, UAE

Ulrike Seitzer

Veterinary Infection Biology and Immunology, Research Center Borstel, Borstel, Germany

US Department of Agriculture (USDA)

Plum Island Animal Disease Center (PIADC), Plum Island, NY, United States of America

Yakov Brenner

Ministry of Agriculture, Kimron Veterinary Institute (KVI), Bet Dagan, Israel

Yoshinari Katayama

Epizootic Research Center, Equine Research Institute (ERC/ERI), Japan Racing Association, Shimotsuga-gun, Tochigi Prefecture, Japan

目录

一、非洲马瘟

病原学

病原分类

非洲马瘟（African horse sickness AHS）的病原体是呼肠孤病毒科（*Reoviridae*）环状病毒属（*Orbivirus*）的一种病毒。虽然通过中和试验可将非洲马瘟病毒（AHSV）分为9个不同的抗原血清型，但已发现血清型1与2，3与7，5与8以及6与9之间有一定交叉反应。未发现该病毒与其他已知环状病毒有交叉反应。

对理化作用的抵抗力

温度：

相对耐热，特别是在有蛋白质存在的条件下。AHSV在含枸橼酸盐的血浆中，经55～75℃/131～167℉加热10分钟，仍具有感染性。在冻干或在Parker Davis介质中冷冻（-70℃/-94℉）保存，滴度损失极少。在4℃/39℉，特别是在有血清和草酸钠、石炭酸和甘油（OCG）等稳定剂存在的条件下感染性十分稳定。在OCG中，血液的感染性可保持20年以上。在含有10%血清的盐水中，在4℃/39℉

可储存6个月以上。在-20℃/-4℉和-30℃/-22℉之间，相当不稳定。

pH：

可在pH6.0～12.0之间存活。pH6.0以下容易失活。最适pH为7.0～8.5。

化学药品 / 消毒剂：

能被福尔马林（0.1%，48小时）、β-丙内酯（0.4%）和二乙烯亚胺灭活。耐脂溶剂。能被乙酸（2%）、过一硫酸氢钾复合盐/氯化钠-卫可（Virkon®S，1%）和次氯酸钠（3%）灭活。

存活力：

腐败不能破坏病毒：腐败的血液可保持感染性2年以上，但尸僵（低pH）会迅速破坏肌肉中的病毒。在冻干状态下，疫苗毒株于4℃/39℉存活良好。

流行病学

- 该病由库蠓（*Culicoides* spp.）传播。此类昆虫在撒哈拉以南的多数非洲国家频繁出现。

- 至少有两种媒介昆虫传播此病：*Culicoides imicola*（拟蚊库蠓）和 *C. bolitinos*。
- 该病具有季节性（晚夏/秋）和流行周期，与旱后多雨有关。
- 南部非洲的多数流行与厄尔尼诺–南方涛动（EI Nino/Southern Oscillation, ENSO）的暖位相（Warm phase）密切相关。
- 马的发病率为70%～90%，骡50%左右，驴10%左右。
  - 除轻微发热外，斑马和非洲野驴呈亚临床感染。
  - 斑马的病毒血症可长达40天。

宿主

- 常见宿主为马属动物：马、骡、驴和斑马。
- 认为斑马是储存宿主。
- 虽然在骆驼、非洲象、黑犀牛和白犀牛中检出抗体，但这些动物在流行病学中的作用可能不大。
- 犬食用了感染的马肉会发生特急性致死性感染，但由于犬不是库蠓嗜好的宿主，不太可能在该病传播中发挥作用。

传播

- 不通过接触传播。
- 通常由生物媒介引起传播。已知拟蚊库蠓（*C. imicola*）和*C. bolitinos*能在田间传播AHSV；拟蚊库蠓似乎是主要的媒介。
- 试验条件下，北美的异翅库蠓（*C. variipennis*）也是有效的媒介。
- 偶然传播模式：蚊子–库蚊、按蚊和伊蚊；蜱–璃眼蜱和扇头蜱；可能还有叮咬蝇–螫蝇和牛虻。
- 温暖潮湿的环境有利于媒介昆虫的出现。
- 在某些流行过程中，风可能起到扩散感染性库蠓的作用。
- 据估计库蠓借助风力可移动到很远的距离（水面700千米，地面150千米）。

传染源

- 感染马匹的内脏和血液。
- 精液、尿液和病毒血症期间几乎所有的分泌物，但没有研究证明它们传播该病。
- 马的病毒血症通常持续4～8天，但可长达21天；斑马的病毒血症可持续长达40天。
- 康复动物不再携带病毒。

病的发生

AHS在非洲中部热带地区呈地方流行性，由此定期向南部非洲传播，偶尔会传至北非。所有血清型在南部和东部非洲都有发生。西非则只有9型和4型，并偶尔会传播到地中海沿岸国家。

非洲之外有小量暴发，主要在近东和中东（1959—1963）、西班牙（1966，1987—1990）、葡萄牙（1989）、沙特阿拉伯和也门（1997）以及佛得角群岛（1999）。但最近非洲主要媒介（亚非的拟蚊库蠓）和蓝舌病病毒北扩至欧洲地中海盆地，使该地及以远区域受到AHS的威胁。

诊断

本病潜伏期通常为7～14天，但可短至2天。《OIE陆生动物卫生法典》描述的家马的AHSV的感染期为40天。

临床诊断

- 有4种主要表现类型。
- 多数情况下，首先是亚临床心型，随后突然出现明显的呼吸困难和其他典型的肺型症状。

- 神经型也可发生，但少见。
- 发病率和死亡率因动物种类、先前免疫状态和疾病类型而有所差异。
  - 马特别易感，多呈混合型和肺型；死亡率通常为50%～95%。
  - 骡：死亡率约50%；欧洲和亚洲驴：死亡率5%～10%；非洲驴和斑马：死亡率很低。
- AHS康复动物对所感染的血清型会产生良好的免疫力，对其他血清型也可产生部分免疫力。

亚临床型（马瘟热）

- 发热（40℃/104°F～40.5℃/105°F）。
- 属温和型；全身不适1～2天。
- 很少导致死亡。

亚急性或心型

- 发热（39～41℃/102～106°F）。
- 眶上窝、眼睑、面部组织、颈、胸部、胸肌和肩部肿胀。
- 死亡率通常为50%或以上；通常1周内死亡。

急性呼吸或肺型

- 发热（40℃/104°F～41℃/106°F）。
- 呼吸困难，痉挛性咳嗽，鼻孔张大并有泡沫状液体流出。
- 结膜潮红。
- 几乎都会死亡；1周内缺氧而亡。

混合型（心、肺混合型）

- 频繁发生。

- 肺部症状轻微不进一步发展，水肿和渗出物明显。
- 死亡率：70%～80%或更高。

病变

呼吸型

- 肺部小叶间水肿。
- 心包积水、胸腔积液。
- 胸部淋巴结水肿。
- 心包膜点状出血。
- 小肠和大肠的黏膜和浆膜可能出现充血和点状出血。

心型

- 皮下和肌肉内胶冻样水肿。
- 心外膜和心内膜瘀斑；心肌炎。
- 出血型胃炎。

鉴别诊断

- 炭疽
- 马传染性贫血
- 马病毒性动脉炎
- 锥虫病
- 马脑炎
- 梨浆虫病
- 出血性紫癜
- 亨德拉病毒病

实验室诊断

样品

病毒分离

- 发热早期采集的抗凝血，4℃/39℉条件下送至实验室。
- 动物死亡之后，立即采集脾、肺和淋巴结样品，置于适当的运输介质于4℃/39℉条件下送至实验室；不要冻结。

血清学诊断

- 最好间隔21天采集两份样品，–20℃/–4℉冷冻保存。

程序

病毒分离

- 细胞培养，如幼仓鼠肾细胞–21（BHK–21），猴稳定细胞系（MS）或非洲绿猴肾细胞（Vero）。
- 鸡胚静脉接种。
- 新生小鼠脑内接种。

病毒鉴定

- 酶联免疫吸附试验（ELISA）：快速检测脾脏和细胞培养上清中的AHSV抗原。
- 病毒中和试验（VN）：目前仍是对病毒分离物进行血清型鉴定的"金标准"，但耗时5天。
- 已开发了专门用于AHSV基因组检测的RT-PCR方法；可用于检测EDTA抗凝血、马或小鼠组织匀浆以及细胞培养液中的病毒RNA。
- 实时PCR：可检测所有9个血清型。

AHSV血清型鉴定

- 用型特异性抗血清进行VN试验一直是对AHSV田间分离物进行血清型鉴别的最佳方法和"金标准"。
- 最近开发的用于鉴定和区分AHSV9个血清型的型特异性RT-PCR，能在几小时之内对组织样品分离物的血清型进行鉴别。RT-PCR和VN之间的一致性很高。
- AHSV9个血清型的鉴定也可用一整套VP2基因探针来完成。

血清学诊断

自然感染幸存下来的马匹能在感染后8～12天产生针对相应血清型的抗体。

- 间接ELISA（《陆生动物诊断试验和疫苗手册》指定的试验方法）
- 补体结合试验（《陆生动物诊断试验和疫苗手册》指定的试验方法）
- 免疫印迹试验
- 病毒中和试验（《陆生动物诊断试验和疫苗手册》替代方法）–用于血清型鉴别。
- 免疫扩散试验
- 血凝抑制试验

预防和控制

无有效治疗方法。

卫生预防

无疫区域、地区和国家

- 鉴定病毒和确定血清型。
- 建立严格的检疫隔离带和移动控制。

- 考虑对感染和暴露的马匹执行安乐死。
- 至少从黄昏到黎明（库蠓最活跃的时间段），要将所有马属动物关在能防昆虫的厩舍中。
- 建立媒介控制措施：消灭库蠓滋生地；使用驱虫剂、杀虫剂和/或杀蚴剂。
- 每天检测2次体温：将有发热症状的马匹置于无昆虫厩舍或执行安乐死。
- 考虑疫苗接种。
- 鉴定接种了疫苗的动物。
- 可以得到的疫苗为弱毒疫苗。
  - 产生病毒血症且理论上存在与暴发毒株发生重组的可能性。
  - 可能导致畸形。

已感染区域、地区和国家

- 每年接种疫苗。
- 媒介控制。

医学预防

- 对未感染马进行疫苗接种：
- 多价减毒活疫苗：在某些国家已商品化。
- 单价减毒活疫苗：毒株已经血清学分型后使用。
- 单价灭活疫苗：已经停止销售。
- 血清特异性亚单位疫苗：正在研发中。

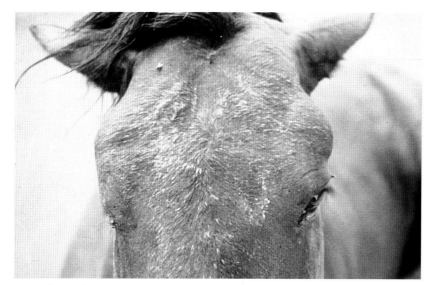

图1 非洲马瘟：马，头部。明显的眶窝肿胀。[来源：OVI/ARC]

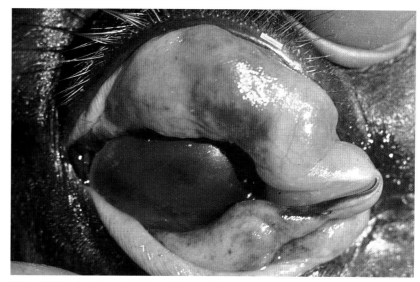

图3 非洲马瘟：马，眼结膜。重度水肿。[来源：OVI/ARC]

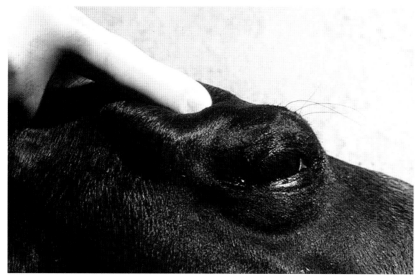

图2 非洲马瘟：马，头部。眶窝内脂肪组织的非凹陷性水肿。[来源：FV/UCM]

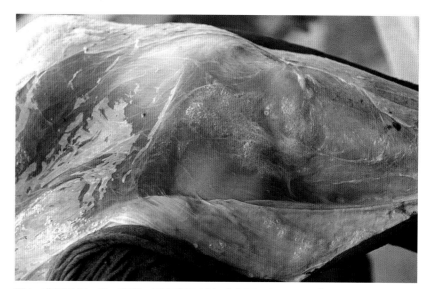

图4 非洲马瘟：马，肩部。重度皮下水肿。[来源：OVI/ARC]

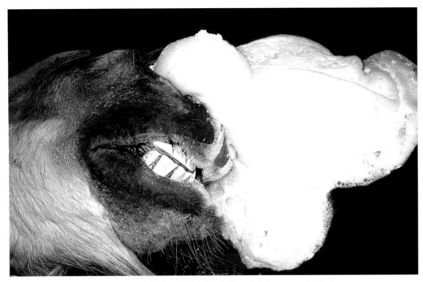

图5 非洲马瘟：马。大量白色泡沫样鼻排出物。[来源：PIADC]

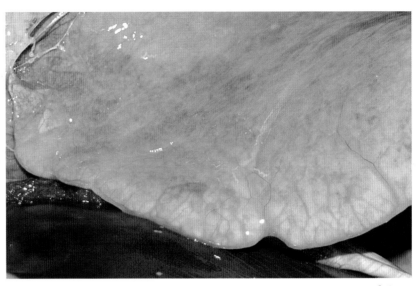

图7 非洲马瘟：马，肺部。明显的肺水肿。小叶间隔和胸膜下水肿扩张。[来源：PIADC]

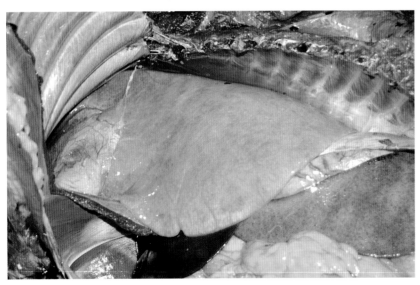

图6 非洲马瘟：马，肺部。重度肺水肿伴有胸腔积水；小叶间隔和胸膜下水肿扩张。[来源：PIADC]

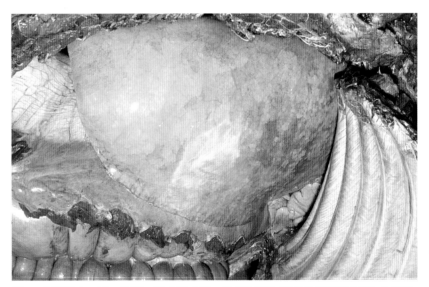

图8 非洲马瘟：马，肺部。重度肺水肿。肋骨压痕和黄色的胸膜渗出液。[来源：PIADC]

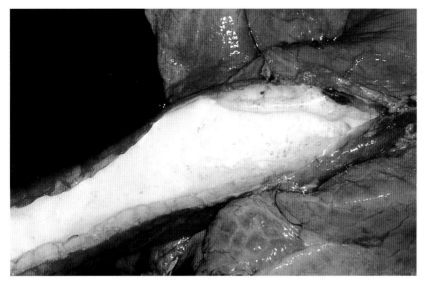

图9 非洲马瘟：马，气管。气管内充满白色泡沫。[来源：PIADC]

图11 非洲马瘟：马，心脏。中度心包积液。[来源：PIADC]

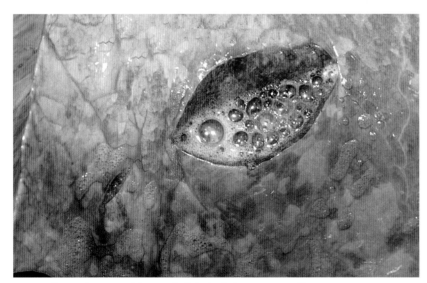

图10 非洲马瘟：马，肺部。重度肺水肿。[来源：PIADC]

图12 非洲马瘟：马，心脏，左心室。重度心内出血。[来源：PIADC]

图13 非洲马瘟：马，颈部肌肉和项韧带。重度肌间水肿。[来源：PIADC]

图15 非洲马瘟：马，颈部肌肉。皮下和肌间水肿。[来源：PIADC]

图14 非洲马瘟：马，颈部肌肉。肌间水肿。[来源：PIADC]

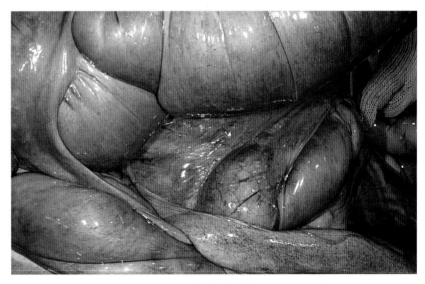

图16 非洲马瘟：马，大肠。浆膜瘀点和充血。[来源：PIADC]

二、非洲猪瘟

病原学

病原分类

非洲猪瘟病毒（African swine fever virus, ASFV）是一种DNA病毒，是非洲猪瘟病毒科（*Asfarviridae*）非洲猪瘟病毒属（*Asfivirus*）的唯一成员。通过限制性内切酶和序列分析，该病毒可分为多个基因型。ASFV分离株的毒力差别大，标准的毒株命名方式应包括分离株来源城市或国家和分离年代的最后两位数（如：Lisbon'60，DR'78）。ASFV是目前唯一已知的DNA虫媒病毒。

对理化作用的抵抗力

温度：

对低温有很强的抵抗力。56℃/132.8℉，70分钟或60℃/140℉，20分钟可灭活病毒。

pH：

在无血清培养基中，pH<3.9或pH>11.5可使病毒失活。血清能增加病毒的抵抗力，例如，pH13.4的条件下，在无血清时抵抗力仅持续21小时，有血清时则可持续7天。

化学药品 / 消毒剂：

对乙醚和氯仿敏感。0.8%的氢氧化钠（30分钟），含氯为2.3%的次氯酸盐（30分钟），0.3%的福尔马林（30分钟），3%的邻–苯基苯酚（30分钟）和碘化合物均能灭活该病毒。

存活力：

在血液、粪便和组织中存活很长时间，特别是在未经烹饪或烹饪不彻底的猪肉产品中。也可在媒介（钝缘蜱）中繁殖。

流行病学

宿主

- 非洲野猪：疣猪（*Phacochoerus aethiopicus*），丛林猪（薮猪，*Potamochoerus* sp.）和巨森林猪（*Hylochoerus meinert zhageni*）常呈隐性感染

并充当ASFV的储存宿主。

- 有临床表现的宿主：家猪（*Sus domestica*），欧洲野猪和美洲野猪。
- 钝缘蜱属的蜱被认为是该病毒的自然节肢动物宿主。而且有猜测认为ASFV是节肢动物病毒，而哺乳动物，如家猪，只是"偶然宿主"（'accidental hosts'）。

传播

- 直接传播：
- 通过患病动物和健康动物之间的接触。
- 间接传播：
- 饲喂含有污染了ASFV的猪肉制品泔水（病毒在未经烹饪的猪肉制品中保持感染性3～6个月）。
- 生物媒介，钝缘蜱属的软蜱。
- 污染物，包括畜舍，运输工具，用具和衣物。
- 蜱间传播：可跨期、经卵和通过交配传播。

传染源

- 患病或死亡动物的血液、组织、分泌物和排泄物。
- 从急性或慢性感染康复的动物可能存在持续感染，成为病毒携带者，尤其是流行区内的非洲野猪和家猪。
- 钝缘蜱属的软蜱。

发生

在非洲撒哈拉地区的大多数国家，包括马达加斯加，非洲猪瘟呈地方性流行。在欧洲，曾报道在伊比利亚半岛发生并成功消灭。但随后在撒丁岛又发现该病。1970年代在美洲，ASFV发生于加勒比海地区（海地和多米尼加共和国）和南美洲的巴西，并被成功消灭。最近，本病在高加索地区（格鲁吉亚、阿塞拜疆和亚美尼亚）出现。

诊断

潜伏期一般为3～15天，急性型为3～4天。《OIE陆生动物卫生法典》规定猪的潜伏期为15天。

临床诊断

超急性型（高毒力毒株）

无症状，突然死亡。

急性型（高毒力毒株）

- 高热（40.5～42℃/105～107.6℉）。
- 早期白细胞减少和血小板减少（48～72小时）。
- 皮肤泛红（白猪）—耳尖、尾巴、四肢末端、胸部和腹部两侧。
- 由于难以调节体温而导致在猪圈内扎堆并伴随颤动。
- 死前24～48小时，出现厌食、精神萎靡、紫绀，以及动作不协调或四肢呈划水状。
- 脉搏和呼吸频率增加。
- 呕吐、腹泻（有时带血）和可能带有分泌物的眼结膜炎。
- 6～13天，或最长20天内死亡。
- 妊娠母猪可能发生流产。
- 存活动物可终身带毒。
- 家猪病死率常可达100%。

亚急性型（中等毒力毒株）

- 症状较轻；轻微发热，食欲下降，精神沉郁。
- 病程5～30天。
- 妊娠母猪流产。
- 15～45天内死亡。
- 病死率低（30%～70%，差异很大）。

慢性型（中等或低毒力毒株）

- 多种临床表现：体重减轻，无规则热，呼吸症状，皮肤部分坏死，慢性皮肤溃疡，关节炎。
- 心包炎，肺部黏连，关节肿胀。
- 病程2～15个月。
- 病死率低。

病变

急性型（并非以下所有病变均可见，因毒株而异）

- 全身淋巴结肿大，部分有出血；胃肝和肾淋巴结明显出血。
- 肾皮质、髓质和肾盂中可见点状出血。
- 脾充血性肿大；脾经折叠易碎和断裂。
- 无毛部位水肿发绀。
- 腿部和腹部皮肤出现瘀斑。
- 胸腔、心包和/或腹腔过量积液。
- 喉部、膀胱黏膜和内脏表面出现瘀点。
- 结肠和邻近胆囊的肠系膜以及胆囊壁出现水肿。

慢性型

- 关节处出现皮肤溃疡和局部坏死梗塞。
- 肺部可能出现干酪样坏死和钙化病变。
- 淋巴结肿大。

鉴别诊断

- 古典猪瘟（CSF）：不能通过临床症状或剖检区分古典猪瘟和非洲猪瘟；必须寄送样品进行实验室检测。
- 猪繁殖与呼吸障碍综合征
- 猪丹毒
- 沙门氏菌病
- 伪狂犬病（青年猪）
- 巴氏杆菌病
- 其他败血病

实验室诊断

样品

病原鉴定
- 应提交整套的临床样品，特别是：
- 发热早期采集血液，储存于EDTA（0.5%）中。
- 脾、淋巴结、扁桃体和肾脏，4℃/39℉保存。

血清学检测
- 采集感染后8～21天内的康复动物血清。

程序

病原鉴定

- 病毒分离：
- 细胞接种（原代培养的猪单核细胞或骨髓细胞）：大多数分离株产生红细胞吸附现象。
- 红细胞吸附试验（HAD）：阳性结果可确诊ASF感染（两个程序）：
- 程序1：原代白细胞培养。
- 程序2：用感染猪的外周血白细胞进行自身玫瑰花环试验。
- 用荧光抗体试验（FAT）检测抗原：FAT阳性加上临床症状和适当的病理变化可初步诊断为ASF。
- 用PCR检测病毒基因组：当样品不适合进行病毒分离或抗原诊断时（例如腐败），PCR方法特别有用。
- 不再建议进行活猪接种试验。

血清学检测

- ELISA（国际贸易指定的检测方法）
- 间接荧光抗体试验（IFA）：用于确诊来自ASF无疫区的ELISA阳性血清和来自ASF流行区的ELISA可疑血清。
- 免疫印迹法：作为个别血清检测结果模棱两可时替代IFA的检测方法。
- 对流免疫电泳（免疫电渗电泳）试验：由于敏感性较低，该实验只推荐用于对猪群进行普查，而不针对个体动物。

预防和控制

卫生预防

该病控制过程中应特别注意携带ASFV的康复猪和持续感染的野猪。

无疫国家

- 对动物及动物产品制定严谨的进口政策。
- 对来自感染国家飞机或船只的废弃食物进行妥善处理。
- 对垃圾进行彻底消毒。

暴发处置

- 必须快速捕杀所有猪并妥善处理尸体和垫料。
- 彻底清洗和消毒。
- 划定受感染区并控制猪群的移动。
- 进行详细的流行病学调查，对可能的感染来源（上游）和可能的传播去向（下游）进行追踪。
- 对感染区域和周边地区进行监测。

染疫国家

- 避免猪接触媒介软蜱或进入软蜱栖息地（非洲）：如防止猪群四处游荡。

医学预防

- 无治疗方法。
- 无疫苗。

图1 非洲猪瘟：猪。蜷缩在一起，皮肤出现严重的多发性出血，耳朵出现红斑和紫绀。可见排泄物带血。[来源：PIADC]

图3 非洲猪瘟：猪。高热导致耳朵和四肢充血发绀。[来源：PIADC]

图2 非洲猪瘟：猪。一些已经死亡或濒临死亡，其余蜷缩在一起；表现划水状和共济失调。[来源：CSIRO/AAHL]

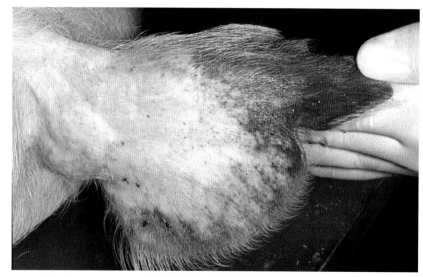

图4 非洲猪瘟：猪，耳朵。点状出血，充血和紫绀。[来源：PIADC]

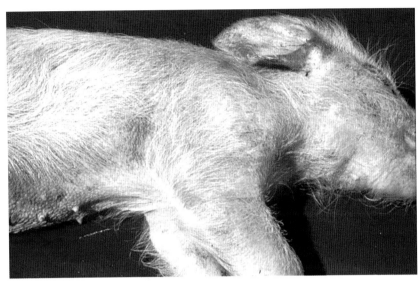

图5　非洲猪瘟：仔猪。弥散性红斑。[来源：OVI/ARC]

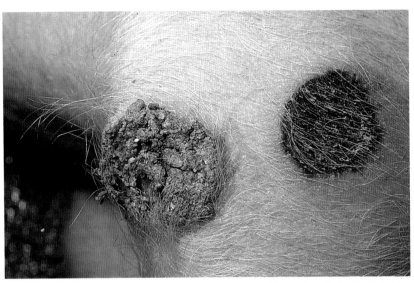

图7　非洲猪瘟：猪。一个大的结有厚痂的皮肤溃疡，其附近为一个大的周围充血的
　　　环形坏死区（右侧）（多见于慢性型ASF）。[来源：PIADC]

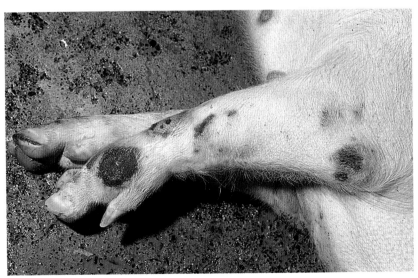

图6　非洲猪瘟：猪，腿部。皮肤多处出现坏死、出血和溃烂。这些病变通常发生于
　　　ASF慢性型感染猪的受力部位，如关节处。[来源：PIADC]

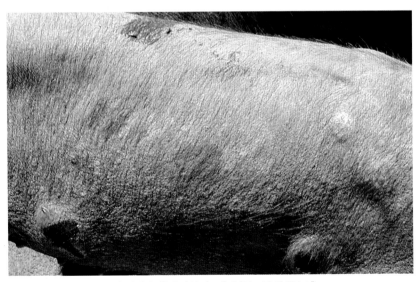

图8　非洲猪瘟：猪。多处隆起的皮肤溃疡。[来源：FV/UCM]

图9 非洲猪瘟：猪，肺部。严重的弥散性间质性肺炎和小叶间水肿。[来源：PIADC]

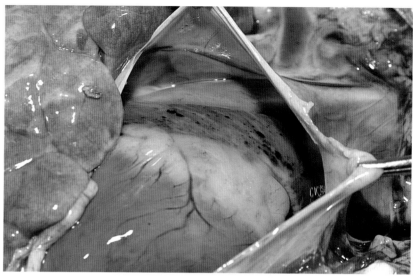

图11 非洲猪瘟：猪，心。中度多发性心房心外膜出血。[来源：PIADC]

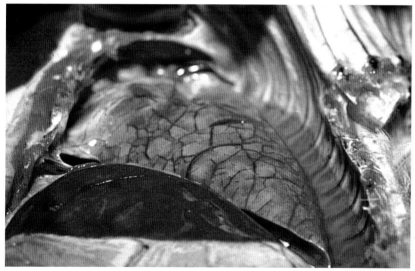

图10 非洲猪瘟：猪，肺部。明显的小叶间水肿，胸腔积液。[来源：PIADC]

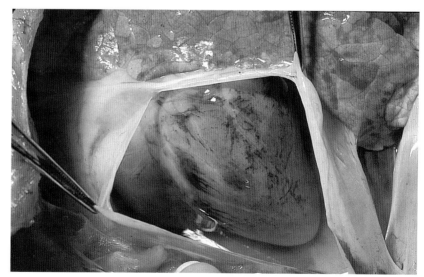

图12 非洲猪瘟：猪，心和肺。明显的心包积液且伴有心外膜出血。肺部有中度间质性肺炎。[来源：PIADC]

图13 非洲猪瘟：猪，脾脏。脾脏比正常尺寸的两倍还大且呈黑红色。[来源：PIADC]

图15 非洲猪瘟：猪，脾脏。易碎，弯折时易断裂。[来源：PIADC]

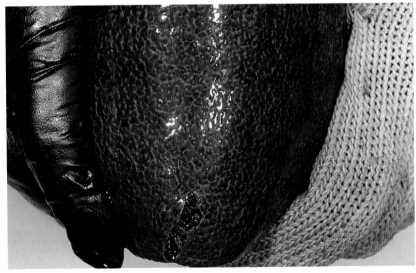

图14 非洲猪瘟：猪，脾脏。显著增厚。[来源：PIADC]

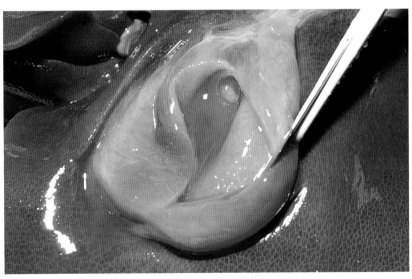

图16 非洲猪瘟：猪，胆囊。胆囊壁增厚、水肿。[来源：PIADC]

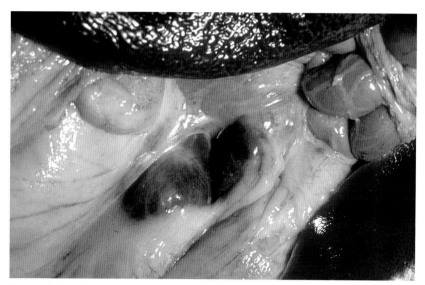

图17 非洲猪瘟：猪，胃肝淋巴结。严重出血。[来源：CSIRO/AAHL]

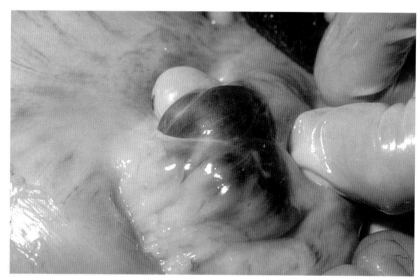

图18 非洲猪瘟：猪，胃肝淋巴结。显著增大，弥散性出血。[来源：CSIRO/AAHL]

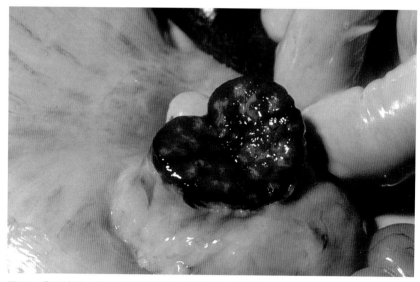

图19 非洲猪瘟：猪，胃肝淋巴结。严重出血。[来源：CSIRO/AAHL]

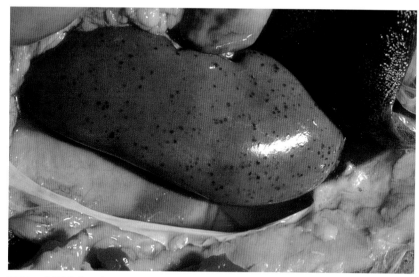

图20 非洲猪瘟：猪，肾脏。多灶性皮质点状出血。[来源：PIADC]

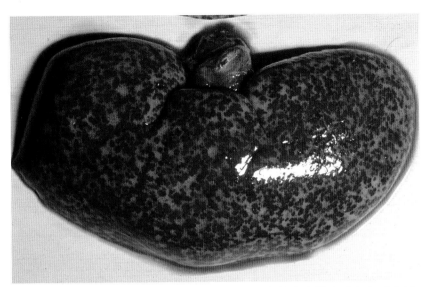

图21 非洲猪瘟：猪，肾脏。严重的多灶性和融合性瘀斑样皮质出血。[来源：PIADC]

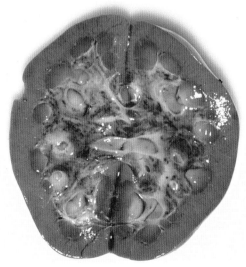

图22 非洲猪瘟：猪，肾脏。中度多灶性肾盂出血。[来源：PIADC]

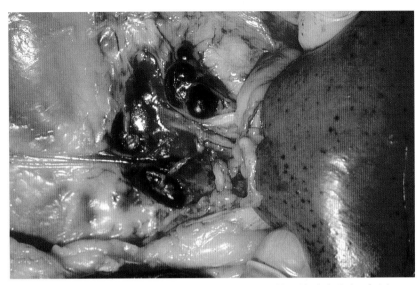

图23 非洲猪瘟：猪，肾脏。肾脏点状出血和肾脏淋巴结肿大出血。[来源：CSIRO/AAHL]

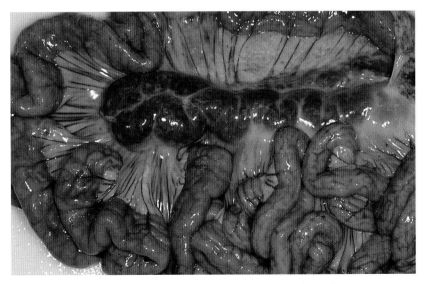

图24 非洲猪瘟：猪。肠系膜淋巴结肿大、出血。[来源：PIADC]

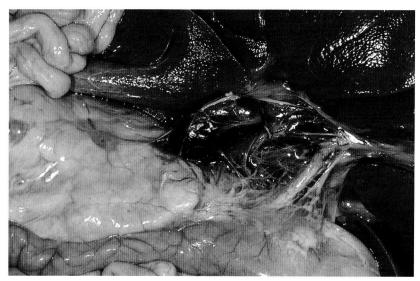

图25 非洲猪瘟：猪，胃肝淋巴结。明显肿大，弥散性出血。[来源：PIADC]

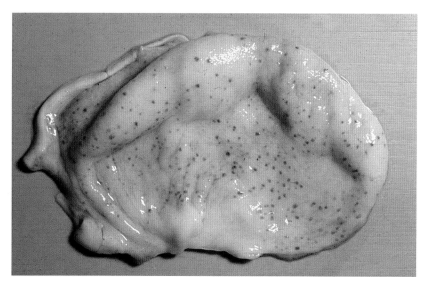

图26 非洲猪瘟：猪，膀胱。膀胱黏膜多灶性点状出血。[来源：PIADC]

三、蓝舌病

病原学

病原分类

本病病原体为蓝舌病毒（bluetougue virus，BTV），属呼肠孤病毒科（*Reoviridae*）环状病毒属（*Orbivirus*）。已知该属有20种病毒。蓝舌病毒有24个已知血清型并且和流行性出血病（EHD）血清群的病毒有亲缘关系。

对理化作用的抵抗力

温度：

在高温下非常不稳定。50℃/122℉，3小时可灭活；60℃/140℉，15分钟可灭活。

pH：

对pH<6.0或pH>8.0敏感。

化学药品/消毒剂：

可被β-丙内酯，2%W/V戊二醛，酸，碱（2%W/V NaOH），2%~3%W/V次氯酸钠，碘化物和酚类化合物灭活。

存活力：

有蛋白物质存在时（如血液和组织样品），病毒于20℃/68℉，4℃/39℉，以及-70℃/158℉非常稳定。由于病毒基因组为双链RNA，对紫外线和伽马射线有抗性。

流行病学

- 偶然接触不会造成感染。
- 一些库蠓属（昆虫宿主）的蠓可通过易感反刍动物传播BTV。这些昆虫宿主通过叮咬有病毒血症的动物（脊椎动物宿主）而被感染。
- 病毒在昆虫唾液腺里的复制周期为6~8天。
- 被感染的蚊蠓终生具有传染性。
- 蠓是唯一有重要意义的BTV的自然传播者。因此蓝舌病的分布和流行受生态因素（如降雨量，温度，湿度和土壤特征）支配。

– 在全球的许多地方，感染呈季节性发生。

● 由于环境中病原的存活与昆虫宿主因素相关，所以BTV不能在反刍动物中建立持续感染状态。

● 在人多数易感绵羊品种中，发病率可达100%，死亡率在30%~70%；在野鹿和羚羊中死亡率可达90%。

– 在欧洲，BTV-8型可感染多数牛，但死亡率一直在1%以下。

宿主

● 脊椎动物宿主包括家养和野生反刍动物，如绵羊、山羊、牛、水牛、鹿、多数品种的非洲羚羊和其他偶蹄动物如骆驼等。

– 尚不知自然环境下非反刍动物的作用。

– 绵羊的易感性在不同品种间有差异。

● 牛、羊、单峰驼、野生反刍动物：通常为隐性感染。

传播途径

● 生物媒介：库蠓属

传染源

● 带毒库蠓

● 血

● 精液

病的发生

BTV全球分布情况与媒介的存在以及它们栖息地（流行病学体系）直接相关。BTV遍布除南极以外各大洲。不同的血清型和病毒株导致的疫病症状显著不同。

诊断

潜伏期通常为5~10天。亚临床感染的牛在感染后4天出现病毒血症。《OIE陆生动物卫生法典》描述的BTV的感染期为60天。

临床诊断

病毒感染后，动物有不同临床表现。绝大多数动物无临床症状，少数绵羊、山羊、鹿和某些野生反刍动物出现死亡。和许多疫病一样，发病严重程度取决于病原、宿主和环境等因素。

急性型（绵羊和一些品种的鹿）

● 发热（42℃/108℉），流涎增多，沉郁，呼吸困难以及气喘；可以观察到瘤胃内容物回流，甚至可见于嘴角。

● 发病初期，鼻腔分泌物清亮，后变成脓性黏液，逐渐干燥，可能在鼻孔周围形成硬块；有时可见眼部分泌物。

● 嘴角、唇部、脸部、眼睑和耳部充血导致头部水肿；眶周和颌下水肿。

● 口腔黏膜糜烂、溃疡和坏死。

● 舌部充血和水肿；后期发绀，从口腔伸出。

● 充血蔓延到蹄部冠状带、腹股沟（乳头）、腋下、会阴等；口角炎或蹄皮炎，肌肉发炎或引起跛行。

● 严重病例可见斜颈。

● 消瘦的部分原因是横纹肌变性。

● 流产或畸形胎。

● 感染后8~10天死亡或是缓慢恢复伴有脱毛、不育和生长迟缓。

隐性感染

- 常见于牛和其他种动物感染某些血清型的病毒。

病变

- 消化和呼吸道黏膜充血、水肿、出血、糜烂和溃疡（口腔、食道、胃、小肠、垂体黏膜，气管黏膜）。
- 严重的两侧支气管肺炎（当有并发症时）；在死亡病例中，肺部可见肺泡间充血，严重的肺泡水肿，支气管充满了泡沫。
- 胸腔及心包膜可能包含大量的血浆样液体；心外膜瘀点，肺动脉基部常见附壁出血。
- 蹄板和冠状带充血。
- 淋巴结和脾脏肿大。

鉴别诊断

- 羊传染性脓疱病
- 口蹄疫
- 水疱性口炎
- 恶性卡他热
- 牛病毒性腹泻
- 牛传染性鼻气管炎
- 副流感病毒Ⅲ型
- 绵羊痘
- 光敏症
- 肺炎
- 多发性关节炎，腐蹄病，足脓肿
- 植物中毒

- 小反刍兽疫
- 多头蚴病
- 鹿流行病出血

实验室诊断

样品

- 活畜：肝素血。
- 刚死亡的动物：脾、肝、红骨髓、心脏血、淋巴结。
- 流产或先天感染的新生动物：吮初乳前血清加上上述刚死亡动物的样品。
- 所有的样品必须保存在4℃/39℉，不能冷冻。
- 双份血清样品（即分别采自急性期和康复期的血清——译者注）。

操作程序

病原分离

- 接种绵羊。
- 血管内接种10～12日龄鸡胚。

病原鉴定（国际贸易指定方法）

- 病毒分离。
- 应用于：鸡胚，细胞培养物或绵羊。
- 家养和野生反刍动物用同样的诊断步骤。
- 免疫学方法。
- 病毒血清型鉴定
  - 免疫荧光
  - 抗原捕获酶联免疫吸附试验

– 免疫印迹试验
– 以病毒中和试验确定血清型
　– 噬斑减少
　– 噬斑抑制
　– 微量滴度中和试验
　– 荧光抑制试验
● 反转录聚合酶链式反应（国际贸易指定方法）。

血清学试验
● 补体结合试验
– 基本上被凝胶琼脂扩散试验（AGID）替代。
● AGID（国际贸易指定方法）
– 便于操作且试验所用抗原相对容易生产。
– 国际间反刍动物调运的标准检测程序。
– 检测BT的AGID试验的一个缺点是特异性不强，能与其他圆环病毒的抗体，尤其是流行性出血病血清群病毒的抗体发生交叉反应。
– AGID检测出的阳性血清必须用一种BT血清群特异性试验进行再检测。
– 特异性不强以及在判定结果中主观性太强，促使了特异性检测BT抗体的ELISA方法的研究。
● 竞争ELISA（国际贸易指定试验）
– 建立了能检测BT特异性抗体的竞争或阻断ELISA方法，不与其他圆环病毒抗体有交叉反应。
– 高特异性是由于使用了某一BT血清群特异性单克隆抗体。

预防和控制

卫生预防

没有有效治疗措施。

无疫区

● 动物移动控制，检疫和血清学调查。
● 媒介控制，尤其是航空器上的媒介控制。

感染区域

● 控制媒介。

医学预防

● 目前有活弱毒苗和灭活疫苗可用；弱毒苗是型特异的。
– 疫苗必须与引发感染的毒株在血清型上一致。
– 弱毒苗可以在未免疫动物中传播并可能与野毒发生重组，进而导致新病毒株产生。
● 重组疫苗正在研发之中。

图1 蓝舌病：绵羊，头。颌骨间水肿，唇水肿以及鼻部结痂。[来源：FV/UCM]

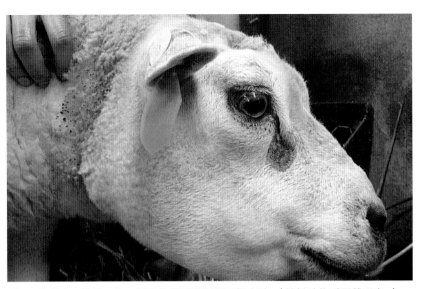

图3 蓝舌病：绵羊，头。明显的眶周溢泪和下颌水肿。(接触动物时要戴手套。)
[来源：FV/UCM]

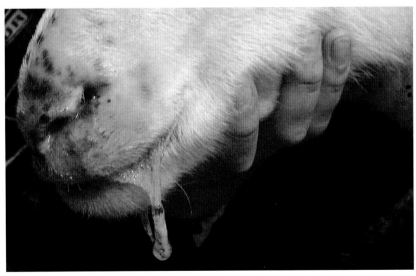

图2 蓝舌病：绵羊，头。流鼻涕，反胃和流涎。(接触动物时要戴手套。)[来源：
FUNDP/SVETPA]

图4 蓝舌病：绵羊。眼眶周围水肿，头部水肿和流涎。[来源：FUNDP/SVETPA]

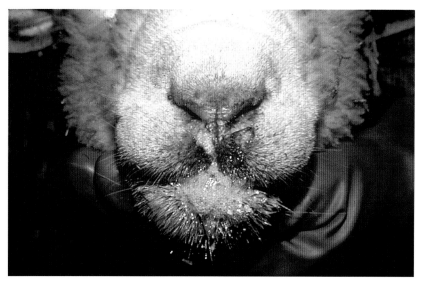

图5 蓝舌病：绵羊，鼻表面和鼻孔。鼻表面干燥发红，伴有严重浆液性鼻液；唇中度水肿。[来源：PIADC]

图6 蓝舌病：绵羊。BTV8型感染并出现临床症状后大约15天，鼻孔周围有反流液。[来源：FUNP/SVETPA]

图7 蓝舌病：绵羊。舌部水肿发绀，牙龈和嘴部出血糜烂。[来源：OVI/ARC]

图8 蓝舌病：绵羊，颈部。肌肉退化引起斜颈。[来源：OVI/ARC]

图9 蓝舌病：绵羊。流产胎儿。[来源：FV/UCM]

图11 蓝舌病：奶牛。鼻部和眼结膜显著充血；流涕和流涎。[来源：IVI]

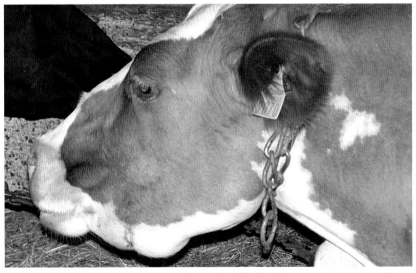

图10 蓝舌病：奶牛，头部。水肿尤其是下颌区域。[来源：DMIP/FMV/ULg]

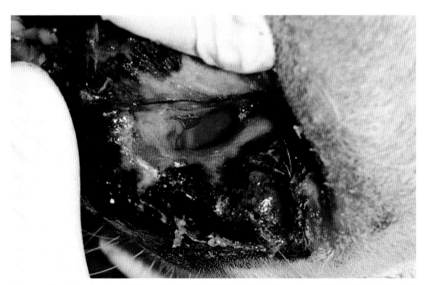

图12 蓝舌病：奶牛，鼻孔。鼻甲和鼻翼褶皱部位显著充血，皮肤黏膜连接处局灶性糜烂。[来源：IVI]

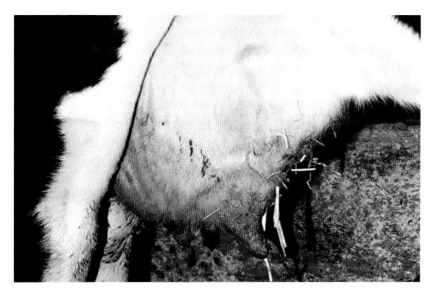

图13 蓝舌病：奶牛。乳头和乳房水肿充血。[来源：IVI]

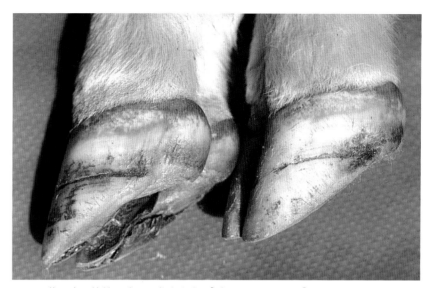

图15 蓝舌病：绵羊，蹄冠。发炎出血。[来源：OVI/ARC]

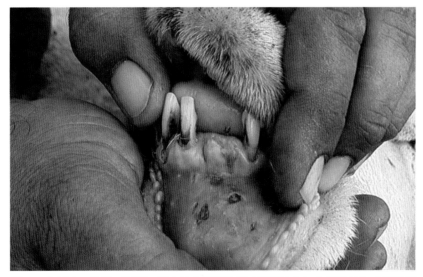

图14 蓝舌病：绵羊，下唇。炎症伴有牙龈糜烂（门牙缺失与此病无关）。[建议接触动物时戴手套。] [来源：FV/UCM]

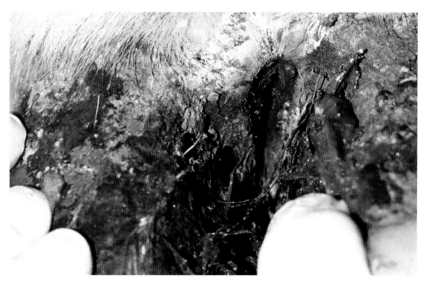

图16 蓝舌病：奶牛，趾间隙。轻度上皮出血和皮肤变白。[来源：OVI/ARC]

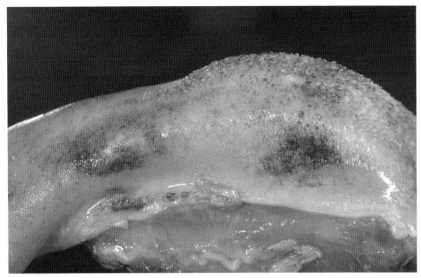

图17 蓝舌病：绵羊，舌部。多处出血和糜烂。[来源：OVI/ARC]

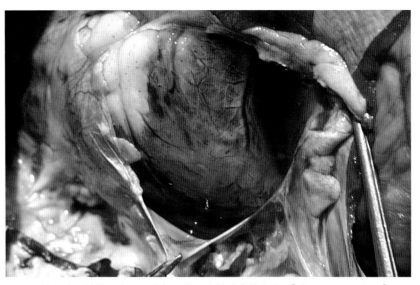

图19 蓝舌病：绵羊，心脏。心包积水和心外膜点状出血。[来源：OVI/ARC]

图18 蓝舌病：绵羊。躯干肌，大部分肌肉严重变性和矿化坏死。[来源：OVI/ARC]

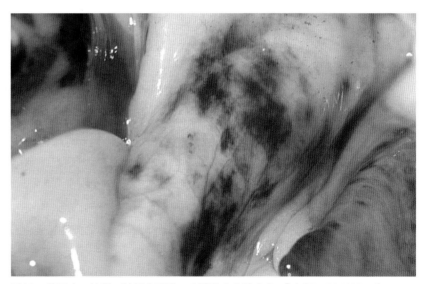

图20 蓝舌病：绵羊，肺部主动脉。动脉壁出血性瘀斑。[来源：OVI/ARC]

图21 蓝舌病：绵羊，肺部主动脉。动脉壁出血。[建议接触动物时戴手套。][来源：OVI/ARC]

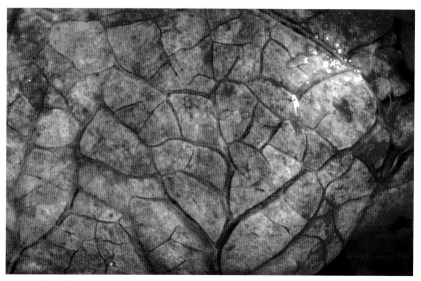

图23 蓝舌病：绵羊，肺。明显的弥散性小叶间充血水肿。[来源：OVI/ARC]

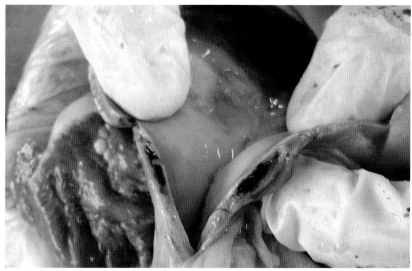

图22 蓝舌病：奶牛，肺心瓣所在的肺部动脉。局灶性动脉壁出血。[来源：DMIP/FMV/ULg]

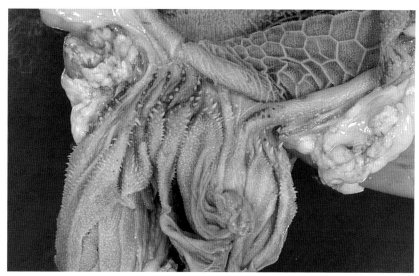

图24 蓝舌病：绵羊。食道沟出血糜烂。[来源：OVI/ARC]

图25　蓝舌病：绵羊。食道沟、网胃和瘤胃出血糜烂。[来源：OVI/ARC]

四、牛巴贝斯虫病

病原学

病原分类

牛巴贝斯虫病（Bovine babesiosis，BB）是由门顶复门（Phylum *Apicomplexa*）梨形虫目（Order *Piroplasmida*）巴贝斯虫属（Genus *Babesia*）的原虫引起的一种牛的蜱传病。引起BB的巴贝斯虫种有：牛巴贝斯虫（*Babesia bovis*）、双芽巴贝斯虫（*Babesia bigemina*）和分歧巴贝斯虫（*Babesia divergens*）。可以感染牛的其他巴贝斯虫包括大巴贝斯虫（*B. major*）、卵形巴贝斯虫（*B. ovata*）、*B. occultans*和*B. jakimovi*。

对理化作用的抵抗力

该原虫不能在其宿主体外存活，只能经媒介蜱传播。因此，对理化作用（如温度、化学药品/消毒剂和环境）的抵抗力的参数意义不大。对药物的敏感性和疫苗在本病的"预防和控制"一节描述。

流行病学

所有巴贝斯虫都是由蜱传播的，具有有限的宿主种类。牛巴贝斯虫和双芽巴贝斯虫的主要媒介蜱为扇头蜱属（*Rhipicephalus* spp.ticks），在热带和亚热带国家普遍存在。分歧巴贝斯虫的节肢动物传播媒介是蓖麻硬蜱（*Ixodes ricinus*）。大多数巴贝斯虫病的康复牛呈亚临床感染状态。发病率和死亡率受到所在地区的治疗方法、流行虫种/株以及免疫接种等因素影响。流行地区的犊牛受感染而获得长期的免疫力。如果这种犊牛与蜱的接触终止，或将无免疫力的牛引入该地区，疫情就可能暴发。无蜱地区引入感染巴贝斯虫的蜱也可导致本病暴发。

宿主

* 牛巴贝斯虫和双芽巴贝斯虫：
- 黄牛
- 水牛（*Bubalus bubalis*）和非洲水牛（*Syncerus caffer*）
- 墨西哥白尾鹿（*Odocoileus virginianus*）有发病报导。
* 分歧巴贝斯虫

- 牛和驯鹿（*Rangifer tarandus*）
- 蒙古沙鼠（*Mongolian gerbils*）；其他啮齿类动物（Peridomestic rodents）对本病有抗病力。
- 切除脾的人和非人类灵长类动物有高度敏感性。
- 以下动物切除脾脏再接种该虫后无临床病状：欧洲盘羊、红鹿、狍和黇鹿。

生活史和传播

- 牛巴贝斯虫病主要经蜱传播。
- 双芽巴贝斯虫的媒介蜱：微小扇头蜱（原称微小牛蜱）和环形扇头蜱（原称环形牛蜱）；修饰扇头蜱，嘉基扇头蜱和埃弗茨扇头蜱也是适合的传播媒介。
  - 双芽巴贝斯虫可由一宿主（one-host）扇头蜱的成虫和稚虫叮咬传播。
- 牛巴贝斯虫的传播媒介：微小扇头蜱和环形扇头蜱；嘉基扇头蜱也是主要传播媒介。
  - 牛巴贝斯虫病由一宿主扇头蜱幼蜱叮咬传播。
- 分歧巴贝斯虫媒介蜱：主要媒介为蓖麻硬蜱（*Ixodes ricinus*）。
  - 蓖麻硬蜱是三宿主，仅在成虫阶段叮咬脊椎动物（如牛）。
- 巴贝斯虫的孢子体经蜱注入脊椎动物体内，侵入红细胞，转化为滋养体。滋养体生长和分裂成两个圆形、椭圆形或梨形裂殖子后感染新的红细胞。此分裂过程重复进行。
- 巴贝斯虫能在硬蜱内经卵世代相传，蓖麻硬蜱在没有脊椎动物宿主时也能成活长达4年。
- 巴贝斯虫也可以通过被感染血液污染的污染物和机械媒介而传播。
- 少见经子宫感染胎牛的例子。

传染源

感染巴贝斯虫的血液和带有此种血液的相关媒介物（尤其蜱，还有机械媒介）。

病的发生

巴贝斯虫病发生在有节肢动物分布的地区，尤其在热带和亚热带地区。牛巴贝斯虫和双芽巴贝斯虫广泛分布在非洲、亚洲、澳洲，以及中美洲和南美洲，造成重大经济损失。分歧巴贝斯虫在欧洲，也许还有北非，也造成一定经济损失。

诊断

经蜱感染后的潜伏期通常为2～3周或更长些。在实验室外有较短潜伏期的记录，通过实验接种的潜伏期短至4～5天（双芽巴贝斯虫）和10～12天（牛巴贝斯虫）。

临床诊断

牛巴贝斯虫病的临床表现为典型的溶血性贫血过程，因病原（如巴贝斯虫的种类）和宿主免疫状况而异。牛巴贝斯虫比双芽巴贝斯虫或分歧巴贝斯虫对成年牛更具致病性。感染牛可产生对同种病原再次感染的终身免疫力，感染双芽巴贝斯的牛随后对牛巴贝斯虫感染有明显的部分交叉保护的现象。

- 牛巴贝斯虫
- 高烧
- 共济失调
- 食欲减退
- 排暗红或棕色尿

- 呈循环性休克症状。
- 有时发生感染红细胞在脑毛细血管内停滞导致的神经症状。
- 急性病例外周血的红细胞最高染虫率（感染红细胞的百分比）通常低于1%。
- 双芽巴贝斯虫
- 发热
- 血红蛋白尿和贫血
- 排暗红色或棕色尿
- 不存在感染红细胞在毛细血管内停滞现象，没有或极少有神经症状。
- 红细胞染虫率通常超过10%，有时高达30%。
- 分歧巴贝斯虫
- 红细胞染虫率和临床表现与双芽巴贝斯虫感染相似。

病变

最常观察到与血管内溶血有关的病变。
- 黏膜苍白或黄疸，血液稀薄呈水样。
- 皮下组织、腹部脂肪和网膜可能出现黄疸。
- 肝肿大，呈橙褐色或苍白；胆囊肿大，胆汁浓稠，有粒状物。
- 脾肿大，色暗易碎。
- 肾脏色暗，可能有出血点。
- 膀胱可能存有暗红色或棕色尿。
- 肺可能水肿。
- 心脏和大脑表面有瘀点或瘀斑。

鉴别诊断

- 无形体病（Anaplasrmosis）
- 锥虫病（Trypanosomiasis）

- 泰勒虫病（Theileriosis）
- 杆菌性血红蛋白尿（Bacillary）
- 钩端螺旋体病（Leptospirosis）
- 附红细胞体病（Eperythrozoonosis）
- 油菜籽中毒（Rapeseed poisoning）
- 慢性铜中毒（Chronic copper poisoning）

实验室诊断

样品

- 在本病急性期（出现发热），从活畜皮肤浅表处毛细血管（如尾尖或耳尖）采血，制作厚血片和薄血片数张。
- 风干薄血片，用无水甲醇固定1分钟，10%吉姆萨染色20～30分钟。
- 血涂片一经制成，应尽快染色，保证正确的染色效果。
- 厚血片制作法：用一小滴（约50微升）血液滴在洁净玻片上，经空气干燥，80℃/176℉热固定5分钟，10%吉姆萨染色15分钟（无须用甲醇固定）。
- 不要把未染色血涂片和福尔马林存放或靠在一起，以免影响染色质量。
- 如果无法从毛细血管采血制鲜血涂片，则可以无菌术采颈静脉血到抗凝剂的试管中，例如乙二胺四已酸（EDTA）（1毫克/毫升）；不建议用肝素，它会影响染色效果。
- 血液样品应保持冷藏，最好是在5℃/41℉下送达实验室。要在采样后2～3小时内制好血涂片。
- 牛巴贝斯虫主要在毛细血管，故在毛细血管内数量较多，双牙巴贝斯虫和分歧巴贝斯虫在血管系统均匀分布。
- 动物死后的样品应包括以血液制作的薄血片和组织抹片。
- 剖检时用器官做抹片的优先程序：大脑皮质、肾、肝、脾和骨髓。用器官的新鲜切面印压清洁玻片，或将一小块组织样品夹在两块清洁玻片之间，沿玻片纵向挤压组织，使每块玻片上留下一组织薄膜。

- 组织抹片在空气中干燥（借助在潮湿的环境下稍微加热），用无水甲醇固定5分钟，10%吉姆萨染色20～30分钟。

- 此组织抹片尤其适用于诊断牛巴贝斯虫感染。采用死亡24小时或更长时间后的组织制成的抹片的诊断不可靠。

● 动物死亡一日或多日后，位于下肢部位的静脉血样里往往能检测到巴贝斯虫。

● 还应采集血清样品。

操作程序

病原鉴定

● 显微镜检查血液：用显微镜检查吉姆萨染色的薄血片和厚血片是病原鉴别的传统方法。

- 至少用8X目镜和60X物镜，在油镜下检查染色血涂片。

- 用厚血片诊断感染率低的牛巴贝斯虫很有用，组织抹片也是如此。

- 各种不同的出版物，包括《陆生动物诊断试验和疫苗手册》，对巴贝斯虫的形态学都有描述。

- 厚血片检测的敏感性达到10^6个红细胞带1个虫体。

- 用薄血片能很好鉴别巴贝斯虫种类，厚血片的检测敏感性虽好，但鉴别作用差。

- 显微镜检查适用于急性感染，不适用于染虫率非常低的带虫牛检查。

- 使用荧光染料，如丫啶橙替代吉姆萨，来提高虫体的鉴定和鉴别效果。

● PCR试验对带虫牛的牛巴贝斯虫和双芽巴贝斯虫检测的敏感度非常高。

- 有报导称，PCR-酶联免疫吸附试验（ELISA）比薄血片检测牛巴贝斯虫的敏感性至少高1000倍。

- 报导称一些PCR方法能检测和鉴别带虫牛感染的牛巴贝斯虫种类。

- 现行PCR方法一般还不适于大规模检测，不太可能在流行病学研究中用作取代血清学方法的试验。

- PCR试验是很有用的确诊方法，有时作为法规方法。

● 体外培养方法

- 曾用来证明存在巴贝斯虫带虫感染，已被用来克隆牛巴贝斯虫。

- 这种方法可以检测到的最低染虫率为10^{-10}，成为确诊感染的非常灵敏的检测方法。这种方法可检测到的最低寄生虫数决定于所使用的检测设备和操作人员的技能。

- 方法的特异性为100%。

● 动物接种不适用于诊断目的。

血清学方法

● 牛巴贝斯虫酶联免疫吸附试验

- 诊断牛巴贝斯虫感染的ELISA法采用全裂殖子抗原，经历了广泛的评价。

- 最近已开发了竞争ELISA法，采用重组裂殖子表面抗原和牛巴贝斯棒状体相关抗原（rhoptry associated antigens），还没有得到广泛评价。

● 双芽巴贝斯虫酶联免疫吸附试验

- 竞争ELISA法是唯一的一种用于常规的ELISA方法，由澳大利亚研发和验证，已载入世界动物卫生组织（OIE）的《陆生动物诊断试验和疫苗手册》。

- 还没有别的经过充分验证的双芽巴贝斯虫ELISA方法，部分原因是由于存在双芽巴贝斯虫的抗体特异性差这一事实。

- 已有多个用源自培养物、沙鼠（Meriones）或牛的抗原建立的分歧巴贝斯虫ELISA方法，但都没有经过国际验证。

● 间接荧光抗体（IFA）方法

- 广泛用于检测巴贝斯虫抗体，然而对双芽巴贝斯虫的特异性差。

- 双芽巴贝斯虫的IFA方法与牛巴贝斯虫抗体有交叉反应。在这两种寄生虫共存的地区，问题尤为突出。

- 这种方法的缺点是检测样品量少，结果判定的主观性较大。
- 补体结合试验
- 已用于检测牛巴贝斯虫和双芽巴贝斯虫抗体。
- 在一些国家已用于进口动物检疫。
- 其他方法：斑点ELISA（dot ELISA）、玻片ELISA及胶乳胶凝集试验和卡片凝集试验。
- 这些方法对牛巴贝斯虫的敏感性和特异性均已达到可接受水平。此外，斑点ELISA对双芽巴贝斯虫的敏感性和特异性也已达到可接受水平。
- 但是，除了最初建立和验证这些方法的实验室以外，这些方法似乎还没有被其他实验室采用为常规诊断方法。
- 因而这些方法是否适于常规诊断实验室还不得而知。

预防和控制

卫生预防

- 已通过清除媒介蜱扑灭了牛巴贝斯虫病。
- 在消灭蜱是不可行或不可取的地方，要用驱虫剂和杀螨剂来控制蜱。
- 减少牛暴露于蜱的机会。
- 用驱虫剂和杀螨剂，定期检查动物及其饲养场所。
- 控制和根除媒介蜱。
- 牛经牛巴贝斯虫、分歧巴贝斯虫或双芽巴贝斯虫感染一次后产生持久和长期的免疫力。一些国家已利用这一特点对牛实施免疫。
- 对地方流行区域进行细心监测。
- 是否引入无免疫力的牛。
- 是否引入病原新种或新株。

- 由于气候、宿主因素和管理方法的改变，阻断牛对蜱和巴贝斯虫病的暴露。
- 要特别关注通过污染血液机械性地感染马的可能。

医学预防

巴贝斯虫疫苗：

- 活疫苗：大多数活疫苗含有专门选择的巴贝斯虫株（主要是牛巴贝斯虫和双芽巴贝斯虫）。这种疫苗是用犊牛或体外培养方法在由政府支持的单位生产的，来对畜牧业提供一种服务。
- 要谨慎使用这些疫苗，它们可能对成年牛有毒力，或受到其他病原污染和可能导致过敏反应。通常只用于年幼动物。
- 用感染了分歧巴贝斯虫的沙鼠的血制备的分歧巴贝斯虫试用疫苗已经成功。
- 灭活疫苗：用感染了分歧巴贝斯虫的犊牛的血液制备，但目前还没有关于这种疫苗的免疫力和持续时间的信息。
- 其他疫苗：
- 虫体蛋白已得到鉴定，但尚无有效的商品化的亚单位疫苗。
- 已研制含体外制备的抗原的试用疫苗，但目前不清楚其对异源病原攻击的保护水平和持续时间。

流行地区采取以下措施防控本病：

- 用抗寄生虫药物二乙酰氨乙酸三氮脒（diminazene diaceturate）、咪唑苯脲（imidocarb）、双脒苯脲（amicarbalide）治疗有临床症状的牛，发病早期及时诊断和治疗效果好。
- 可以从带虫牛机体清除巴贝斯虫，减轻临床症状。
- 有报导证明，咪唑苯脲保护动物免于发病同时让机体产生免疫力。要注意牛奶和牛肉中的药物残留问题。
- 在条件许可的情况下，可适当考虑给予输血和其他可行的支持疗法。

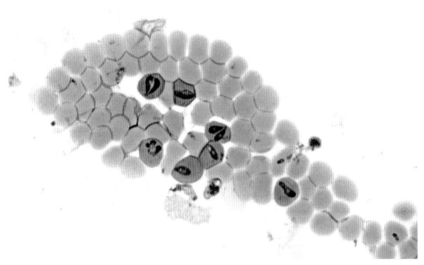

图1　牛巴贝斯虫病：血涂片中双芽巴贝斯虫显微照片。[来源：OVI/ARC]

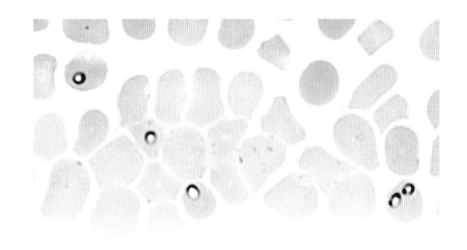

图3　牛巴贝斯虫病：血涂片中牛巴贝斯虫显微照片。[来源：OVI/ARC]

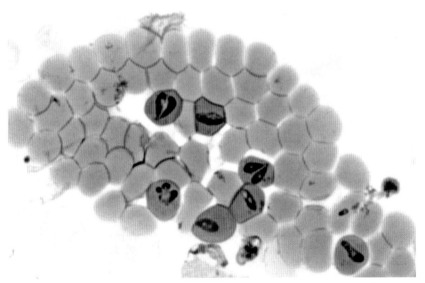

图2　牛巴贝斯虫病：血涂片中双芽巴贝斯虫显微照片。[来源：OVI/ARC]

五、古典猪瘟（猪霍乱）

病原学

病原分类

古典猪瘟（Classical swine fever，CSF）病毒是黄病毒科（*Flaviviridae*）瘟病毒属（*Pestivirus*）成员之一，只有1个血清型，分为3个主要的基因型和10个亚型。古典猪瘟病毒（CSF virus，CSFV）与引起牛病毒性腹泻和边境病的反刍动物瘟病毒亲缘关系相近。

对理化作用的抵抗力

温度：

将肉于65.6℃/150°F加热30分钟或71℃/160°F1分钟的烹调过程可使病毒失活。病毒在冷藏肉品中能存活数月，在冷冻肉品中能存活数年。有些毒株可耐受中度加热（56℃/133°F）。

pH：

pH 5～10时稳定。pH高于11或低于3时迅速失活。

化学品或消毒剂：

对乙醚、氯仿、β-丙内酯（0.4%）敏感。含氯消毒剂、甲酚（5%）、氢氧化钠（2%）、福尔马林（1%）、碳酸钠（4%无水或10%结晶，带0.1%的洗涤剂）、离子型和非离子型洗涤剂以及含强力碘伏（1%）的磷酸溶液可灭活病毒。

存活力：

中度脆弱，在环境中不能长期存活。对干燥和紫外光敏感。寒冷条件下在圈舍中生存良好（于冬季可长达4周）。在50℃/122°F条件下可存活3天，在37℃/99°F条件下可存活7～15天。在腌制或熏制的肉品中能存活17～180天，存活时间取决于加工方法。病毒在腐败组织中可存活3～4天，在腐败的血液和骨髓中可存活15天。

流行病学

疾病的严重程度与病毒毒株、猪的年龄以及猪群免疫状态有关。病毒具高度接触传染性。年龄较小的动物仍以急性疾病为主，年龄较大的动物通常表现为亚急性或慢性疾病。

宿主

猪和野猪是古典猪瘟病毒仅知的自然宿主。包括欧洲野猪在内的所有野猪场均易感。在一项研究中，西貒易感，但可在10天内康复。

传播途径

- 主要经口和口鼻途径，直接或间接接触。
- 动物之间直接接触（分泌物、排泄物、精液、血液）。
- 由农场访客、兽医、猪贩传播。
- 通过圈舍、器具、车辆、衣物、设备和针头间接传播。
- 养猪户密集地区疫情发生时的"临近效应"：近距离空气传播（研究表明可达1千米）。
- 未经充分煮熟的泔水喂猪是传入无疫国家的常见方式。
- 经胎盘传染：可产隐性带毒仔猪或造成先天畸形。
- 野猪群可能携带病毒。在受影响的地区家猪发病风险很高，因而生物安全措施至关重要。

传染源

- 血液、分泌物和排泄物（口腔、鼻腔和泪腺分泌物，尿液、粪便、精液）以及病死动物的组织（含肉）。
- 先天感染的猪仔持续地具病毒血症，在死亡前可排毒长达6～12个月。
- 感染途径：食入（最常见）、与结膜或黏膜接触、皮肤擦伤、生殖道传播、人工授精和兽医非故意地将病猪血液传给健康猪只。

病的发生

该病发生于亚洲和中南美洲的大部分地区，以及欧洲和非洲的部分地区。许多国家没有该病。

诊断

出生前感染CSFV的猪可终生处于感染状态，出现疾病症状前的潜伏期可长达数月。出生后感染的猪的潜伏期为2～14天，一般在感染后5～14天内具传染性，但在慢性感染病例中，具传染性的时间可长达3个月。

临床诊断

急性型（毒力较强的毒株和／或年龄较小的猪）

- 发热（41℃/105.8℉）
- 厌食，嗜睡
- 严重的白细胞减少症
- 皮肤多灶性充血和/或出血性病变
- 结膜炎
- 淋巴结肿大
- 皮肤，尤其是身体末端（耳朵、四肢、尾巴、口鼻）的皮肤发绀。
- 先有短暂便秘，后腹泻
- 呕吐（偶尔）
- 呼吸困难、咳嗽
- 共济失调、麻痹和痉挛
- 猪扎堆
- 发病后5～25天死亡。
- 仔猪死亡率可达100%。

慢性型（低毒力毒株或部分免疫的猪群）

- 迟钝、食欲不振、发热、腹泻，可长达1个月。
- 猪被毛粗糙。

- 生长迟缓。
- 看似康复，但在3个月内最终复发和死亡。

先天型（转归取决于毒株毒力和妊娠期）

- 胎儿死亡、胎儿在子宫内被溶解和吸收、木乃伊胎、死产。
- 流产
- 先天性震颤、虚弱
- 数周或数月内生长停滞、发育不良并导致死亡。
- 初生时临床表现正常但有持续病毒血症，无抗体应答。在死亡前6~12个月为重要的间歇性排毒动物。

温和型通常不出现于幼畜，转归取决于毒株毒力。

- 短暂的发热、食欲不振。
- 康复、获得免疫力（终生）。

病变

急性型：病变通常因继发感染变得复杂。

- 白细胞减少、血小板减少。
- 常见淋巴结肿大和出血。
- 广泛出血点和瘀斑，特别是皮肤、淋巴结、会厌、膀胱、肾脏和直肠。
- 有时可见伴有坏死灶的严重扁桃体炎。
- 特征性的脾缘多灶性梗死，近似特异性病变，但在最近流行的毒株中不常出现。
- 肺部可能充血和出血。
- 常见伴有血管套的脑脊髓炎。

慢性型：病变通常因继发感染变得复杂。

- 在盲肠和大肠黏膜上有"纽扣样"溃疡。
- 淋巴组织大面积衰竭。
- 育肥猪肋软骨结合处有未钙化的生长软骨之横纹。
- 罕见出血性和炎性病变。

先天型

- 中央髓鞘形成过少、小脑发育不全、脑过小、肺发育不良、积水及其他畸形。

鉴别诊断：随疾病类型不同而异。

- 非洲猪瘟。
- 败血症：丹毒、附红细胞体病、沙门氏菌病、链球菌病、巴氏杆菌病、放线菌病和副猪嗜血杆菌病。
- 出血：猪皮炎和肾病综合征、新生幼畜溶血病、香豆素中毒、血小板减少性紫癜。
- 生长停滞：断奶后多系统衰竭综合征、肠毒素中毒、猪痢疾、弯曲菌病。
- 流产：伪狂犬病（伪狂犬病毒）、脑心肌炎病毒感染、猪繁殖与呼吸综合征、细小病毒。
- 神经症状：病毒性脑脊髓炎、食盐中毒。
- 先天性感染反刍动物瘟病毒：牛病毒性腹泻、边境病。

实验室诊断

样品

早期检测感染畜群的首选方法是采集发热动物或最近死亡动物的全血和组

织。尽快冷藏寄送实验室。

- 扁桃体
- 淋巴结（咽，肠系膜）
- 脾
- 肾
- 回肠末端
- 血液，加入EDTA或肝素（活的病例）。

操作程序

病原鉴定

- 反转录聚合酶链式反应（RT-PCR）或实时RT-PCR
- 用细胞培养技术分离病毒，采用免疫荧光或免疫过氧化物酶方法检测病毒。
- 用单克隆抗体作验证性鉴定。
- 直接免疫荧光试验检测病猪组织冷冻切片。

血清学试验

发病后的第三周才能出现抗体。在发生疑似接触3周后，提交康复猪和接触猪群的血清。要对采自母猪的血清作疑似胎畜先天性感染的检测。康复猪只终生带有抗体。下面的方法可用于血清学诊断或监测，也是OIE用于国际贸易的筛检方法。

- 中和过氧化物酶联法
- 荧光抗体病毒中和试验
- 酶联免疫吸附试验（ELISA）

预防和控制

本病尚无治疗方法。必须扑杀病猪，并将尸体掩埋或焚烧。

卫生预防

- 兽医部门、兽医从业者和猪农之间应有有效的沟通。
- 有效的疾病报告系统。
- 对生猪、猪精液、鲜肉和腊肉等有严格的进口政策。
- 加入猪群前要检疫。
- 禁止泔水喂猪或做好泔水消毒。
- 做好炼制厂的监管。
- 精心制订和实施对育种母猪和公猪的血清学监测计划。
- 有效的猪只识别和记录系统。
- 避免家猪与野猪接触的有效卫生措施。
- 疫情应急措施：
  – 扑杀发病农场的所有猪。
  – 尸体、垫料等无害化处理
  – 彻底消毒。
  – 划定疫区，控制猪的移动。
  – 开展详细的流行病学调查，追查可能的感染源（上游）和可能的扩散（下游）。
  – 对疫区及其周边地区进行监测。

医学预防

在古典猪瘟流行的国家接种弱毒活疫苗可有效地避免损失，但难以完全消除感染。在未发生过该病的国家，或正在根除该病的国家，通常是禁止疫苗接种的。

图1　古典猪瘟：猪。中度发热并扎堆，但仍能进食。这种情况常见于感染了中等毒力的CSFV毒株的猪。[来源：PIADC]

图3　古典猪瘟：猪。猪圈地面上的水样粪便。[来源：PIADC]

图2　古典猪瘟：猪，眼睛。严重结膜炎。[来源：PIADC]

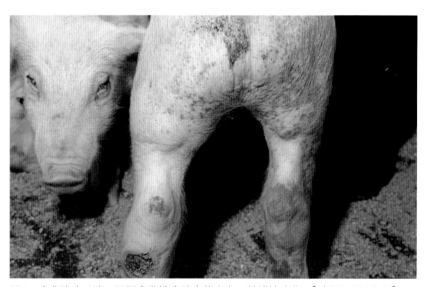

图4　古典猪瘟：猪。双腿多发性皮肤点状出血；结膜渗出物。[来源：PIADC]

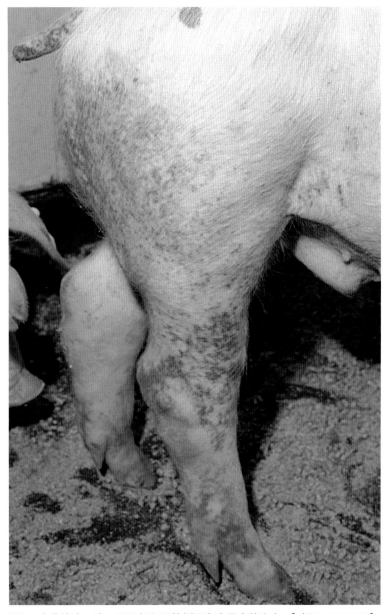

图5　古典猪瘟：猪。沿尾部和腿的侧面有大量点状出血。[来源：PIADC]

图6　古典猪瘟：猪。猪有高热并扎堆。前面这头猪的耳朵发绀，伴有结膜炎。
[来源：PIADC]

图7　古典猪瘟：猪。3号猪张开样站姿表明共济失调。猪圈的地板上有水样腹泻。
[来源：TiHO]

图8　古典猪瘟：猪。前面这头猪共济失调，耳朵发绀。其他猪腹泻，皮肤红斑。[来源：PIADC]

图10　古典猪瘟：猪。共济失调造成踌步行走和站立不稳。[来源：PIADC]

图9　古典猪瘟：猪。共济失调。[来源：PIADC]

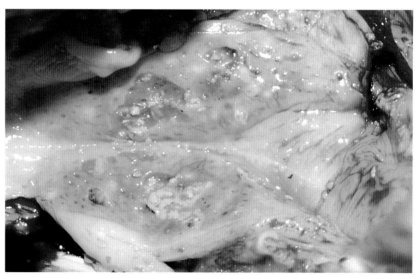

图11　古典猪瘟：猪，扁桃体。严重的多灶性隐窝坏死。[来源：PIADC]

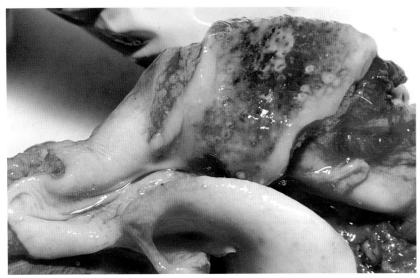

图12 古典猪瘟：猪，扁桃体。多灶性隐窝坏死和弥散性充血。[来源：PIADC]

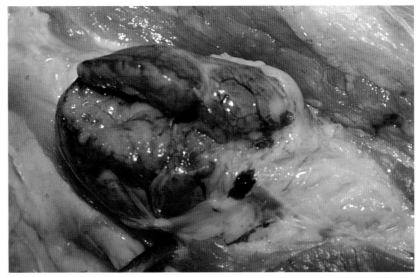

图14 古典猪瘟：猪，腭下淋巴节。轻度肿大、充血和水肿。[来源：PIADC]

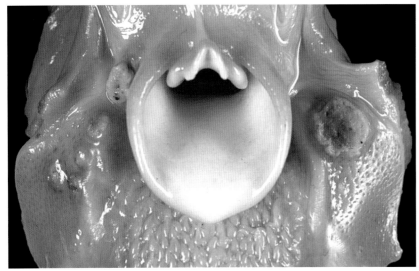

图13 古典猪瘟：野猪，扁桃体。广泛性扁桃体脓肿。[来源：FLI]

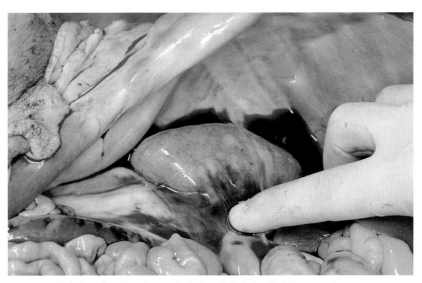

图15 古典猪瘟：猪，肾。肾周出血伴皮质点状出血。[来源：FLI]

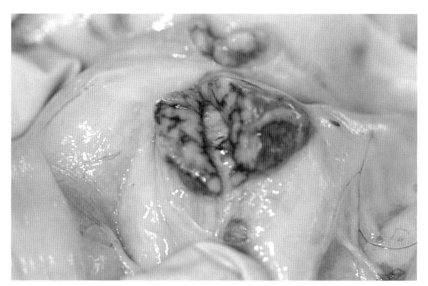

图16 古典猪瘟：猪，肠系膜淋巴结。典型的皮质充血。[来源：PIADC]

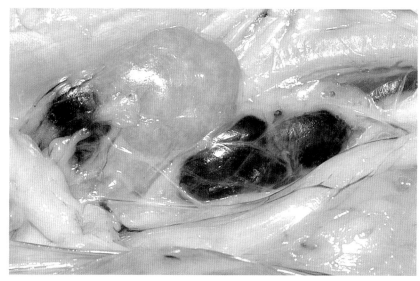

图18 古典猪瘟：猪，腹部淋巴结。肿大和出血。[来源：PIADC]

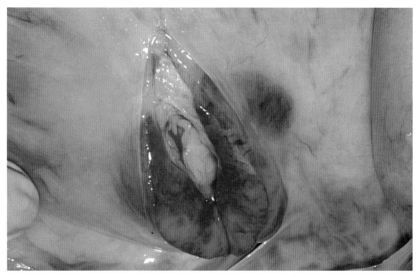

图17 古典猪瘟：猪，胃肝淋巴结。中度充血，皮质出血。[来源：PIADC]

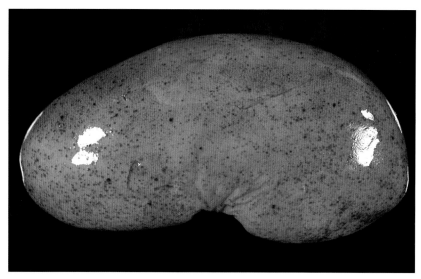

图19 古典猪瘟：野猪，肾。多灶性皮质点状出血，有时被称为"火鸡蛋肾"。[来源：FLI]

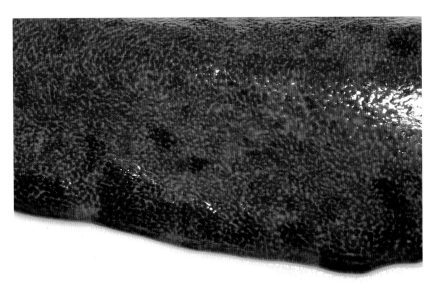

图20　古典猪瘟：猪，脾。主要是沿脾缘多发性脾梗。[来源：PIADC]

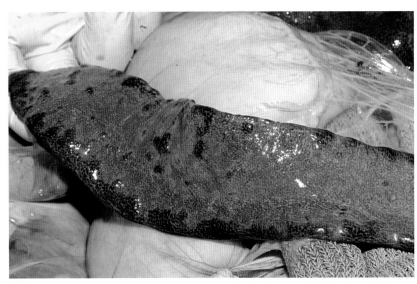

图22　古典猪瘟：猪，脾脏。一种CSF强毒株引起的严重多灶性脾梗。[来源：PIADC]

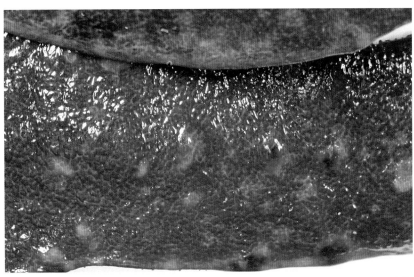

图21　古典猪瘟：猪，脾。多发性脾梗；由于出血，脾梗通常呈黑色，但这只动物的许多脾梗是淡红色的。[来源：TiHO]

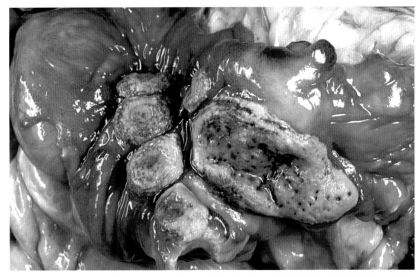

图23　古典猪瘟：野猪，结肠。严重多灶性溃烂性结肠炎（纽扣样溃疡）。[来源：FLI]

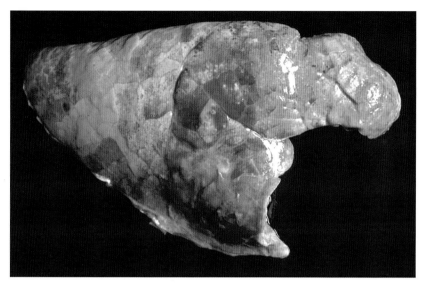

图24 古典猪瘟：野猪，肺。中度多灶性间质肺炎，伴有水肿，局部呈广泛性纤维蛋白渗出性胸膜炎。[来源：FLI]

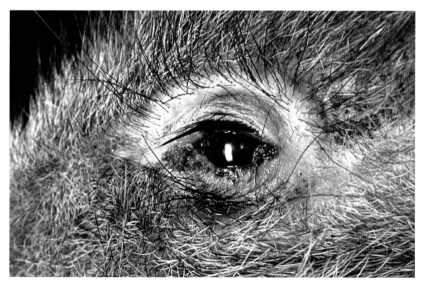

图25 古典猪瘟：野猪，眼睛。结膜炎。[来源：FLI]

六、牛传染性胸膜肺炎

病原学

病原分类

牛传染性胸膜肺炎（Contagious bovine pleuropneumonia, CBPP）的病原为丝状支原体丝状亚种小菌落–牛生物型（*Mycoplasma mycoides* subsp. *mycoides* Small Colony，*Mmm*SC）。丝状支原体群包括六株来源于牛和羊的支原体，由于它们共享血清学和遗传学特性，很难用传统的技术进行分类和诊断。目前可用聚合酶链式反应（PCR）或用特异性单抗（MAbs）对*Mmm*SC进行特异鉴定。尽管*Mmm*SC有很高的同源性，但目前的分子生物学技术已经识别了菌株之间的差异。新近建立的多位点序列分析能区分与地理起源（欧洲、南非、非洲其他地区）相关的三个主要分支。可通过分子生物学方法区分欧洲株和非洲株。欧洲株不能氧化甘油，这可能是其致病性低的原因。非洲株似乎更具多样性。参考株PG1的全基因组序列现已得以公布。

支原体没有细胞壁，因此具多形性并对β–酰胺类抗生素，比如青霉素有抗性。支原体的生长条件相对要求较高，需要富含胆固醇的培养基（添加马血清）。

对理化作用的抵抗力

*Mmm*SC对外界环境抵抗力甚弱，暴露在空气中存活时间不长，需密切接触才能传播，但在合适的湿度和风力条件下，病原可通过气溶胶进行远距离传播。

温度：

56℃/132.8℉60分钟或60℃/140℉2分钟可灭活本病原体。

pH：

本病原体在酸性和碱性条件下失活。

化学药品 / 消毒剂：

许多常用的消毒剂都可灭活本病原体。可以用氯化汞（0.01%/1分钟），苯酚（1%/3分钟），甲醛溶液（0.5%/30秒）使其灭活。

存活力：

在热带地区，可在宿主体外存活3天，在温带地区可存活达2周。在冷冻条件下可存活10多年。

流行病学

宿主

牛，即普通牛（*Bos Taurus*）和瘤牛（*Bos indicus*）是主要宿主。已有亚洲水牛（*Bubalus bubalis*），捕获的野牛（*Bison bison*）和牦牛（*Poephagus grunniens*，曾称为*Bos grunniens*）感染该病的报道。绵羊与山羊也可自然感染，但没有明显的病理学变化。野牛（wild bovids）和骆驼似乎有抵抗力，至今未见在CBPP的传播中起重要作用。

传播

- CBPP主要通过吸入感染该病的动物咳出的飞沫传播，尤其在动物发病的急性期。
- 尽管近距离接触是传播的必要途径，但在适宜的气候条件下也可传播达200米。
- 唾液、尿液、胎衣和子宫分泌物中都存在病原。
- 可经胎盘传播。
- 无临床症状的慢性感染牛是主要的传染源，病原体可在被包围的肺病变组织里存活长达两年。
- 人们普遍认为康复动物由于病原体被包围于肺病变组织中，它们在紧张状态或免疫抑制时可能会散播病原体。
- 牛的流动是传播该病的重要因素。
- 无疫牛群通常由于引入或接触感染动物而暴发该病。
- 曾报道污染物传播该病，但是支原体在环境中不会存活很长时间，因此认为间接传播并不重要。

传染源

*Mmm*SC在支气管和鼻腔分泌物、呼出的气体和气溶胶中大量存在。通过尿液传播还没有完全被证实。从公牛的精液中曾分离到病原，但是否能通过精液传播尚需进一步研究得知。

病的发生

CBPP广泛分布于非洲撒哈拉沙漠以南，包括非洲的西、南、东、中部地区的国家。

诊断

该病的潜伏期一般为1~4个月或更长。在气管内接种后可在2~3周出现临床症状。《OIE陆生动物卫生法典》中描述的CBPP的潜伏期为6个月。

临床诊断

成年牛

- 起初的症状为沉郁、食欲不振、中等程度发热，随后咳嗽、胸部疼痛和呼吸频率增加。
- 进一步变为肺炎，呼吸困难，站立时喜欢肘部外展以减少疼痛和增加胸腔容量。
- 肺部听诊声音多样，根据肺实质坏死的严重程度声音包括
- 捻发音、肺啰音和可能的摩擦音。
- 可在胸下部听到浊音，沉闷的声音。
- CBPP往往转变为慢性病，以虚弱、反复低烧为特征，很难发现肺炎。
- 强迫运动时可能会引起咳嗽。

犊牛

* 通常无肺部症状，感染的犊牛表现为关节炎、关节肿胀。
* – 如果成年牛有肺部症状和小牛有关节炎同时存在，则应提醒临床兽医作CBPP诊断。

病变

* 肺部可见特征性病变，通常发生于单侧，肺实质病变时无气味。
* 主要可见的病变是小叶变硬或增厚，被明显扩大的小叶间隔包裹，从而出现特有的大理石样外观。
* 小叶间隔先水肿，然后出现纤维蛋白，最后纤维化。病原产生大量坏死性毒素半乳聚糖，通过隔膜扩散。
* 胸膜腔中有大量的黄色或混浊的渗出物（在严重的情况下可达30升）。这些渗出物可凝结成大的纤维蛋白块。
* 纤维素性胸膜炎：胸膜纤维沉积增厚、有炎症。
* 小叶间水肿，因不同阶段的肝样变和变硬呈大理石样外观，通常局限于单侧肺。
* 康复动物的肺实质纤维囊包围着灰色坏死组织（凝固性坏死）。
* *Mmm*SC可以在被包围的肺病变组织内存活数月或更长时间，这有助于疾病传播。

鉴别诊断

急性型

* 牛急性败血病
* 出血性败血症
* 东海岸热（病）

* 牛流行热
* 创伤性心包炎

慢性型

* 包虫病
* 放线菌病
* 脓肿、结核、牛皮疽

实验室诊断

样品

* 取自活动物的样品应包括鼻拭子和/或支气管肺泡灌洗液，或通过穿刺吸出的胸液；还应采集血液和血清。
* 尸检时采集的样品应取肺部病变部位、淋巴结、胸腔积液和有关节炎动物的关节液。
* 样品应冷藏运输，如果运送到实验室时间较长时应冷冻。

操作程序

病原鉴定

* 从临床样品中分离病原，用代谢和生长抑制试验进行鉴定。
* *Mmm*SC的生长需要10天。在特殊培养基（琼脂和肉汤）上3～10天可见生长，摇动时可见培养基变得均匀混浊。在琼脂培养基可见菌落生长，直径1mm，典型的"煎蛋"状。
* 通常用常规的免疫试验（生长抑制、免疫荧光或滤膜免疫斑点试验［MF-dot］试验）鉴别病原。
* 确诊最好由OIE参考实验室用生化试验和免疫测定法相结合的程序进行（http://www.oie.int/eng/OIE/organisation/en_listeLR.htm）。

* PCR是一种快速、特异、敏感和易于使用的方法。

血清学试验
* 《陆生动物诊断试验和疫苗手册》规定的改良的Campbell和Turner补体结合试验可确定该病。但是其敏感性低（70%），早期感染动物、慢性病例和治疗过的动物可能会被漏检；然而对于群体来说，感染群检出率可达100%。
* 对国际贸易而言，竞争ELISA也是OIE规定的检测方法并在《陆生动物诊断试验和疫苗手册》中有详述。
* 免疫印迹实验（IBT）特异性强、敏感性高。在地区性CBPP根除计划中可作为对CF试验和/或ELISA筛选中阳性或可疑结果的验证。

预防和控制

还未对治疗的有效性作过充分研究。不推荐使用抗生素治疗，因其可能耽误该病的诊断、产生慢性携带者或促进*Mmm*SC耐药株的产生。控制该病的方法取决于流行病学状况、动物的饲养模式及某一特定国家兽医服务的可靠性和有效性。

卫生预防

* 无疫区：检疫、活动控制、血清学筛查和屠宰所有阳性动物及与之接触的动物。
* 控制牛的运输和流动是限制CBPP传播的最有效方式。

医学预防

* 疫区：如非洲，通过接种疫苗控制CBPP是非常重要的。
* 目前唯一的常用疫苗是用*Mmm*SC致弱株生产的；其效果与生产中用的原始毒株的毒力直接相关。
* 致弱毒株刺激产生最佳免疫力，但也导致严重的局部或全身的不良反应。
* 有两个毒株被用作CBPP的疫苗株：T1/44株（1951年由Sheriff和Piercy在坦桑尼亚分离到的天然中等毒力毒株）和T1sr株.T1sr株已经彻底失去毒力但是比T1/44诱发的免疫期要短，有可能使许多动物产生不可预知的免疫反应，在接种疫苗后需要抗生素治疗2~3周。
* 在流行率较低地区或无疫区，如欧洲，接种疫苗必须谨慎，因为它可能对血清学监测产生干扰。

图1 牛传染性胸膜肺炎：奶牛。呼吸困难，表现为张口呼吸，头、颈伸长。[来源：PIADC]

图3 牛传染性胸膜肺炎：奶牛，胸腔。肺脏和腔壁胸膜出现严重的弥散性纤维腹膜炎，有大量渗出物。[来源：PIADC]

图2 牛传染性胸膜肺炎：奶牛，胸腔。严重的纤维蛋白渗出性胸膜肺炎，脓胸。此状况表明有细菌继发感染。在混浊的黄色渗出液中有粗纤维蛋白附着在腔壁和脏器上。[来源：PIADC]

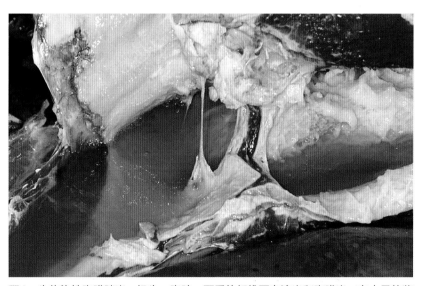

图4 牛传染性胸膜肺炎：奶牛，胸腔。严重的纤维蛋白渗出和胸膜炎，有大量的浆液性胸膜渗出物。[来源：PIADC]

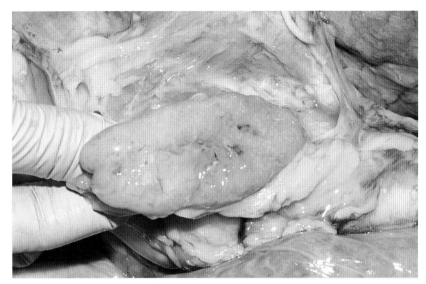

图5　牛传染性胸膜肺炎：奶牛，纵膈淋巴结切面。明显肿大的纵隔淋巴结，切开后向外膨出。淋巴结和邻近的结缔组织水肿。[来源：PIADC]

图7　牛传染性胸膜肺炎：奶牛，肺部。横切面中央淡红色的坏死性肺组织由包膜包围。[来源：PIADC]

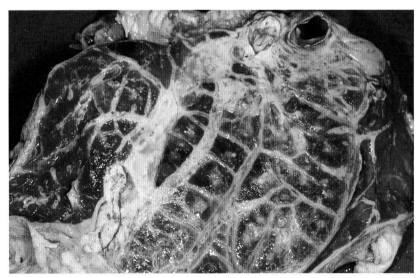

图6　牛传染性胸膜肺炎：奶牛，切开的肺部。严重的慢性坏死性间质性肺炎；组织呈现典型的"大理石"样外观，小叶间隔水肿和纤维化。[来源：PIADC]

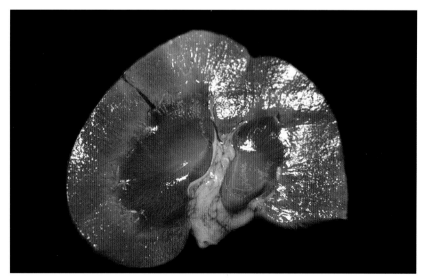

图8　牛传染性胸膜肺炎：奶牛，肾脏切面。注意苍白的三角形的肾皮质梗死。[来源：PIADC]

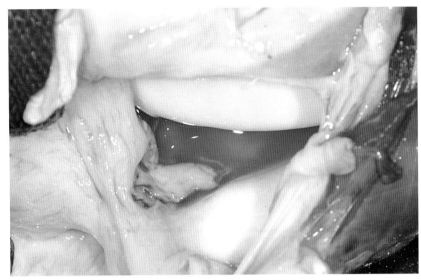

图9 牛传染性胸膜肺炎：奶牛，关节。明显的的纤维蛋白渗出性滑膜炎；大量的关节液和白色的纤维蛋白丝在关节液内浮动。[来源：PIADC]

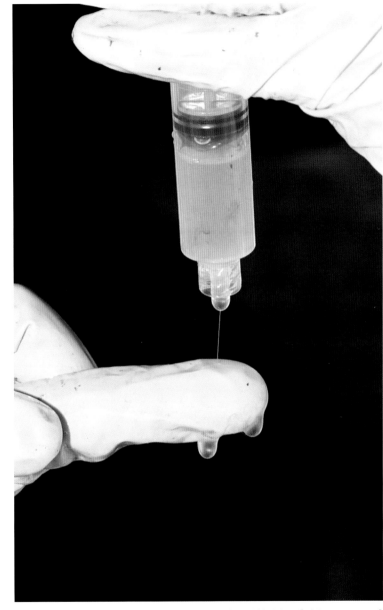

图10 牛传染性胸膜肺炎：滑膜液。液体混浊，黏性降低。[来源：PIADC]

七、马媾疫

病原学

病原分类

马媾疫（Dourine）是由锥虫目（*Trypanosomatide*）的一种带鞭毛的寄生原虫–马媾疫锥虫（*Trypanosoma equiperdum*）引起的、通过交配传播的马的寄生虫病。自1982年以来，虽有关于虫株致病性变异的报道，却不知何故没有任何一个国家分离到马媾疫锥虫虫株。目前，世界各国兽医诊断实验室保存的虫株大多为伊氏锥虫（*Trypanosoma evansi*）。有人推测世界上并不存在马媾疫锥虫这一独立虫种，马媾疫的状态，实际上是宿主对布氏锥虫马亚种（*Trypanosoma brucei equiperdum*）或伊氏锥虫的特异性免疫反应。最近有人依据对锥虫动基体DNA的研究认为，马媾疫锥虫和伊氏锥虫均为布氏锥虫的亚种。马媾疫的确切归类尚待商确。

对理化作用的抵抗力

温度：

50 ~ 60℃/122 ~ 140℉可杀死虫体。

pH：

强酸及强碱均可灭活本病原。

化学药品 / 消毒剂：

现已证实，包括1%次氯酸钠和2%戊二醛/甲醛在内的很多消毒剂对锥虫具有杀灭作用。

存活力：

马媾疫锥虫离开宿主后的存活时间并不长，不通过污染物而传播。药物和生物制品的效果见本病"预防和控制"一节。

流行病学

马媾疫是唯一不依靠无脊椎媒介进行传播的锥虫病。马媾疫锥虫与其他锥虫的区别之处还在于它主要侵染组织而很少侵入血液。本病通过交配传播，偶尔可由母畜传给胎儿。其急性病例的平均死亡率接近50%（特别在公马）。

宿主

- 马、驴、骡
- 除了感染的马属动物外，尚不清楚自然界是否存在其他的自然储存宿主。
- 鼠（rats，mice）、兔及犬可经实验感染。研究人员常采用啮齿动物进行虫株的保存和诊断抗原的制备。

传播

- 本病通过动物之间的性交直接传播。
- 多为公马传播给母马，也可从母马传播给公马。
- 并非与感染动物的每次交配都一定会传播本病。
- 目前尚无关于采采蝇或者其他昆虫媒介传播本病的报道。
- 在稀少的情况下，母畜分娩时，虫体可通过黏膜、眼结膜传播给幼驹。幼驹也可通过采食母乳获得感染。
- 幼驹性成熟后可再次作为感染源传播本病。

传染源

马媾疫锥虫可存在于母畜的阴道分泌物和公畜的精液、黏膜渗出液和阴茎包皮内。

病的发生

本病发生于亚洲大部、非洲北部和南部、俄罗斯、中东局部、南美及欧洲东南部。

诊断

本病潜伏期差异较大，可从1周至数月甚至更久。《OIE陆生动物卫生法典》描述本病的潜伏期为6个月。

临床诊断

本病发病严重程度和病程在不同个体间差异很大；通常是致死性的，有的可以自然康复但可成为隐形带虫者。通常根据临床症状结合血清学检测对本病作出诊断。

- 临床表现包括：
- 生殖器和乳腺局部水肿
- 水肿性皮肤丘疹
- 关节肿胀、步行困难、共济失调、单侧面部神经麻痹
- 眼分泌物增多且有损伤。
- 贫血
- 渐进性体重下降、消瘦
- 在水肿及消瘦后可呈现神经症状，表现肌肉协调缺失，多见后肢跛行而呈蹒跚运动姿势和步态异常。
- 临床症状呈现为周期性的恶化和复发，有时下身瘫痪后可能耐过，最终死亡。急性病例只维持1~2个月的时间甚至短至一周。
- 慢性、温和性病例可持续数年。
- 可出现亚临床症状感染。驴和骡对本病的抵抗力比马要强些。
- 可能成为隐性带虫者。
- 致死病例多呈现为慢性及渐进性病程，病畜表现为渐进性贫血和消瘦，但食欲几乎始终保持良好。

病变

- 隆起的水肿或者荨麻疹样皮肤斑块（skin plaques；俗称银元疹），直径5~8厘米、高1厘米。这为本病的确诊性症状，但在近期的病例中均未有发现。

- 斑块虽可发于全身，但多见于肋部附近，一般持续3~7天。
- 并非所有病例都一定有斑块出现，而且即使有也不易察觉。
- 水肿可消退，经过不规则的时段后复发，导致受影响的组织增厚、硬化；皮下出现胶冻状渗出物。
- 母畜
- 外阴、阴道黏膜、子宫、膀胱及乳腺由于胶样浸润而增厚。
- 阴道黏膜可出现凸起、增厚的半透明斑块。
- 阴道黏膜肿胀外翻，凸出阴户外。
- 公畜
- 阴囊、包皮、睾丸被膜增厚和浸润。
- 睾丸被包埋在硬化组织形成的坚硬团块内，可导致不能辨认。
- 生殖部位、会阴及乳房区域可出现失色。
- 淋巴结，特别是腹腔淋巴结肿大，质软，某些病例有出血。
- 后躯麻痹患畜的脊髓常常变软、失色，尤以腰部和骶骨部明显。

鉴别诊断

- 媾疹
- 马传染性子宫炎
- 苏拉病
- 非洲锥虫病
- 炭疽
- 马病毒性动脉炎
- 马传染性贫血
- 出血性紫斑
- 其他引起体重下降、消瘦的因素：营养不良、蠕虫病、牙病以及慢性感染

实验室诊断

样品

- 锥虫只是少量存在于淋巴液、外生殖器水肿液、阴道黏液和斑块液中。可在感染后4~5天从包皮及阴道冲洗物或刮取物中采得的尿道和阴道的黏液中查到病原。
- 抽取斑块液：首先将斑块部位进行清洗、剃毛、干燥，然后采用注射器抽取，应避免针头插入血管中。
- 制作几个厚血片
- 常需对采集的血液进行离心，然后对分离的血浆再次离心后检查虫体。
- 取一小滴全血或者血浆（约50微升）滴在洁净的载玻片上。待血滴自然干燥后，于80℃/176℉加热5分钟固定，然后采用10%吉姆萨染色15~20分钟。
- 未染色的血液涂片不宜同福尔马林溶液一起保存，以免影响染色效果。
- EDTA抗凝的全血或者血清
- 最好采用液氮保存马媾疫锥虫虫株。

操作程序

病原鉴定
- 确诊应建立在具有明显临床症状并查到病原寄生虫的基础之上。
- 鉴于如下因素，鉴定病原难度极大：
- 虽然临床症状及病理变化在该病中示症性很强，但不总是能够有把握地得以确定，特别是在病的早期或隐性病例。
  - 本病还会与其他疾病相混淆，如媾疹。此外，在一些国家（例如南美的一些国家），伊氏锥虫（*T.evansi*）感染表现与本病相似的临床症状。

- 马媾疫锥虫的数量往往很少，即使是在水肿部位也很难发现。
- 马媾疫锥虫在血液中为一过性出现，而且数量极少，这是血液检查时无法克服的困难。
- 对新鲜抽取液进行镜检
- 病变部位的锥虫动合子只存在几天的时间，必须间歇采样进行检查。
- 很难从厚血片中查到病原，但如将血液离心后取分离到的血浆再次离心检查沉淀物时可能会发现病原。
- 马媾疫锥虫是温带地区唯一感染马的锥虫，只要从厚血片中发现锥虫即可确诊为马媾疫。
- 在有其他锥虫亚属（subgenus *Trypanozoon*）流行的国家，很难通过形态学特征作鉴别诊断。

血清学试验

不论感染动物是否表现临床症状，体内都会有抗体产生。但对马媾疫进行诊断时需综合考虑发病史、临床表现、病理变化和血清学检查结果。
- 补体结合试验为国际贸易指定方法。
- 可用于具有相关临床表现的病例和隐性感染病例的确诊。
- 健康马属动物、特别是驴和骡，由于其血清具有抗补体效应，补体结合试验结果往往不稳定或缺乏特异性。
- 间接荧光抗体试验（IFA）
- 在血清具有抗补体效应时，IFA的优势较为明显。
- 目前没有国际通用的检测程序。
- 在多种锥虫病流行区域，会与其他锥虫产生交叉反应。
- 酶联免疫吸附试验（ELISA）

- OIE《陆生动物诊断试验和疫苗手册》中有对ELISA方法的具体介绍。
- 该手册中还介绍了采用竞争ELISA检测马媾疫锥虫抗体的方法。
- 其他血清学检测方法
- 包括放射免疫实验、对流免疫电泳、琼脂凝胶扩散试验（AGID）。
- AGID可用于对阳性结果的证实及抗补体血清的检测。
- 有文章报道了采用免疫杂交技术进行梨形虫病、马鼻疽及马媾疫的同步检测。
- 研究人员建立了卡片凝集实验。此方法优于补体结合试验。

预防和控制

卫生预防

- 控制本病依赖于强制性的疫病报告和捕杀感染动物。
- 大多数国家都通过立法的形式控制动物的运输、移动。
- 确保辅助交配过程的良好卫生状况也很必要。
- 尽管没有马隔着栅栏交配的报道，但栅栏对于疾病传播的控制可能有用。

医学预防

- 目前尚无可以得到的生物制品。
- 不推荐采用药物治疗，药物治疗后可能临床症状会很快消失，但是体内仍然带虫。

图1　马媾疫：马。消瘦。[来源：ITM]

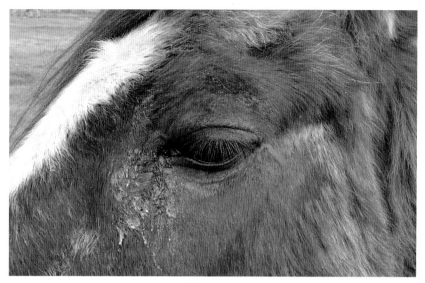

图3　马媾疫：马，眼睛。眼分泌物。[来源：ITM]

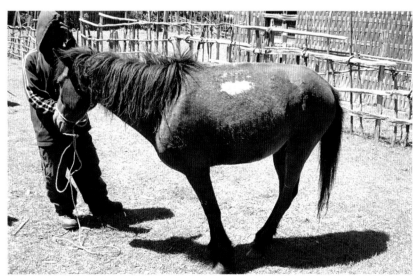

图2　马媾疫：马。缺乏肌肉协调导致的不能行走。[来源：ITM]

图4　马媾疫：马。生殖器肿大。[来源：ITM]

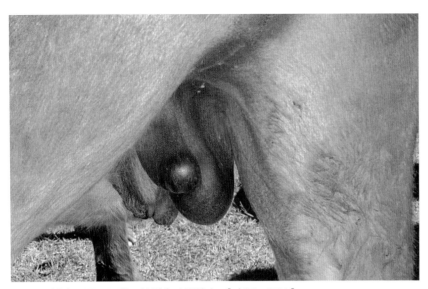

图5 马媾疫：马，阴囊。单侧生殖器肿大。[来源：ITM]

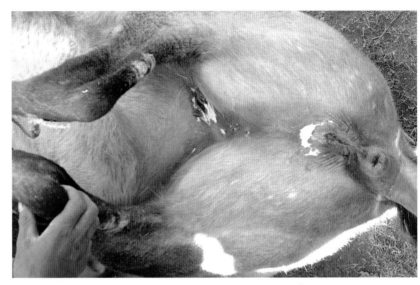

图7 马媾疫：马。腹股沟和生殖器部位失色。[来源：ITM]

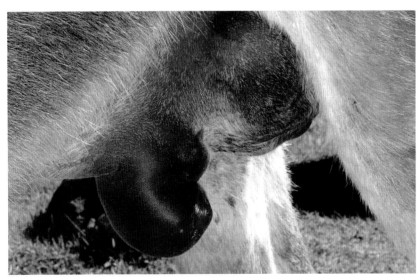

图6 马媾疫：马。肿大的生殖器。[来源：ITM]

八、流行性出血病

病原学

病原分类

流行性出血病（Epizootic hemorrhagic disease, EHD）由呼肠孤病毒科（*Reoviridae*）环状病毒属（*Orbivirus*）的一种病毒引起的。此种病毒有8个以上的血清型，茨城病病毒（Ibaraki virus）是EHD病毒（EHDV）血清群中的一个成员（血清型2）。EHDV能与蓝舌病毒群发生免疫学交叉反应。

对理化作用的抵抗力

温度：

对高温极不稳定。病毒经50℃/122℉，3小时，60℃/140℉，15分钟或121℃/249.8℉，15分钟后失活。

pH：

对pH<6.0和pH>8.0敏感。

化学药品 / 消毒剂：

EHDV无包膜，因此对脂溶剂如乙醚和氯仿相当有抵抗力。容易被丙内酯、2%*W/V*戊二醛、酸类、碱（2%*W/V*氢氧化钠）、2%～3%*W/V*次氯酸钠、碘伏和酚类灭活。

存活力：

血液和组织样品中的病毒在20℃/68℉、4℃/39.2℉和-70℃/94℉非常稳定，但在-20℃/-4℉则不稳定。由于其基因是双链RNA，对紫外光和伽马射线有抵抗力。

流行病学

* EHD能够感染大多数野生和家养反刍动物。
* 历史上EHD是野生反刍动物特别是南美白尾鹿的一种疫病，很少感染牛。
* 一个值得注意的例外是茨城病病毒，1959年在日本的牛群中大范围流行，并持续地引起远东地区的牛发病。

- 近来，EHD已成为牛的一种新发疫病，在四个地中海国家暴发后，于2008年5月被列入OIE需要报告的疫病名录。
- 白尾鹿的发病率和死亡率可高达90%，其严重程度因年份和地理位置不同而异。

宿主

- 以白尾鹿为主，北美黑尾鹿和叉角羚羊次之。
- 其他野生反刍动物，如黑尾鹿、赤鹿、马鹿、欧洲小鹿、狍、麋鹿、驼鹿、大角绵羊可能血清转阳。
- 虽然牛的感染很普遍且可能作为暂时宿主，但直到近期为止，仅有极少牛发病的报告。真正的持续感染不在反刍动物出现。
- 茨城病可见于牛。
- 绵羊能够试验性感染，但很少出现临床症状，山羊似乎不易感。

传播

- 病毒通过生物媒介传播。在一般情况下，具有叮咬能力的库蠓属（genus *Culicoides*）蠓感染病毒10~14天后即可将病毒传播给易感动物。
- 在温带地区，传染常见于夏末和秋季媒介数量高峰期。而在热带地区，全年都会传染。
- 与蓝舌病感染一样，由于病毒与红细胞的紧密联系，即使有中和抗体，病毒血症也能够持续50天以上。被感染鹿的病毒血症能够长达2个月。

传染源

- 病毒血症期的动物血液。
- 反刍动物的感染不具接触传染性，需要生物媒介（库蠓）。
- 因为病毒感染血管内皮细胞，动物身体的所有组织都可能被感染。

病的发生

本病遍布全世界。已从北美、澳大利亚、非洲、亚洲和地中海的牛分离到EHDV。日本、韩国和台湾都已报道过茨城病。

诊断

EHD的潜伏期2~10天。

临床诊断

鹿EHD的临床症状表现为出血病，家养反刍动物可能呈亚临床感染。

- 鹿急性EHD：发热、虚弱、食欲不振、流涎、面部水肿、结膜和口腔黏膜充血、蹄冠炎、口腔炎和大量流涎。
- 在病程长的病例，口腔齿垫、硬腭和舌头可能出现溃疡。突发病例出现出血性腹泻、血尿、脱水和死亡。
- 牛急性EHD（与蓝舌病相似）：发热，食欲不振，产奶减少，结膜肿胀，鼻孔和嘴唇发红、结痂，鼻腔和眼睛有分泌物，口腔炎，流涎，跛行，舌头肿胀，口腔/鼻腔糜烂，呼吸困难。
- 牛茨城病具有发热、食欲不振和吞咽困难的特征。
- 口腔、嘴唇和蹄冠周围可能见到水肿、出血、糜烂和溃疡。患畜可表现四肢僵硬和跛行。
- 也有流行期发现流产和死胎的报道。部分感染牛出现死亡（高达10%）。

病变

鹿EHD：

- 特急性型：头、颈、舌、结膜和肺严重水肿。

- 急性型：黏膜、皮肤、内脏，特别是心和胃肠道大面积出血和水肿。
- 可见口腔、瘤胃和瓣胃糜烂，硬腭、舌、牙床、食道、喉、瘤胃和皱胃坏死。
- 慢性型：蹄角出现生长环或蹄壁凹陷，瘤胃有糜烂、溃疡或结痂。

牛茨城病

- 伴随继发性吸入性肺炎、脱水和消瘦，食道、喉、咽、舌和骨骼肌的横纹肌出现退化。
- 口腔、嘴唇、皱胃、蹄冠可见明显的水肿和出血，也可能出现糜烂和溃疡。

鉴别诊断

- 鹿：与蓝舌病和口蹄疫难以区分。
- 牛：蓝舌病、牛病毒性腹泻、口蹄疫、传染性牛鼻气管炎、水疱性口炎、恶性卡他热、牛暂时热。

实验室诊断

样品

病毒分离和检测

- EDTA和/或肝素全血
- 脾
- 肺
- 淋巴结
- 肝

血清学检测

- 双份血清样品（每份3~5毫升）

操作程序

病原鉴定

- 病毒分离：接种各种细胞培养物，特别是伊蚊（*Aedes albopictus*）细胞。也可接种CPAE（牛肺动脉内皮细胞）和BHK-21（幼仓鼠肾细胞）。与蓝舌病病毒不同，鸡胚对EHDV不敏感。
- 病毒检测：反转录聚合酶链式反应（RT-PCR）：对阳性检测结果的判读可能困难-在受到感染的反刍动物血液中，EHDV核酸的存在时间可能远远超过有传染性病毒的存在时间。
- 其他分子学检测方法：斑点印迹和原位杂交。
- 感染后多达160天都有可能在鹿组织中检测到病毒RNA。

血清学试验

- 琼脂凝胶免疫扩散试验（群特异）
- 竞争性ELISA（群特异）
- 血清中和试验（型特异）

预防和控制

除牛茨城病外，治疗和控制EHDV的手段有限。

卫生预防

对易感反刍动物使用杀虫剂/杀幼虫剂和驱虫剂控制库蠓，管理好库蠓繁殖区域。

医学预防

- 还没有商用疫苗，但日本在使用茨城病弱毒活疫苗。

- 能够生产EHDV疫苗，但由于体液免疫的型特异性，疫苗需是多价的。

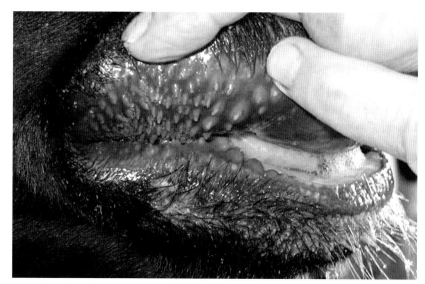

图1　流行性出血病：母牛，口腔。多个变钝和充血的乳头。（建议检查动物时总是使用手套）［来源：KVI］

图3　流行性出血病：母牛，口腔黏膜。坏死和变钝的齿龈乳头。（建议检查动物时总是使用手套）［来源：KVI］

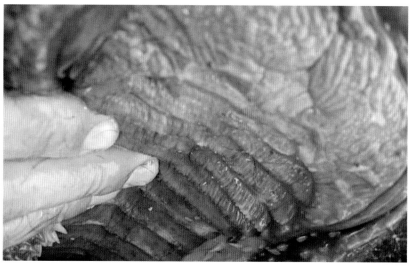

图2　流行性出血病：母牛，硬腭。多处黏膜糜烂。（建议检查动物时总是使用手套）［来源：KVI］

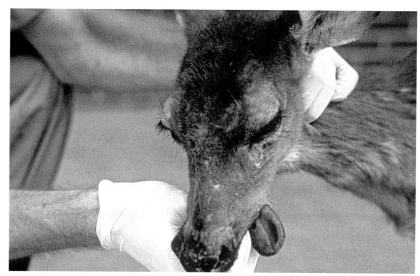

图4　流行性出血病：鹿，舌。舌水肿和发绀。［来源：SCWDS］

图5 流行性出血病：黑斑羚，蹄。因蹄冠垫暂时缺血导致蹄壁的水平性退裂。[来源：SCWDS]

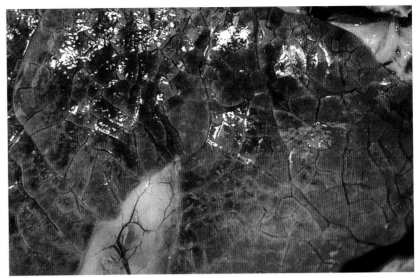

图7 流行性出血病：黑斑羚，肺。弥散性充血和小叶间肺水肿。[来源：SCWDS]

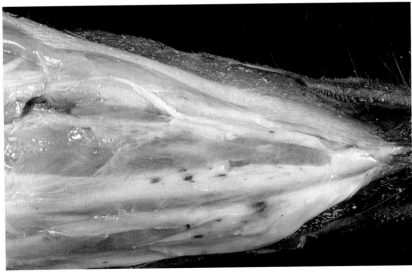

图6 流行性出血病：黑斑羚。下颌皮下水肿并伴随多点出血。[来源：SCWDS]

九、马梨形虫病

病原学

病原分类

马梨形虫病（Equine piroplasmosis，EP）是一种马属动物的蜱传性疾病，由梨形虫目（*Piroplasmida*）的红细胞内寄生原虫驽巴贝斯虫（*Babesia cabal-li*）和马泰勒虫（*Theilerai equi*）侵袭所致。马泰勒虫旧称马巴贝斯虫，后因进化、形态、生化和遗传等方面的证据而进行分类调整，作为泰勒虫属一个种。

对理化作用的抵抗力

本病原体在宿主体外不能存活，只能经蜱传播。因此，无须考虑它对物理和化学因素（如温度、化学药品/消毒剂和环境存活）的抵抗力。药物和生物制剂的效果见本病的"预防与控制"一节。

流行病学

本病是马属动物的一种蜱传性疾病，其发生需要适宜的节肢动物媒介。感染动物可能长期携带这种血液寄生虫，且作为其他蜱的感染源。将带虫动物引入蜱很普遍的地区可导致本病流行。

宿主

- 马、骡、驴和斑马

生活史和传播

- 巴贝斯虫的子孢子侵入红细胞后便发育成滋养体。滋养体生长、裂殖，形成两个圆形、卵形或梨形的裂殖子。裂殖子能感染新的红细胞和反复裂殖。
- 由蜱叮咬而接种至马类的马泰勒虫子孢子侵入淋巴细胞；淋巴细胞内型虫体经过发育，最终形成泰勒样裂殖体；裂殖体释放出的裂殖子侵入红细胞，转变为滋养体；滋养体发育、分裂形成四个梨形（马耳他十字形）的裂殖子。
- 已鉴定有12种传播驽巴贝斯虫和马泰勒虫的媒介蜱，分别属于革蜱属（*Dermacentor*）、扇头蜱属（*Rhipicephalus*）和璃眼蜱属（*Hyalomma*），其中8种能经卵传播驽巴贝斯虫。
- 巴贝斯虫可见于媒介蜱的各种器官，能由卵传给幼蜱。
- 马泰勒虫在媒介蜱的唾液腺发育，在蜱的其他器官尚未发现；它不能经卵传给幼蜱。

- 也可通过被感染血液污染的机械媒体（如污染的针头）传播。

传染源

- 致病性梨形虫感染的动物血液和有关媒介（如蜱和机械媒介）。
- 感染动物可长时间携带这些血液原虫，并作为蜱媒的感染源。

病的发生

本病原体见于南欧，亚洲，独联体各国，非洲，古巴，中南美洲和美国南部的某些地区。已在澳大利亚发现马泰勒虫（不过，显然该虫未在这一地区定居），故目前认为它比弩巴贝斯虫分布要广。

诊断

马泰勒虫引起的马梨形虫病潜伏期为12～19天；弩巴贝斯虫引起的马梨形虫病潜伏期为10～30天。

临床诊断

马梨形虫病通常没有特殊的临床表现，故该病易与呈现发热、贫血和黄疸的其他溶血性疾病相混淆。马泰勒虫引起的病情较弩巴贝斯虫所致的病情更严重。梨形虫病可以表现为最急性型、急性型、亚急性型和慢性型四种形式。文献记载的病畜死亡率为10%～50%。疫区大多数动物能耐过传染。

最急性型

- 本型病理极为罕见，临床上仅能见到濒死或已死的马匹。

急性型

- 本型病例最常见。
- 发热，通常超过40℃/104℉。
- 食欲减退，烦躁不安。
- 呼吸和心率加快。
- 黏膜充血。
- 尿暗红色；粪球比正常的小、干。
- 病畜可能表现精神不振；贫血和/或黄疸。

亚急性型

- 与急性型的相似，但病畜体重下降和出现间歇热。
- 黏膜浅粉色至粉红色，或浅黄色至明黄色；黏膜上可见瘀血点或瘀血斑。
- 正常肠运动可轻度减弱，病畜或有轻微的腹痛症状。

慢性型

- 慢性病例通常出现一些非特殊的临床表现，如食欲不振、表现不佳、体重下降等。

病变

- 可见的病变通常与血管内溶血有关。
- 黏膜苍白或呈黄疸色；血液稀薄、水样。
- 肝脏肿大，呈黄褐色或灰白色。
- 脾肿大、暗黑色、质脆；直肠检查可及。
- 肾脏比正常的灰白或暗黑，可能有点状出血。
- 心外膜下和心内膜下的心脏组织可见出血。
- 在亚急性型，有时四肢末端发生轻度水肿。

- 二次感染可引起肺水肿、肺气肿和肺炎等多种非特殊的病变。

鉴别诊断

- 苏拉病
- 马传染性贫血
- 媾疫
- 非洲马瘟
- 出血性紫癜
- 植物和化学中毒

实验室诊断

样品

- 在疾病的急性阶段（有发热表现）采集活畜表皮毛细血管的血液，制作薄、厚血涂片；尸检时采集大脑皮质、肾脏、肝脏、肺和骨髓，制作组织触片。
- 不管是血涂片，还是组织触片均应先空气干燥，然后甲醇固定。
- 也要采集血清样品。

操作程序

病原鉴定

- 血液的显微检查
- 吉姆萨法染色血涂片；在经染色的血涂片上查验病原虫。
- 厚血片法也用于血液中原虫很少的情况。
- 若为驽巴贝斯虫和马泰勒虫混合感染，有时需要确定病原虫的种类。

- 用检查血涂片的方法来鉴定带虫动物体的马梨形虫病很困难，不准确，不适于大规模检测；应首选血清学方法。
- 已有检测马泰勒虫和驽巴贝斯虫的分子生物学技术。
- 基于种特异性的聚合酶链式反应。

血清学试验
- 间接荧光抗体（IFA）试验（国际贸易指定方法）
- 间接荧光抗体试验已成功应用于马泰勒虫病和驽巴贝虫病的鉴别诊断。
- 判断强阳性反应相对简单，但要区分弱阳性和阴性反应结果则需要丰富的结果判读经验。
- 关于间接荧光抗体试验操作的详细说明可查阅现有的文献，OIE的《陆生动物诊断试验和疫苗手册》提供了一个IFA操作实例。
- 酶联免疫吸附试验（ELISA）（是国际贸易指定方法）
- 间接ELISA使用了马泰勒虫和驽巴贝虫重组蛋白，检测感染马的抗体，特异性强、敏感性高。
- 一种竞争抑制ELISA（C-ELISA）使用了重组蛋白和一种针对裂殖子表面蛋白表位的特异性单克隆抗体，故消除了抗原纯度引起的各种问题。利用C-ELISA和CF两法检测马泰勒虫抗体，结果的相关性为94%。
- 补体结合（CF）试验
- 一些国家已将补体结合试验用于进口马匹的检查。
- 由于IgG（T）（马属动物主要的免疫球蛋白同型体）不能与豚鼠补体结合，故该法不能鉴定所有感染马匹，尤其是经药物治疗过的马匹或产生抗补体反应的马匹。
- 间接荧光抗体（IFA）试验和C-ELISA已经取代CF，作为国际贸易指定方法。

预防和控制

卫生预防

- 马梨形虫病最常通过带虫动物或感染蜱传至一个地区。
- 因而，马属动物调运时一定要进行检查（用上述的IFA或ELISA法）
- 减少马科动物与蜱接触。
  - 对动物和厩舍使用药物、杀虫剂灭蜱，定期视检。
  - 控制和消灭媒介蜱，除去近处可以使蜱类藏身的植被。
- 梨形虫检查阳性的马匹必须与其他马匹和媒介隔离开来。
- 尤其不要让污染血液通过机械途径传给马匹。

医学预防

- 目前尚无在售的生物制品。
- 抗原虫药物仅能暂时清除带虫动物体内的马泰勒虫。

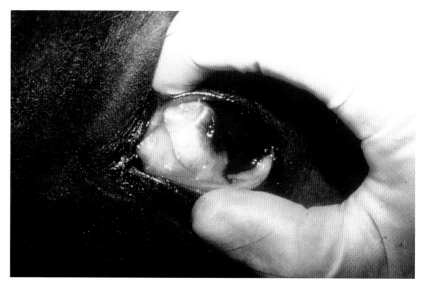

图1 马梨形虫病：马，结膜。感染马泰勒虫的马出现结膜贫血、黄染。[来源：ERC/ERI]

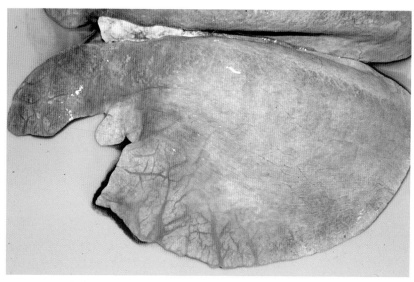

图3 马梨形虫病：马，肺。感染弩巴贝斯虫的马出现肺水肿。[来源：ERC/ERI]

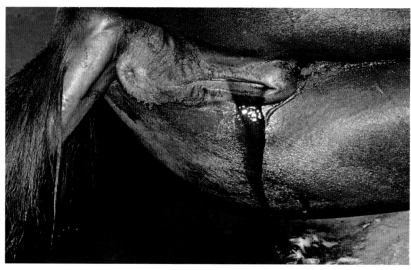

图2 马梨形虫病：马。感染马泰勒虫的马出现血红蛋白尿。[来源：ERC/ERI]

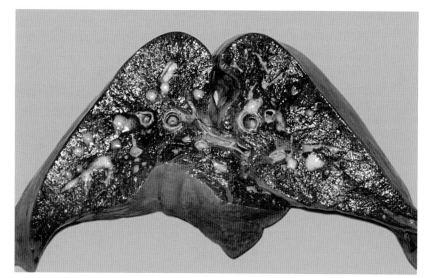

图4 马梨形虫病：马，肺。感染弩巴贝斯虫的马出现重度肺水肿的肺横切面。[来源：ERC/ERI]

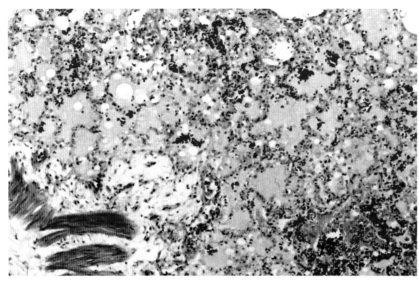

图5 马梨形虫病：马，肺。感染弩巴贝斯虫的马的肺的显微照片（HE染色）；肺泡水肿和充满红细胞。[来源：ERC/ERI]

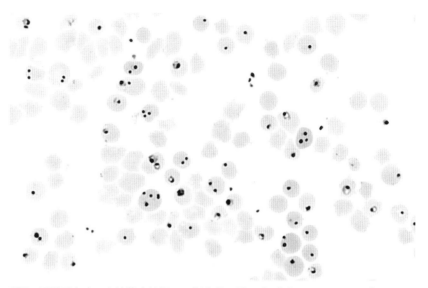

图7 马梨形虫病：血涂片中的弩巴贝斯虫的显微照片。[来源：OVI/ARC]

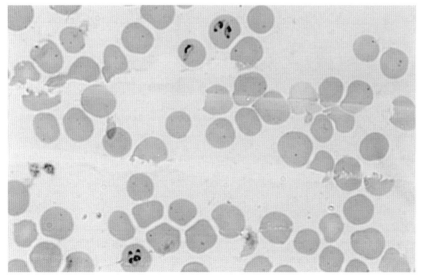

图6 马梨形虫病：血涂片中的马泰勒虫的显微照片。[来源：OVI/ARC]

十、口蹄疫

病原学

病原分类

口蹄疫病毒（Foot and mouth disease virus, FMDV）是细小核糖核酸病毒科（*Picornaviridae*）口疮病毒属（*Aphthovirus*）的成员。FMDV有七个不同的血清型：A、O、C、SAT1（南非1型）、SAT2（南非2型）、SAT3（南非3型）和Asia1（亚洲1型）。各型之间不产生交叉免疫。易于出错的RNA复制过程发生的突变、重组以及宿主选择（host selection）不断产生新的FMDV变异株。

对理化作用的抵抗力

温度：

冷藏和冷冻使病毒得以保存。温度高于50℃/122℉时，病毒逐渐失活。加热动物产品使中心温度达70℃/158℉至少30分钟可灭活病毒。

pH：

在pH<6.0或pH>9.0的条件下，病毒可被快速灭活。

化学药品/消毒剂：

氢氧化钠（2%）、碳酸钠（4%）、柠檬酸（0.2%）、乙酸（2%）、次氯酸钠（3%）、过硫酸钾/氯化钠（1%）和二氧化氯可灭活病毒。可耐受碘化合物、季铵类化合物以及苯酚，特别是病毒与有机物同在时。

存活力：

可在中性pH的淋巴结和骨髓中存活，但发生尸僵后肌肉pH<6.0时病毒被破坏。可在冷冻骨髓或淋巴结中存活。奶和奶制品中的残存病毒可在常规巴氏消毒中存活，但超高温巴氏消毒可使其灭活。病毒在干燥环境中存活，在潮湿和低温条件下的有机物中可存活数天至数周。在适合的温度和pH条件下，能在污染的饲料和环境中存活长达一个月。

流行病学

- 高度接触性动物疾病之一，导致重大的经济损失。
- 成年动物死亡率低，但幼畜常因心肌炎导致高死亡率。
- 牛通常是主要宿主，但有些毒株对家猪或绵羊和山羊表现出特殊的适应性。

- 除非洲水牛（*Syncerus caffer*）外，其他野生动物至今还没有被证明可携带口蹄疫病毒。
- 曾经发生的鹿感染口蹄疫被证明是直接或间接接触受感染的家养动物造成的。

宿主

- 所有家养偶蹄类动物均易感，包括牛、猪、绵羊、山羊和水牛。
- 所有野生偶蹄类动物也易感，包括鹿、羚羊、野猪、大象、长颈鹿和骆驼。
- 旧世界骆驼（old world camels）可抵抗某些毒株的自然感染。南美骆驼科动物，如羊驼（alpacas）和美洲骆（llamas）轻度易感，但可能都没有流行病学上的重要性。
- 非洲水牛是在口蹄疫的流行病学中发挥重要作用的唯一野生动物物种。
- 已从野猪和鹿分离到一些感染牛的FMDV毒株。
- 水豚（capybars），可能还有刺猬（hedgehogs）也易感。大鼠、小鼠、豚鼠和犰狳（armadillos）可通过实验感染。

传播

- 感染动物和易感动物之间的直接接触。
- 易感动物和污染物（手、鞋、服装、车辆等）的直接接触。
- 饲喂（主要是饲喂猪）未经处理的污染的肉类产品（泔水）。
- 小牛摄入被污染的牛奶。
- 用污染的精液作人工授精。
- 吸入感染性气溶胶。
- 风媒传播，特别是在温带地区（陆地可达60千米，海上可达300千米）。
- 病毒可在人的呼吸道中存在24~48小时，因此通常对研究设施中暴露在病毒中的人员进行3~5天的隔离检疫。
- 在疫情暴发活跃期，通过充分洗澡、洗发、更换衣服、咳痰，隔离检疫时间可缩短为过夜。

传染源

- 潜伏期和有临床症状的感染动物。
- 呼出的气体、唾液、粪便、尿液；乳汁和精液（临床症状出现前的4天内）。
- pH在6.0以上的肉及其副产品。
- 病毒携带者：康复动物、疫苗免疫动物以及暴露于病毒的动物，病毒可在口咽部持续存在28天以上。
- 牛的病毒携带者的比例为15%~50%。
- 虽然少部分牛可带毒长达3年，但是通常不会超过半年。
- 家养水牛、绵羊和山羊通常带毒不会超过几个月。非洲水牛是SAT血清型的主要储存宿主，而且可能带毒至少5年。
- 有充分详细的田间证据表明，在极少数情况下病毒携带者可以感染密切接触的易感动物，但所涉及的机制尚不清楚。

病的发生

在亚洲、非洲、中东和南美部分地区（在无疫地区零星暴发），口蹄疫呈地方性流行。世界上许多国家和地区无口蹄疫疫情，而且一些国家和地区维持OIE对无疫区的认可。

诊断

FMD潜伏期为2~14天。《OIE陆生动物卫生法典》描述的潜伏期为14天。

临床诊断

临床症状的严重程度因毒株、感染剂量、年龄、动物品种、宿主物种和免疫水平而异。症状表现从轻微或不明显到严重。发病率可能接近100%。成年动物通常死亡率低（1%~5%），但幼犊、羔羊和仔猪较高（20%或更高）。在不发生继发或混合感染情况下，通常2周左右康复。

牛

- 发热、食欲减退、寒战，牛奶产量降低2~3天，之后：
  - 拍打嘴唇、磨牙、流涎、跛行，压迫蹄部或出现脚踢行为。这些是由于在口腔、鼻黏膜和/或蹄部和冠状带之间发生水疱（溃疡）引起。
  - 24小时后水疱破裂，发生糜烂。
  - 水疱也可以在乳腺出现。
- 一般8~15天内恢复。
- 并发症：舌部糜烂，病灶部位重复感染，蹄变形，乳房炎和永久性失去泌乳能力，心肌炎，流产，体重持续下降，失去体温调节能力。
- 心肌炎导致幼畜死亡。

绵羊和山羊

- 发热
- 轻微的跛行和口腔病变
- 沿冠状带或趾间发生的蹄部病变可能不易发现，齿垫也可发生此类病变。
- 绵羊和山羊无乳是特征性症状。幼畜可不表现临床症状而死亡。

猪

- 发热

- 可因蹄匣脱落发展为严重的足部病变和跛行，特别是水泥为地面的畜舍内。
- 水疱常发生在四肢的受力部位，特别是沿踝关节（"球节"）。
- 口鼻部可能出现水疱病变，舌部可发生干性损伤。仔猪常有高死亡率。

病变

- 水疱发生于舌、齿垫、牙龈、颊部、软硬腭、唇、鼻孔、鼻口部、冠状带、乳头、乳房、吻部，以及悬蹄和趾间的真皮。
- 尸检时瘤胃糜烂。所有物种的幼畜因心肌的变性和坏死出现灰色和黄色条纹，即"虎斑心"。

鉴别诊断

与本病在临床症状上不能区分的疾病：

- 水疱性口炎
- 猪水疱病
- 猪水疱疹

需鉴别诊断的其他病：

- 牛瘟
- 牛病毒性腹泻和黏膜病
- 传染性牛鼻气管炎
- 蓝舌病
- 流行性出血性疾病
- 牛乳房炎
- 牛丘疹性口炎，传染性脓包
- 恶性卡他热

实验室诊断

样品

- 采自未破裂或刚破裂的水疱组织重量约1克。
- 上皮组织样品应置于pH 7.2～7.6的运输保存液中，并保持低温（见《陆生动物诊断试验和疫苗手册》）。
- 用探杯采集食道-咽部分泌物（O/P液）。
- 用探杯采集的样品应在采集后立即于-40℃/-40℉冰冻。
- 关于国内和国际寄送易腐的疑似口蹄疫病料的特殊注意事项，见《陆生动物诊断试验和疫苗手册》第1.1.1章。

操作程序

病原鉴定

检测到口蹄疫病毒抗原或核酸即可做出阳性诊断。实验室诊断和血清型鉴定应在符合OIE病原第4组控制要求的实验室完成。

- 抗原酶联免疫吸附试验（ELISA）：用于检测口蹄疫病毒抗原和确定血清型，优于补体结合试验（CF）。
- 补体结合试验：特异性和敏感性低于ELISA方法，易受亲补体因子和抗补体因子影响。

病毒分离

- 接种牛（犊牛）原代甲状腺细胞或猪、犊牛和羔羊原代肾细胞；接种BHK-21和IB-RS-2细胞系；接种2～7日龄乳鼠。
- 出现细胞病变后，培养液（或死亡小鼠骨骼肌组织）可用于CF、ELISA或PCR检测。

- 逆转录聚合酶链反应（RT-PCR）
- 病毒核酸检测；快速、灵敏；样品包括上皮组织、奶、血清、O/P液。
- 琼脂糖凝胶RT-PCR
- 实时定量RT-PCR
- 电子显微镜观察病料
- 试纸条化的圈旁实验方法（pen-side tests）：已商品化。

血清学试验

- 《陆生动物诊断试验和疫苗手册》指定的检测方法
- 病毒中和试验
- ELISA：固相竞争ELISA或液相阻断ELISA
- 《陆生动物诊断试验和疫苗手册》中其他可供选择的检测方法
- 补体结合试验

预防和控制

卫生预防

- 在边境进行动物移动控制和监测以保护无疫地区。
- 检疫措施
- 屠宰感染、康复和接触病原的易感动物。
- 清洗、消毒畜舍和所有被污染的物品，如农具、车辆和衣服（《OIE陆生动物卫生法典》第4.14章节）。
- 在疫区处置尸体、垫料和污染的动物产品（《OIE陆生动物卫生法典》第4.13章节）。

医学预防

灭活疫苗

这些疫苗的制备是对病毒种毒株进行细胞培养增殖后，以化学方法灭活，再同一种或多种合适的试剂和赋形剂混合。油佐剂疫苗最好用于猪，但也可用于反刍动物，具有母源抗体干扰少和免疫持续期较长的优点。口蹄疫疫苗可分为"标准效价"和"高效价"疫苗。

- 标准效价疫苗（商业疫苗）：至少含有3个PD50（50%保护剂量）的抗原量。
- 两次初始免疫，相隔一个月时间，可提供六个月免疫保护力。

- 疫苗株的选择依据与流行株的抗原关系。
- 许多疫苗为多价，以确保对流行病毒有广泛的覆盖能力。
- 高效价疫苗（紧急免疫疫苗）：至少含有6个PD50的抗原量。
- 增加高效价疫苗配方中的抗原量的目的是使其效能超过提供某些特征的最低要求。这些特征包括更快速地产生免疫力和抵御更广泛的野毒株。
- 因此高效价疫苗适用于紧急免疫。

减毒活疫苗

- 不允许使用，因为其具有毒力返强的危险，并且难以区分自然感染和经免疫接种的动物。

图1 口蹄疫：奶牛。因舌部严重疼痛造成的舌外伸。[来源：KVI]

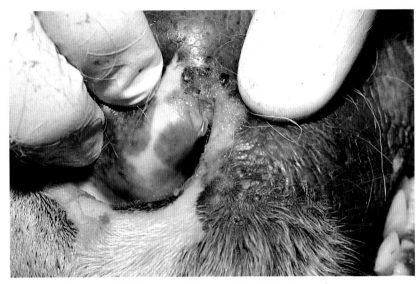
图3 口蹄疫：奶牛，鼻翼褶皱处。糜烂和渗出。[来源：PIADC]

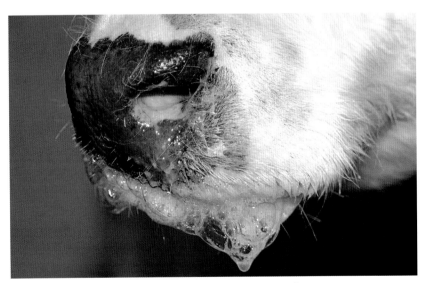
图2 口蹄疫：奶牛。流涎和鼻腔分泌物。[来源：PIADC]

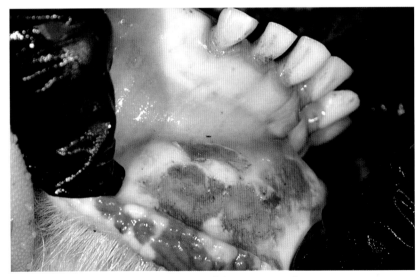
图4 口蹄疫：奶牛。多处糜烂连接成片。[来源：PIADC]

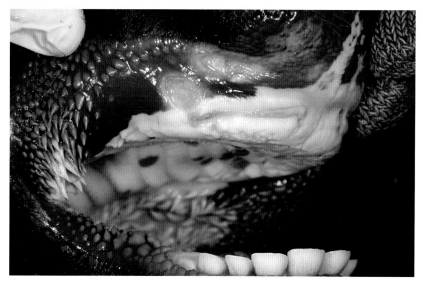

图5 口蹄疫：奶牛。多处口腔糜烂后修复形成新上皮组织。[来源：PIADC]

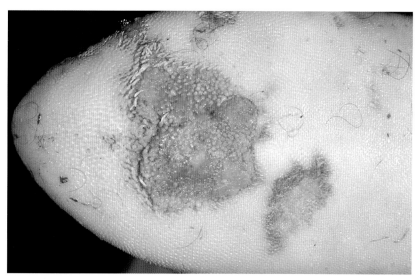

图6 口蹄疫：奶牛，舌。糜烂后有修复迹象。[来源：PIADC]

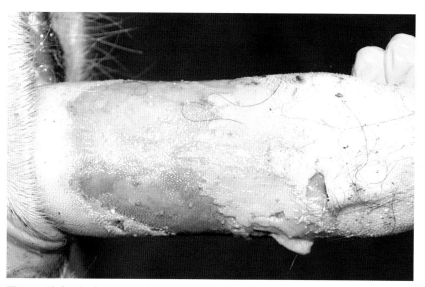

图7 口蹄疫：奶牛，舌。局部广泛性糜烂性炎症；注意黏膜坏死后肿胀，与下层组织脱离。[来源：PIADC]

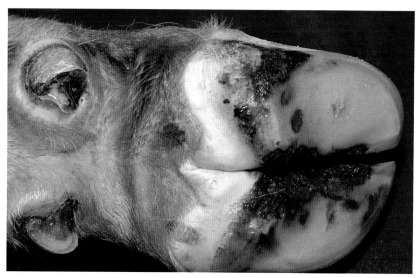

图8 口蹄疫：奶牛，主蹄和悬蹄的冠状带。悬蹄和整个主蹄部分的冠状带出现一圈大的水疱；水疱上皮呈现白色（苍白）；与冠状带连接的皮肤充血。[来源：PIADC]

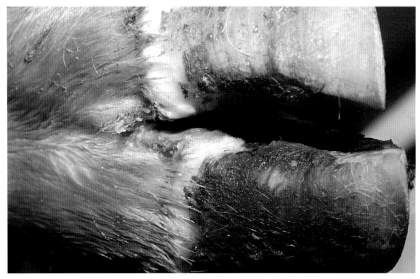

图9 口蹄疫：奶牛，冠状带。沿冠状带上皮的水疱破裂。[来源：PIADC]

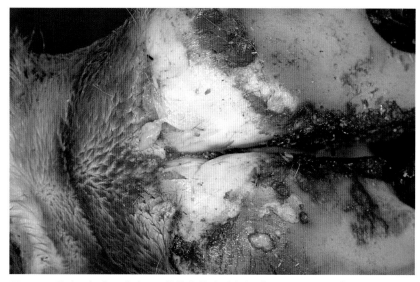

图11 口蹄疫：奶牛，蹄球。冠状带大的破裂水疱。[来源：PIADC]

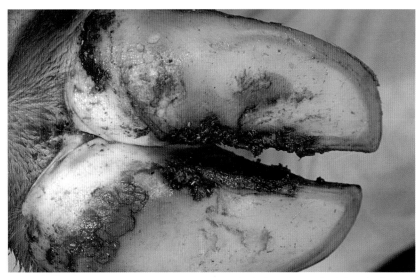

图10 口蹄疫：奶牛，冠状带。因水疱的形成造成上皮呈白色（苍白）。[来源：PIADC]

图12 口蹄疫：奶牛，趾间。趾间大的水疱破裂。[来源：PIADC]

图13 口蹄疫：奶牛，趾间。趾间大的水疱破裂。[来源：PIADC]

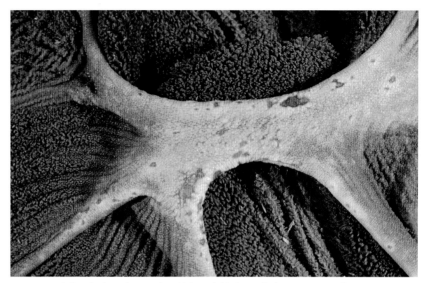

图15 口蹄疫：奶牛，瘤胃。瘤胃体出现多处糜烂。[来源：PIADC]

图14 口蹄疫：奶牛，乳头。四个乳头中有两个发生糜烂。[来源：KVI]

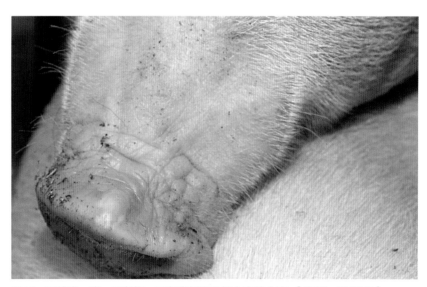

图16 口蹄疫：猪，口鼻部。口鼻背部出现单个完整水疱。[来源：PIADC]

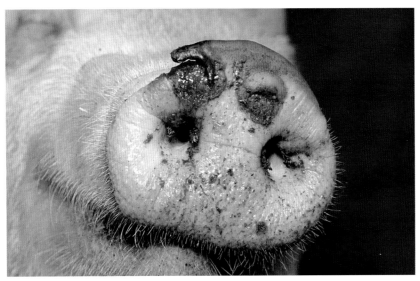

图17　口蹄疫：猪，口鼻部。水疱破裂后露出下层受损的上皮组织。[来源：PIADC]

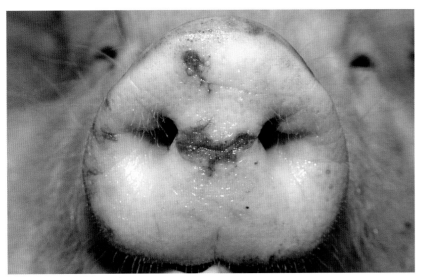

图18　口蹄疫：猪，口鼻部。多处糜烂开始得以修复和重新长出上皮。[来源：PIADC]

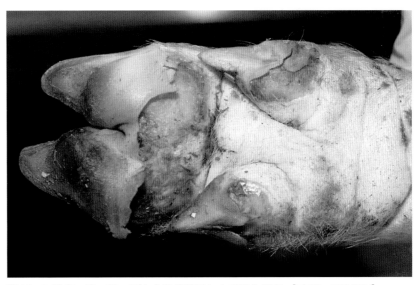

图19　口蹄疫：猪，蹄。两个主蹄的蹄匣与上皮发生分离。[来源：PIADC]

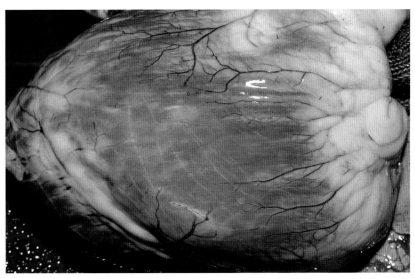

图20　口蹄疫：猪，心脏。右边为严重的多病灶心肌坏死；心肌层有灰色条纹，不要与脂肪或淋巴管混淆。淋巴管表现为横穿肌纤维的细线。[来源：PIADC]

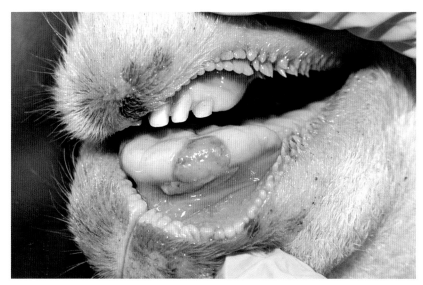

图21 口蹄疫：绵羊，齿垫。糜烂处的坏死上皮组织。[来源：PIADC]

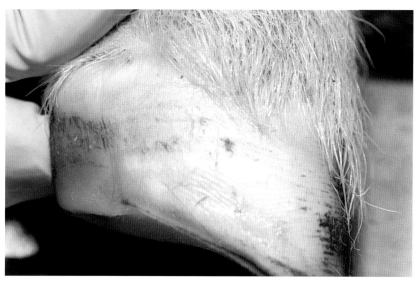

图23 口蹄疫：绵羊，冠状带。沿冠状带有水疱液的部位变白。[来源：PIADC]

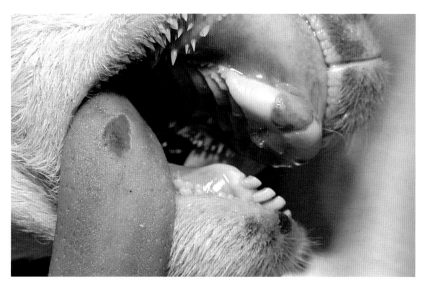

图22 口蹄疫：绵羊，舌，齿垫。舌和齿垫出现单个糜烂。[来源：PIADC]

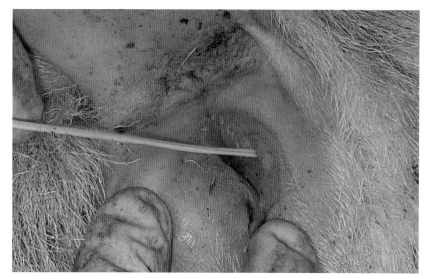

图24 口蹄疫：绵羊，阴门。草杆所指的阴门皮肤与黏膜交界处出现有单个水疱。
[来源：USDA/APHIS/IS]

十一、马鼻疽

病原学

病原分类

马鼻疽（Glanders）是由革兰氏阴性、无动力、无荚膜、不产芽孢的伯克霍尔德氏菌科（*Burkholderiaceae*）的鼻疽伯克霍尔德氏菌（*Burkholderia mallei*）引起的一种人畜共患病。该菌曾被称为鼻疽假单孢菌（*Pseudomonas mallei*），在进化学上与类鼻疽病原体—类鼻疽伯克霍尔德氏菌（*Burkholderia pseudomallei*）相关。

对理化作用的抵抗力

温度：

经55℃/131℉10分钟可杀灭。类鼻疽伯克霍尔德氏菌在土壤中最适宜生长温度为37℃/98.6℉ ～ 42℃/107.6℉。

pH：

类鼻疽伯克霍尔德氏菌在土壤中最适宜生长的pH为6.5 ～ 7.5，土壤中生石灰（氧化钙）浓度为10%或更高时对该菌有杀灭作用，其有效性达35天。

化学药品 / 消毒剂：

对很多普通消毒剂敏感，如：碘、氯化汞、高锰酸钾、0.05%苯扎氯铵、次氯酸钠（有效氯500毫克/升）、70%乙醇、2%戊二醛；但对酚类消毒剂不太敏感。

存活力：

该菌对阳光敏感，阳光直射24小时可将其杀灭，但在受污染区该菌可能存活达6周或数月。该菌在自来水中至少可存活一个月。该菌对干燥敏感，潮湿环境有利于细菌存活。细菌多糖荚膜被认为是致病力和增强存活力的重要因素。对紫外线照射敏感。

流行病学

宿主

- 马科动物和人对本病易感。偶尔可感染猫科动物。其他动物对本病也易感。感染通常是致死性的。

– 驴最易感，骡稍差些，马表现有一定的抵抗力，特别是流行地区的马通常表现慢性过程。
- 骆驼、熊、狼、犬对鼻疽的敏感也得到证实。
- 食肉动物因食用被感染的肉而感染；牛和猪有抵抗力。
- 小型反刍动物如果与患有鼻疽的马匹密切接触也可能受感染。

传染源与传播途径

- 大多数共同感染源是摄入了病原携带者呼吸道或溃疡皮肤损伤分泌物污染的水和食物。
- 动物密度大、近距离接触以及与应激有关的宿主因素均有利于疾病传播。
- 在疾病传播方面，亚临床病原携带者比临床病例更重要。

病的发生

自Hippocrates报道马鼻疽以来，该病一直被认为是马科动物的一种重要疾病。通过兽医干预和国家控制计划，世界范围内疾病流行已显著减少。巴西、中国、印度、伊朗、伊拉克、蒙古、巴基斯坦、土耳其、阿联酋等国还有本病的报道。中东、亚洲、非洲以及南美的不同地区具有地方流行性。通过对鼻疽伯克霍尔德氏菌的血清学调查确定的关于该病的地理学分布具有复杂性，因为该菌同类鼻疽伯克霍尔德氏菌有交叉反应。重要的是要注意到本病为人畜共患病，近期已有科学和研究人员染病的报导。

诊断

由于感染途经、暴露强度、宿主自身因素不同，马鼻疽潜伏期不尽相同，其时间范围从几天到几个月不等。《OIE陆生动物卫生法典》描述的马鼻疽潜伏期为6个月。

临床诊断

根据原发病灶位置，动物鼻疽可分为鼻型、肺型和皮肤型三种病型。根据疾病的发生过程可分为急性型（通常与驴有关）或慢性型（流行区的马）两种病型。自然状态下鼻型和肺型多为急性型，皮肤型多为慢性过程。急性型马鼻疽于几天至几周（1～4周）内死亡。已报道一种隐性型的鼻疽。患病动物除了流鼻涕和呼吸困难外，没有什么其他症状。

鼻型鼻疽

- 起初临床症状为高热、厌食、呼吸困难，并伴有咳嗽。
- 出现高度传染性的黏稠、黄绿色、黏脓性或血脓性鼻涕，在鼻孔周围结壳。
- 眼出现脓性分泌物。
- 鼻黏膜结节破裂出现明显的溃疡。

肺型鼻疽

- 肺型鼻疽形成通常需要几个月。首先表现为发热、呼吸困难、阵发性咳嗽或者持续性干咳并伴有呼吸困难。
- 腹泻、多尿，并导致进行性消瘦。

皮肤型鼻疽

- 一个较长的慢性过程，发病期间表现为进行性消瘦。
- 初期症状可包括发热、呼吸困难、咳嗽和淋巴结肿大。

病变

鼻型鼻疽

- 鼻型鼻疽可见上呼吸道结节性鼻窦炎、溃疡和鼻中隔穿孔。
- 鼻、气管、咽喉溃疡性肉芽肿性鼻炎，形成星型瘢痕（星状疤痕）。
- 局部淋巴结（如下颌淋巴结）肿胀、变硬。这些淋巴结可能破裂化脓，导致与深层组织粘连。

肺型鼻疽

- 肺型鼻疽肺部病变主要有：肺部出现浅色的水肿性结节或水肿块，周围有出血环，或者肺组织实变和弥散性肺炎。
- 肺结节进而出现干酪样坏死或钙化，其内容物向上排出时将病理损伤传至上呼吸道（多发性肺脓肿或肺痈）。
- 肝、脾、肾等实质性脏器可见多灶性肉芽肿结节、脓肿或痈。陈旧病例中出现组织斑痕。

皮肤型鼻疽

- 在面部、腿部、肋部以及腹部结节性淋巴管炎的过程中，结节破溃排出具感染性的脓性黄色液体。
- 结节破溃产生溃疡，这些溃疡可能痊愈或向周围组织扩散，形成多灶性溃疡性皮炎。
- 感染了的淋巴管可导致肿胀、增厚和索状病变。
- 淋巴病变融合形成串珠状（多灶性慢性淋巴管炎），有时称为"淋巴管马鼻疽"。可以出现化脓。
- 肝、脾等也可出现结节性坏死。
- 公畜出现鼻疽性睾丸炎。

- 隐性马鼻疽仅出现轻度肺病变。

鉴别诊断

- 所有跨境传播的动物疫病，仅靠临床症状是不可能对疫病进行确诊的，特别是对于早期或潜伏期的病例。
- 马腺疫（马链球菌病）
- 溃疡性淋巴管炎（伪结核棒状杆菌病）
- 葡萄球菌病
- 孢子丝菌病（申克孢子丝菌）
- 假结核菌病（耶氏假结核棒状杆菌病）
- 流行性淋巴管炎（伪鼻疽组织胞浆菌）
- 马痘
- 结核菌病（结核分支杆菌病）
- 创伤和过敏

实验室诊断

针对潜在性感染或已污染材料的所有操作必须在符合《陆生动物诊断试验和疫苗手册》第1.1.2章"兽医微生物和动物设施生物安全要求指南"所规定的控制三级病原体的要求的实验室内完成。

样品

要按照《陆生动物诊断试验和疫苗手册》第1.1.1章所规定的关于诊断样本采集、运输的要求，对实验室样本进行严密包装、冷藏和运输。

病原鉴定

- 新鲜病料的整个病变组织或病变部位、呼吸道分泌物的涂片。
- 从陈旧病料或组织切片很难分离到病原。

- 样本应冷藏保存，尽可能采用加湿冰的方式运送。
- 应提交经10%福尔马林固定的病理组织的切片和经空气干燥的分泌物涂抹片作显微检查。

血清学检测
- 以无菌方法采集血清样本。

操作程序

病原鉴定
- 伯克霍尔德氏菌形态学检查
- 采用亚甲蓝或革兰氏染色法鉴定新鲜病灶的病原体。
- 可见革兰氏阴性、无芽孢、无荚膜的杆菌。
- 已用电镜证实了荚膜样物质的存在。
- 培养特性
- 从未经暴露、未受污染的病料分离病原。
- 本菌在需氧条件下生长，含有甘油的培养基有利于细菌生长。
- 鼻疽伯克霍尔德氏菌无动力。
- 试验动物接种
- 公豚鼠腹腔接种，观察严重的局部腹膜炎和睾丸炎（施特劳斯反应，the Strauss reaction），但其敏感性仅20%。
- 仓鼠也易感。
- 对受感染睾丸作细菌学检查以资确证。
- 按照《陆生动物诊断试验和疫苗手册》第1.1.5章所描述的准则和注意事项，以PCR和实时PCR进行确证。
- 必须考虑到，用于传染病诊断的PCR方法需要得到验证并有质量管制。
- 特定实验室已有的其他方法
- PCR限制片段长度的多态性

- 凝胶电泳脉冲电场
- 限制性内切酶结合rDNA探针作核糖核酸分型。
- 串联重复可变数分析（VNTR–Variable number of Tandem Repeats）和多位点序列分型（MLST–Multilocus sequence typing）

马来因试验和血清学试验
- 马来因试验（国际贸易指定试验）
- 提纯了的马来因蛋白衍生物（PPD）已商品化。
- 眼睑皮内试验：最敏感、最可靠和特异性最好的试验。
- 点眼试验：可靠性不如眼睑皮内试验。
- 皮下试验：由于这种试验干扰以后的血清学试验，所以最好选用眼睑皮内试验或点眼试验法。
- 补体结合试验（CF）（国际贸易指定试验）
- 该试验不如马来因试验那样敏感。
- 已报道的准确率为90%～95%，感染一周内可检测到血清阳性。慢性病例恶化的病例可检出阳性结果。
- 补体结合试验的特异性受到质疑。
- 酶联免疫吸附试验（ELIST）：平板和膜（斑点）ELISA
- 这些试验方法很难从血清学上区别鼻疽伯克霍尔德氏菌和类鼻疽伯克霍尔德氏菌。
- 方法待验证。
- 其他血清学方法
- 抗生物蛋白：生物素斑点ELISA（未获得验证）。
- Western–blot方法（未获得验证）。
- 孟加拉玫红（Rose Bengal）平板凝聚试验（RBT）试验（只在俄罗斯获得验证）。

预防和控制

卫生预防

- 预防和控制鼻疽流行需早诊断和人性化地消灭检测为阳性的动物。这些措施还要结合严格的动物流动控制、有效的畜舍检疫和疾病暴发区彻底的清洁消毒。
- 深埋和焚烧感染动物尸体。
- 深埋或焚烧阳性农场一次性材料（饲料和垫料），对运输工具和设备要仔细认真地消毒。

医学预防

- 流行区内采用抗生素处理。应该注意该处理方式导致可能具有感染人和动物的亚临床携带动物出现。
- 经试验证明有效的治疗药物包括：强力霉素、头孢他定、庆大霉素、链霉素、磺胺间甲氧嘧啶和甲氧苄胺嘧啶复合剂。
- 如果不采取治疗措施，病死率可达95%。

图1 马鼻疽：马。严重的多灶性慢性线性结节状淋巴管炎（肉芽肿）。[来源：UFPE]

图2 马鼻疽：马，鼻孔。鼻孔扩张，双侧流出脓性鼻涕。[来源：ADAGRO/PE]

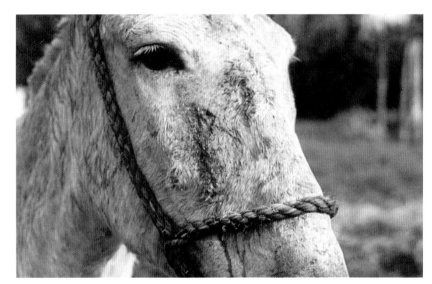

图3 马鼻疽：马。面嵴附近一个带脓血性分泌物的局灶性溃疡。[来源：ADAGRO/PE]

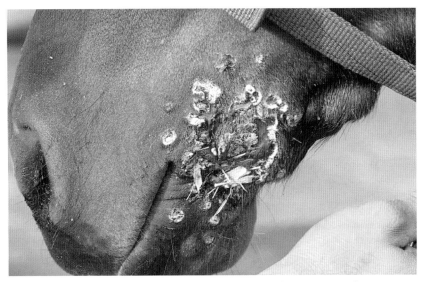

图4　马鼻疽：马。下颌带有严重的多灶性溃疡性皮炎。[来源：CVRL]

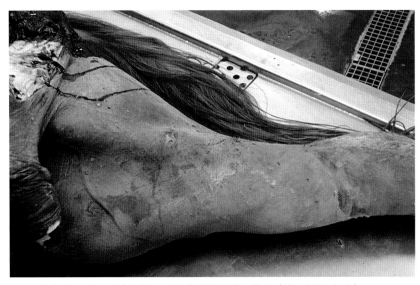

图6　马鼻疽：马，后肢内侧。后肢内侧慢性淋巴管炎（淋巴管马皮疽）。[来源：CVRL]

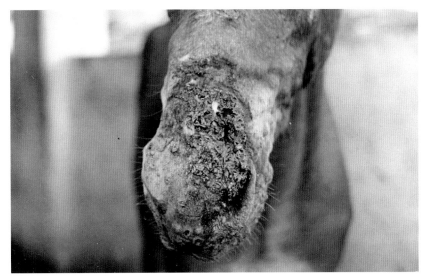

图5　马鼻疽：马。上颌区多发性片状溃疡，嘴和嘴唇结节性淋巴管炎。[来源：UFPE/ADAGRO-PE]

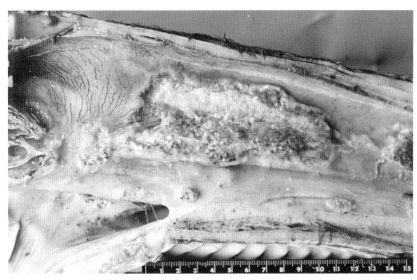

图7　马鼻疽：马。头部纵切面。严重的多灶性和局灶性广泛性慢性结节性鼻窦炎和鼻咽喉炎，伴有溃疡和脓性分泌物。[来源：UFPE]

图8　马鼻疽：马，头部正中切面。额窦及筛窦板多灶性慢性化脓性鼻窦炎，可能有局灶性肉芽肿性化脓性脑膜炎。[来源：UFPE/SFA-PE]

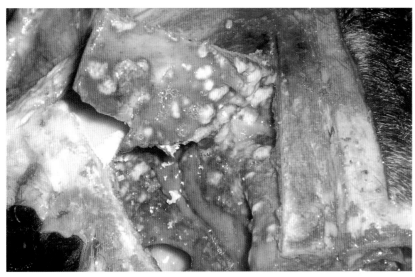

图9　马鼻疽：马，鼻甲部。严重的多灶性肉芽肿性鼻炎（星状疤痕）。[来源：CVRL]

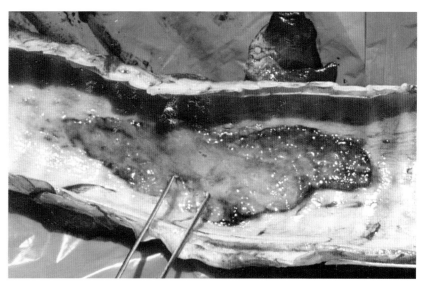

图10　马鼻疽：马，气管。严重的局部大面积糜烂和出血性气管炎，伴有化脓性肉芽肿性分泌物。[来源：UFPE/SFA-PE]

图11　马鼻疽：马，肺。严重的多灶性肺脓肿。[来源：ADAGRO/PE]

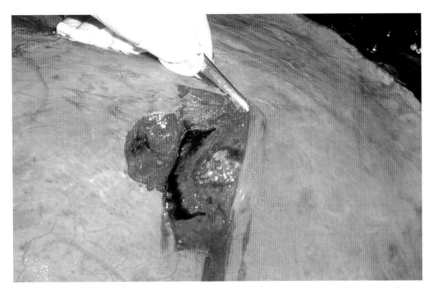

图12 马鼻疽：马，肺。小脓肿。[来源：CVRL]

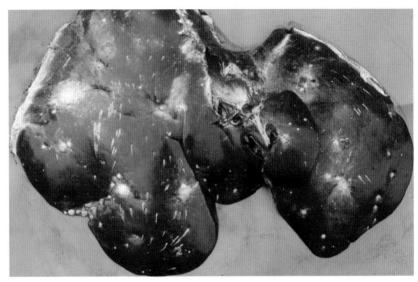

图14 马鼻疽：马，肝。严重的多灶性肉芽肿性脓肿，带有斑痕。[来源：UFPE/ADAGRO-PE]

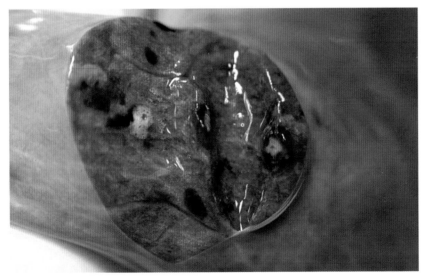

图13 马鼻疽：马，肺。水肿和局灶性脓肿。[来源：CVRL]

十二、心水病（考德里氏体病）

病原学

病原分类

心水病（Heartwater，HW）是由立克次体目（*Rickettsiales*）无浆体科（*Anaplasmataceae*）的反刍动物埃立克体（*Ehrlichia ruminantium*，以前称为反刍动物考德里氏体（*Cowdria ruminantium*）引起的一种疾病。该病原体为一种小的革兰氏染色阴性、多形性球状的专性细胞内寄生物。不同株的反刍动物埃立克体差异大且致病性不同：有些株致病性很强，另外一些不那么强。反刍动物埃立克体有很高的基因可塑性。几个不同的基因型可同时在同一地理区域存在，并且可以重组成新的毒株。反刍动物埃立克体在全身的血管内皮细胞内增殖，造成严重的血管损伤。他们通常以少于5个至数千个病原体聚集成团的形式存在于受感染的毛细血管内皮细胞胞浆内，在光学显微镜下观察脑涂片能检测到病原体。

对理化作用的抵抗力

埃立克体为专性细胞内寄生物，离开宿主细胞只能存活几小时。遇热不稳定，在室温下12~38小时会失活。该病只能通过媒介蜱传播，因此，讨论该病原体对外界理化因素（如温度、化学药品、消毒剂和环境中的存活）的抵抗力的意义不大。药物及生物制品对病原体的作用在本病的"预防和控制"一节中讨论。

流行病学

- 心水病仅发生在有携带病原体的钝眼蜱（*Amblyomma*）出现的地方。
- 流行病学取决于媒介蜱、病原体和脊椎动物宿主之间的相互作用。
- 媒介蜱：蜱的感染率、季节对蜱数量和活性的影响、以及对蜱密度的控制。
- 病原体：不同基因型的病原体会影响致病性或者引起交叉免疫。
- 脊椎动物宿主：野生动物病原储存体的存在、年龄和基因抗性。
- 由于该病原体十分脆弱，该病传播至某区域的主要方式是引入受感染的蜱或携带病原体的动物。
- 目前还不清楚野生或者家养的反刍动物在多长时间内可以作为自然界中蜱的感染源，但可能是数月。
- 蜱是反刍动物埃立克体稳定的储存体，病原体在蜱体可维持其感染性至少15个月。

- 因此，建议对要运输至无心水病地区的动物进行仔细的药浴和人工检查，以确保不带蜱。

宿主

- 所有家养或野生的反刍动物都能被感染，但前者更易感。
  - 本地的家养反刍动物通常更能抵抗此病。野生动物可能作为病原储存体。
- 心水病能引起牛、绵羊和山羊的严重疾病，在本地非洲品种绵羊和山羊中引起的疾病相对较轻，在几种原产非洲的羚羊种类中几乎不引起疾病。
  - 瘤牛（*Bos indicus*）通常比欧洲牛（*Bos taurus*）抵抗力更强。
  - 美利奴绵羊（merino sheep）的死亡率可高达80%，但波斯或南非绵羊（Afrikaner sheep）的死亡率可仅为6%。
  - 安哥拉（angora）和萨能（Saanen）山羊对心水病也非常易感，而在瓜德罗普（Guadeloupe）的克里奥尔（Creole）山羊则对该病有显著的抵抗性。
- 心水病在某些情况下可引起非洲水牛死亡。
- 目前已知的其他易感种类有大羚羊、黑野羚羊、非洲旋角大羚羊、长颈鹿、捻角羚、紫貂羚羊、泽羚、小岩羚和驴羚。
  - 相信这些动物起到心水病的储存体的作用，其发病一般较轻或无明显症状。
- 已有南非的跳羚因心水病死亡的报导。
- 试验证明，很多不是非洲种的反刍动物对心水病易感，包括南亚的东帝汶鹿和白斑鹿，还有北美的白尾鹿。
  - 试验证明美国南部白尾鹿的常见寄生物斑点钝眼蜱（*Amblyomma maculatum*）和卡延钝眼蜱（*A. cajennense*）也是心水病的媒介。
- 心水病可能因养殖的野生动物鲁莎鹿、白尾鹿、羚、白斑鹿和东帝汶鹿等主要野生反刍动物种类患病带来显著的经济损失。

- 有一份非洲象死于心水病的报告，但是这头象同时也感染了炭疽。
- 其他疑似对心水病易感但目前还没有确实证据的动物有：蓝牛羚、小鹿、喜马拉雅塔尔羊、大角野绵羊、欧洲盘羊、印度羚、白犀和黑犀。
- 曾经有人认为珍珠鸡和豹龟是反刍动物埃立克体的非反刍动物宿主，但最近的资料已经确认这些动物对本病不易感，也不将病原体传给在它们身上吸血的媒介蜱。
- 磨砂野兔对该病易感也未完全经事实证明；黑线小鼠和多乳头小鼠已证实对反刍动物埃立克体敏感，但它们不是蜱的宿主，因此认为其在疾病流行病学方面意义不大。
- 一些近亲交配的实验鼠已证实对反刍动物埃立克体敏感，这有助于对疾病发生和免疫机制进行研究，但它们在疾病维持中的作用不大。

传播

- 心水病通过其生物媒介钝眼蜱属的蜱进行传播。
- 蜱通过在处于急性期或亚临床期的感染动物身上吸血而被感染。
- 在能够传播疾病的13种蜱中，彩饰钝眼蜱（*A. variegatum*）是目前为止最重要的一种，因为它的分布最广。其他的主要媒介是希伯来钝眼蜱（*A. hebraeum*，非洲南部），*A. gemma*和*A. lepidum*（索马里、东非和苏丹）。
  - *Astrion*（主要寄生于水牛）和*A. Pomposum*（分布在安哥拉、刚果民主共和国和中非共和国）也是疾病的自然媒介。其他四种非洲蜱在实验条件下能传播本病，他们分别是：*A.Sparsum*（主要寄生于爬行动物和水牛）、*A. cohaerans*（寄生于非洲水牛）、*A.marmoreum*（成虫寄生于陆龟，幼期寄生于山羊，）和*A. tholloni*（成虫寄生于大象）。
- 三种北美的钝眼蜱在实验条件下能传播疾病，它们是：斑点钝眼蜱（或墨西哥湾蜱）、卡延钝眼蜱和*A. dissimil*。但是到目前为止，均未发现这些蜱可在自然条件下传播疾病。

- 斑点钝眼蜱广泛分布于美国的东部、南部、西部，寄生于有蹄类动物（牛、绵羊、山羊、马、猪、野牛、驴、骡、白尾鹿、水鹿和轴鹿）、各种肉食动物、啮齿类动物、兔类、有袋类动物、鸟类和爬行类动物。
  - 作为心水病的媒介，斑点钝眼蜱被证明具有和希伯来钝眼蜱一样的效率，对多种反刍动物埃立克体株易感。卡延钝眼蜱选择的宿主和斑点钝眼蜱相似，但是其分布没有那么广泛而且是一个低效的心水病媒介。
  - *A.dissimile*寄生于爬行类动物和两栖动物。
- 钝眼蜱有三个宿主，其完整的生命周期可能长达5个月至4年。
- 因为蜱能在幼虫和稚虫阶段感染上心水病病原体，而且可以在稚虫或者成虫将病原体传播，病原体在蜱的感染性可以持续至少15个月。感染不经卵传播。
- 虽然心水病在野外可以通过蜱的稚虫或者成虫进行传播，但一般来说，成虫偏好寄生于牛，幼虫偏好寄生于绵羊和山羊。
- 目前有资料表明牛白鹭（cattle egrets）在加勒比地区传播钝眼蜱。
- 心水病可以通过携带病原体的母兽的初乳垂直传播。
- 静脉注射含有反刍动物埃立克体的血液或者蜱的匀浆或细胞培养物，同样可以引起疾病传播。

传染源

- 寄生于受感染的脊椎动物的钝眼蜱。
- 脊椎动物宿主发热过程的全血或血浆，但病原体出现的高峰一般在发热后的第二天至第三天。
- 推测初乳中存在受感染细胞（网状内皮细胞和巨噬细胞）。

病的发生

心水病发生于几乎所有存在钝眼蜱的非洲撒哈拉沙漠地区的国家中，还有周围的岛屿，如马达加斯加、留尼旺、毛里求斯、桑给巴尔、科摩罗群岛和圣多美。有报导称该疾病也发生在加勒比海地区（法属瓜德罗普岛、玛丽–加朗特岛和安提瓜岛），威胁美洲大陆。

诊断

自然感染的平均潜伏期是2～3周，但有差异，从10天到1个月不等。绵羊和山羊经静脉接种感染后的潜伏期是7～10天，牛则是10～16天。但是使用体外培养的反刍动物埃立克体进行的感染试验显示，潜伏期的长短很大程度上依赖于注射的初始病原体的剂量。高剂量注射可以导致100%的死亡，低剂量的注射加上动物的保护能力可使死亡率降至0%。

临床诊断

取决于宿主易感性、病原株毒力以及感染剂量的差异，心水病有四种不同类型的临床表现。最急性型心水病在非洲的非本地品种绵羊、牛和山羊中比较常见。怀孕后期的牛对这种类型尤其易感。最急性型表现为短暂的发热、严重的呼吸窘迫、感觉过敏、流泪后突然死亡，在一些牛种还会出现严重的腹泻。偶见临死前抽搐。这一类型的心水病较为少见。

急性型心水病在家养的反刍动物中最为常见，在本地或非本地的牛、绵羊、山羊中均可见到。急性型心水病的患畜一般在一周内死亡。

- 该病始于发热，发病后1～2天内可超过41℃/105℉。高热持续4～5周伴有小幅度的波动，死亡前体温骤然下降。
- 发热后出现食欲不振、精神萎靡、腹泻（尤其是牛）和肺水肿引起的呼吸困难。
- 逐步出现神经症状，绵羊和山羊的神经症状一般比牛群少见。
  - 动物焦躁不安、绕圈行走，出现吸吮动作，僵硬地站立同时有体表肌肉震颤。
  - 有的牛用头撞墙或者表现焦虑和好斗行为。

- 后期，动物倒地，侧卧，蹬脚和表现角弓反张、眼球震颤、感觉过敏、咀嚼动作和口吐白沫。
  - 动物一般在出现上述症状时或之后死亡。

少数情况下，心水病表现为亚急性型，发热时间延长并伴随咳嗽和轻度运动失调。这种类型的病例并不一定表现中枢神经系统（CNS）的症状。动物一般在1～2周内康复或死亡。

- 轻度的或者亚临床感染可见于小牛、小绵羊或小山羊、部分免疫的家畜、一些本地品种的动物和一些野生反刍动物。
- 仅表现为短暂的发热。
- 根据蜱侵染程度、先前接触感染蜱的情况以及杀螨剂的保护水平，患病率差异大。
- 一旦发病，对于非本地品种和新进入该地区的绵羊、山羊和牛的预后不良。
- 非本地品种的绵羊和山羊的死亡率达80%或更高，而本地品种仅为6%。牛的常见死亡率为60%～80%。
- 康复的动物通常可获得针对同源病株的完全免疫力，但是他们仍然是感染携带者。

病变

肉眼可见的牛、绵羊和山羊的病变非常相似。心水病的病名来源于它导致的主要病变，即明显的心包积水。肉眼可见到的最常见病变是心包积水、胸腔积水、肺水肿、肠充血、纵隔和支气管淋巴结水肿、心内膜心外膜瘀斑、脑充血和轻度的脾肿大。

- 心包聚积大量麦秆色—红色的液体。此现象在绵羊和山羊比在牛更常见。
- 常见由于血管通透性增强导致的心包积液、胸腔积水、腹水（轻度）、纵隔水肿和肺水肿。

- 可出现纵隔和支气管淋巴结水肿。
- 由于肺水肿导致频死期呼吸困难，气管内常见泡沫。
- 心内膜下通常有出血瘀点。
- 身体其他部位可见黏膜下或浆膜下出血点。
- 除了轻微脑水肿外，常无其他脑损伤。脑水肿可引起脑疝。
- 不同程度的肾炎，尤其见于安哥拉山羊。
- 在牛常见皱胃襞充血和/或水肿，绵羊和山羊少见。

鉴别诊断

- 最急性型心水病可能会与炭疽混淆。
- 与急性型心水病相似的有狂犬病、破伤风、细菌性脑膜炎或脑炎、巴贝斯虫病、边虫病、脑锥虫病或焦虫病。
- 同时注意与士的宁、铅、离子载体和其他心肌毒素、有机磷酸酯、砷、氯化烃类或某些有毒植物的中毒相区别。
- 与心水病相似的积水有时也见于某些严重蠕虫侵染（血矛线虫病）。

实验室诊断

样品

- 由于病原体的脆弱性，为保存其感染力，样本必须在干冰和液氮中保存。
- 在二甲硫醚（DMSO）溶液中冷冻保存可保持病原体感染力的稳定性，在蔗糖磷酸钾谷氨酸培养基（SPG）溶液中冷藏效果更好。解冻了的病原体如放置在冰上，其感染力的半衰期只有20～30分钟。
- 脑组织（大脑、小脑、海马体）：心水病一般可通过尸检采集脑样本进行诊断。
  - 最好的样本是含有血管的脑组织，如大脑、小脑或海马体。

– 可以在尸检时在头盖骨上打孔，通过注射器吸取脑组织。

– 另一种方法是切下头颅，通过枕骨大孔，用刮勺挖取脑组织。

– 在室温下保存2天以内的脑组织里能找到反刍动物埃立克体集落，在冷藏34天内的脑组织内也能找到反刍动物埃立克体。

– 在大血管内膜的涂抹片中也能找到反刍动物埃立克体。

● 加抗凝剂的全血：对于有临床症状的患病动物，应收集血液样本进行PCR。有时可以用PCR在携带者的血液或骨髓中检测到病原体。

● 用于培养时，血液要收集在抗凝管内，然后在培养基中稀释。详细步骤在OIE《陆生动物诊断试验和疫苗手册》中有描述。样本需冷藏并加冰块寄送。亦可尝试对脑组织、肺、肾和胸水进行PCR检测。

● 血清：可用于作血清学实验，但可能出现假阳性或假阴性结果。

● 钝眼蜱属（成虫或稚虫）：如果发现，需保存在干净的试管中。如用于检测反刍动物埃立克体DNA序列，需加70%的酒精。如用于动物接种试验，则应将之放在顶部通风的试管中以保持其活力。

● 包括脑组织在内的整套组织要存于10%福尔马林液中。

操作程序

病原鉴定

● 心水病往往是通过观察大脑或血管内膜的反刍动物埃立克体集落进行诊断。

– 脑组织涂片风干后，用甲醇固定，行吉姆萨染色。

– 反刍动物埃立克体呈红紫色至蓝色团块，以球状或多形体存在于毛细血管内皮细胞的细胞质中。且常常聚集在细胞核附近，呈一个环形或者马蹄形。

– 在某些使用过抗生素类药物的动物体内是难以发现埃立克体集落的。只有在患有最急性型心水病的动物体内才能发现少数集落。

– 大脑涂片中的集落数量因埃立克体株的不同而差异很大，甚至一些

非常致命的株只有很少的菌落。

– 病畜死后其脑组织在室温下（20℃/68℉～25℃/77℉）保存2天后，仍可检查出病原体，而在4℃/39℉的冷藏的脑组织中多至34天后仍可检出。

– 可以使用免疫过氧化物酶技术在福尔马林固定的脑切片中检出反刍动物埃立克体。

● 聚合酶链反应（PCR）技术能有效检测具有临床症状的动物血液以及受感染的蜱中的埃立克体，但对携带病原体的动物血液或骨髓的检出率较低。

– PCR能够在开始发热到恢复正常的数天后从血液中检出病原基因，但是对于携带病原体动物的检测结果一致性较差。

– PCR也能从其他靶器官如脑、肺、肾和胸液中检出病原基因。

– 除了诊断之外，PCR技术也被广泛用于埃立克体基因组和流行病学的研究。目前可用的还有敏感性稍差的DNA探针技术。

● 心水病也可通过从血液中分离反刍动物埃立克体进行诊断。但是，细胞培养往往是耗时的，因而应优先考虑其他的检测技术。

● 埃立克体可在很多原代反刍动物内皮细胞或传代内皮细胞中生长。

– 可通过显微镜检查，或免疫荧光/免疫过氧化物酶染色法对培养物中的病原体进行鉴定。

● 在某些情况下，可以通过将新鲜血液接种易感绵羊或山羊来诊断本病。

血清学试验

● 血清学试验在诊断上的用途非常有限，因为有临床症状的感染动物在发热反应期间呈血清阴性，而在感染痊愈后才发生血清转阳。

● 目前可用的血清学试验有间接荧光抗体试验、酶联免疫吸附试验（ELISAs）和蛋白质印迹试验。但用全埃立克体作抗原时，在所有这些试验中，均与其他种埃立克体（*Ehrlichia spp.*）发生交义反应。因此血

清学试验在诊断方面的应用有限。

- 有一种应用重组主要抗原蛋白1（MAP1）的部分片段的ELISA方法，即MAP1-BELISA。
  - 与以前的方法相比，这个ELISA方法的特异性大有改进，但是仍然会与其他埃立克体（如 *E. canis*, *E. chaffeensis*, *E. ewingii* 以及其他仍需进一步确认者）发生交叉反应。
  - MAP1-BELISA方法对采自发生了反刍动物埃立克体感染的地区的反刍动物样品的检测结果的判读更为可靠。可帮助监视免疫动物的试验性感染过程和测定它们的免疫反应。这些动物在免疫前的血清学历史是已知的。
- 想要确诊心水病必须依赖流行病学证据加分子生物学检测。
- 血清学并不是有效的进口检验方法。
  - 在从疫区进口动物前，研究流行病学资料以证实畜群和蜱没被感染很重要。
  - 另外，应进行重复的PCR试验证实畜群没有携带病原体。
- 心水病的血清学诊断是非客观的，只应作为一种调查工具而不能用于确诊。
- 确诊应该通过在涂片上观察到病原体，或者通过批pSC20巢式PCR扩增检测并结合从内皮细胞培养物分离到反刍动物埃立克体。

预防和控制

卫生预防

- 由于反刍动物埃立克体在活体宿主以外的室温环境下只能存活数小时，心水病通常是通过包括隐性感染的病原携带者在内的感染动物或者蜱传播至新的地区。

- 在无心水病的国家，必须对从疫区输入的反刍动物进行进口前检验。
- 所有可能携带钝眼蜱属的动物，包括一些非反刍的动物种类，必须在入境前进行蜱的检验。
- 蜱可由非法进口动物或者候鸟带入一个国家。
- 一般可通过检疫、对感染动物实施安乐死和灭蜱来控制疫情的暴发。
- 疫情暴发期间，一定要严格控制蜱，使蜱无法吸食被感染动物的血液。
- 也要避免医源性的动物间的血液转移。（即由于人的操作不当引起的将一个动物的血液转给另一个动物，如将同一注射器和针头用于多个动物可导致此结果。—译者）
- 在疫区，可通过对蜱的控制和疫苗接种来预防心水病（见本病的"感染治疗法"）。
- 进入疫区的动物可通过四环素预防性治疗加以保护。
- 动物持续接触少量病原体对动物有免疫激发作用。对环境中的蜱进行过度的控制反而会增加心水病的易感性，因为动物会失去这种免疫激发作用。
- 在流行地区，可用抗生素治疗心水病患畜。
- 四环素类抗生素（土霉素10毫克/千克或强力霉素2毫克/千克）在发病初期的发热阶段是有效的，但是动物常常会在用药前就死亡了。
  - 在发病后期，单纯的靠抗生素治疗不总是有效的。
- 通过对牛和小反刍动物使用杀螨剂消灭蜱媒介的防治措施在加勒比海的小岛上是成功的，但是在大多数情况下难以实现，甚至不建议这样做。
- 在非洲疫区，蜱的密度目前已被允许保持在一定水平，以使免疫动物维持对二次感染的免疫力和该地区疾病流行状态的稳定性。
- 一般不认为反刍动物埃立克体是人畜共患的，但最近，在南非三宗死亡个案的埃立克体病的PCR结果呈阳性。
  - 其中两例人的为儿童，有脑炎、脑血管炎和肺水肿等出现。另一宗个案的临床细节未知。

- 反刍动物埃立克体并未被证明是引起这三例人类死亡的原因，它是否能引起人类患病还有待验证。应该注意的是，体外试验表明，反刍动物埃立克体可感染人的内皮细胞，而未成熟的蜱（可能已经被感染）是叮咬人的。
- 因此，心水病具有人畜共患的潜力。

医学预防

- 目前没有可用的商品化疫苗。
- 对心水病的唯一的商品化的免疫方法仍然是"感染治疗法"，即使用感染的血液然后对有反应的动物进行四环素处理。这种方法在一些地区一直沿用至今，但它可能很快会被减毒或灭活疫苗所代替。研究结果表明后者更有前途。
- 目前的"疫苗接种"首先是接种活的埃立克体病原，当出现发热症状时用抗生素处理。
- 另外，此接种方法可用于幼畜，即在小山羊或小绵羊出生后的第一周内，或小牛出生后5~8周内施行接种。年幼的动物对感染有一定程度的非特异性抵抗力，并不总是需要用药物处理。
- 这种疫苗接种方式并不能保护动物免受所有埃立克体野株的感染，而且由于过敏性反应，再次接种也是有风险的。
- 含有通过MontanideISA50佐剂乳化的灭活的纯反刍动物埃立克体原生体的第一代疫苗，在实验室条件下得到了良好的结果，在田间试验中显示了显著的保护作用。
- 3种不同的分离株（Senegal，Gardel和Welgevonden）已经被研发成弱毒疫苗并且能起到好的保护效果，同时使用DNA疫苗也获得明显的保护作用。
- 然而，上述三种新型实验室疫苗并没有在田间试验广泛验证。

- 田间试验表明抗原的多样性对制造有效的疫苗是非常重要的。同时就如何在田间运送疫苗开展进一步研究也很重要。

灭活疫苗

- 在建立整个生产工序后，采用Gardel株以及其他株的灭活疫苗已经可以在生物反应器中进行大规模生产。
- 生产的疫苗和实验室初始制备的试验性疫苗具有相同效力，并且0.1英镑/剂的生产成本是可以接受的。
- Mbizi株灭活疫苗正由南非的Onderstepoort生物制品公司研究进行商业化生产。
- 这些灭活疫苗不能预防感染，但能够预防或减少经疫苗接种的动物受到活的强毒株攻击后的死亡。这些疫苗可提供超过一年的保护。
- 它的优点是可将几个野株配在一起制成疫苗，以得到更加广泛的交叉保护。
- 目前的主要挑战是要对一个地区野株的多样性的程度进行分析与鉴定，以便确定适合的疫苗配方来涵盖这种多样性。
- 这一知识对今后研究出的新一代疫苗也将至关重要。

弱毒疫苗

- 反刍动物感染反刍动物埃立克体后会对同源的毒株产生强烈持久的保护作用。这也是用有毒株作感染和治疗的基础。
- 不需要对动物作治疗的减毒分离株很理想。不过这种减毒分离株的数量很有限。
- 已经获得一种减毒的Senegal分离株，其对同源毒株的致死性攻击有100%保护力，但对异源性毒株攻击的保护效果却非常差。
- Gardel分离株对数种分离株有显著的交叉保护的效果（虽然并不全面），目前已被减毒。

- 最近，第三种来自南非名为Welgevonden的分离株已被减毒，且在试验条件下能够对4个异源菌株提供完全的保护。
- 弱毒疫苗的主要缺点是它们极端的不稳定性，疫苗必须在液氮中保存并在冷冻条件下分发。此外，它们必须经静脉注射。

重组疫苗

- 几个报告指出使用MAP1DNA疫苗接种老鼠可产生部分免疫力。如果按照基础（质粒）–增强（重组MAP1）程序进行免疫接种，则保护作用更好。但是，该方法对反刍动物的保护尚未得以证实。
- 相反地，有报道绵羊在使用*E. ruminantium*基因组的1H12位点的4个不同的ORFs（open reading frame，开放阅读框架）的混合体的质粒疫苗接种后，对于试验条件下同源和异源性毒株的攻击，有明显的保护作用。但此后并没有进一步的报道。
- 重组疫苗在近期内将不大可能被研发成功。

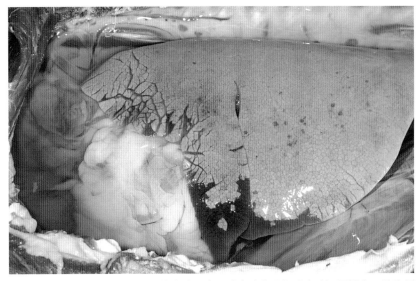

图1　心水病：绵羊，肺。严重的胸腔积水、肺水肿表现为肺小叶间隔增宽，肺腹侧暗紫色部分为肺膨胀不全。[来源：PIADC]

图3　心水病：绵羊，胸腔。纤维素性胸腔积水，肺上的纤维素粘连到胸腔壁。[来源：PIADC]

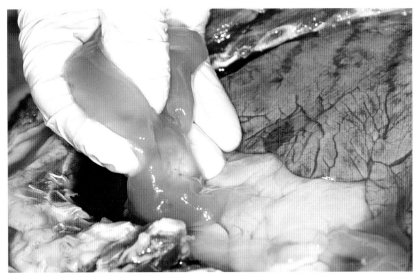

图2　心水病：绵羊，胸腔。胸腔液中有大量纤维素结块，表明渗出液中富含蛋白质；肺小叶间隔水肿明显。[来源：PIADC]

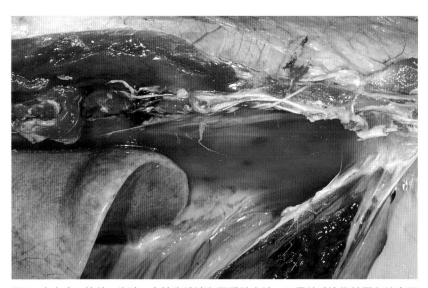

图4　心水病：绵羊，胸腔。血性胸腔液和严重肺水肿，可见肺叶边缘钝圆和肺表面存在肋骨压痕。[来源：PIADC]

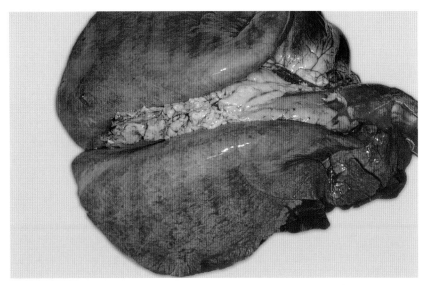

图5 心水病：绵羊，肺。严重肺水肿，肺膨胀，表面深红色并有多个肋骨压痕。
[来源：PIADC]

图7 心水病：绵羊，肺切面。肺水肿，支气管和细支气管充满白色泡沫。[来源：
PIADC]

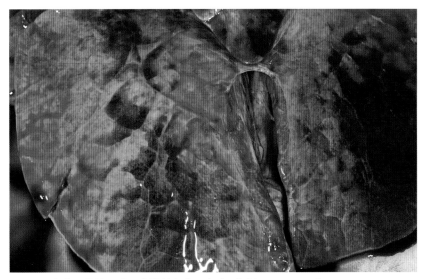

图6 心水病：绵羊，肺。多灶性充血和水肿。[来源：PIADC]

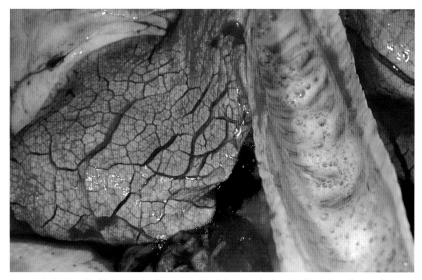

图8 心水病：绵羊，肺和气管。严重的肺小叶间水肿和气管内大量泡沫。[来源：
PIADC]

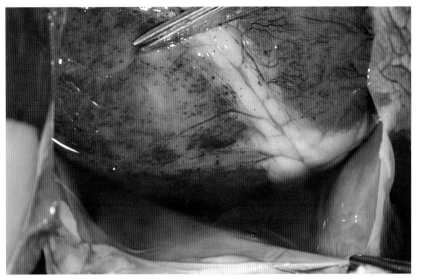

图9 心水病：绵羊，心脏。心包积水（心水）和大量心外膜出血点。[来源：PIADC]

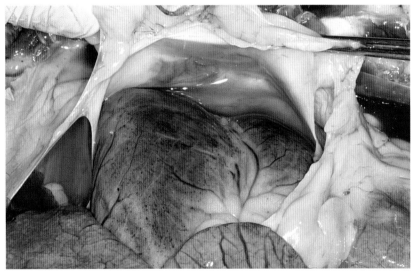

图10 心水病：绵羊，胸腔。心包积水并伴有心外膜出血点；严重肺水肿。[来源：PIADC]

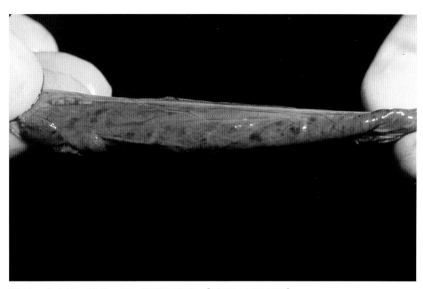

图11 心水病：绵羊，肠。浆膜下出血。[来源：PIADC]

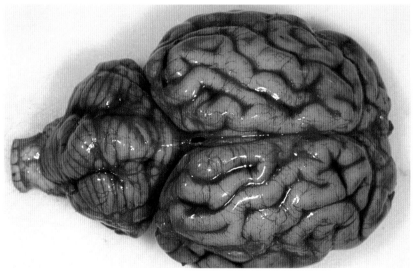

图12 心水病：绵羊，脑。小脑呈轻微锥形，表明脑因水肿而肿大。脑软膜严重充血。[来源：PIADC]

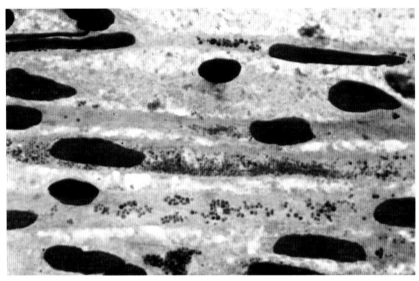

图13 心水病：绵羊，脑涂片。在内皮细胞胞浆内存在许多心水病病原体集落（桑椹体），这些集落常靠近内皮细胞深染的细胞核。[来源：PIADC]

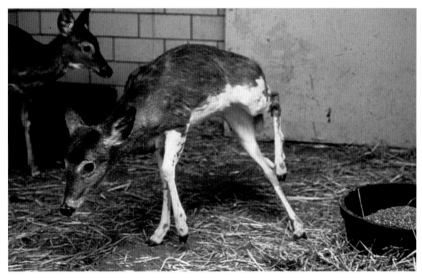

图14 心水病：鹿。小白尾鹿表现严重的共济失调。[来源：PIADC]

十三、出血性败血症

病原学

病原分类

出血性败血症（Haemorrhagic septicaemia, HS）是由巴氏杆菌目巴氏杆菌科的多杀性巴氏杆菌（*Pasteurella multocida*）某些特定血清型引起的一种疾病。多杀性巴氏杆菌是一类革兰氏阴性球杆菌，大部分为寄生于动物上呼吸道的常在菌。引起该病的多杀性巴氏杆菌主要为亚洲血清型B：2和非洲血清型E：2（卡特–赫德尔斯顿分型系统，Carter–Heddleston system），相当于新近命名的血清型6：B和6：E（那米欧卡–卡特分型系统Namioka–Carter system）。在印度，其他血清型，即A：1和A：3，导致牛和水牛的症状，并主要因肺炎导致死亡。表示细菌血清型的抗原式中，字母表示荚膜抗原，阿拉伯数字表示菌体抗原。在《OIE陆生动物卫生法典》（*Terrestrial Code*）中，HS定义为一种由多杀性巴氏杆菌特定血清型6：B和6：E所致的黄牛和水牛的高度致死性疫病。

对理化作用的抵抗力

温度：

多杀性巴氏杆菌在30℃/86℉～40℃/104℉范围内生长良好，在高于或低于该温度范围的条件下将生长不良。在10℃/50℉以下或50℃/122℉以上不生长。

pH：

多杀性巴氏杆菌适宜生长的pH范围为6.0～8.0，在pH2.0或10.0的条件下不生长。

消毒剂：

酸性碘溶液（1：600～1：125）和季铵–过氧化氢（1：200～1：100）在有高或低含量有机物存在的条件下都能有效杀灭多杀性巴氏杆菌。此外，该菌对大部分医用消毒剂都很敏感。

存活力：

在东南亚雨季，该菌在潮湿土壤和水中可存活数小时，甚至数天。

流行病学

- 出血性败血症是黄牛和水牛的一种主要疾病，以急性、高度致死性败血症为特征，具有高发病率和病死率。
- 在多个亚洲国家，该病主要在高温高湿的雨季气候环境下暴发。

宿主

- 黄牛和水牛（*Bubalus bubalis*）是出血性败血症的主要易感动物。通常认为水牛更为易感。
- 虽然曾有绵羊、山羊和猪中暴发出血性败血症的报道，但该病不是这些动物的常见病或重大病。在鹿、骆驼、大象、马、驴及牦牛中偶尔有病例报道。
- 北美野牛也可感染。
- 实验兔及小鼠对人工感染高度敏感。
- 未见人感染的报道。
- 黄牛、水牛和野牛是该菌的贮存宿主。

传播

- 多杀性巴氏杆菌通过直接接触感染动物和其污染物而传播。
- 黄牛和水牛可因摄入或吸入来源于感染动物鼻咽部的细菌而感染。在流行地区，通常有5%的黄牛和水牛为本菌的携带者。
- 在雨季，动物体况很差时，可发生严重流行。
- 饲料供给不足等应激因素将增加动物对感染的敏感性，高密度饲养和环境潮湿有利于疾病传播。
- 多杀性巴氏杆菌在潮湿土壤和水中可以存活数小时，甚至数天；但2~3周后土壤和草地中均检测不到活菌。
- 吸血节肢动物似乎不是重要的传播媒介。

传染源

- 血液：该病到晚期才出现败血症，因此患病动物死前的血液样本中不总是带有多杀性巴氏杆菌。
- 鼻腔分泌物：该病原在患病动物鼻腔内也不会持续性存在。

病的发生

在亚洲、非洲、欧洲南部的一些国家以及中东地区，出血性败血症是一种重要的疾病。血清型B：2在欧洲南部、中东、东南亚、埃及和苏丹均有过报道。血清型E：2在埃及、苏丹、南非共和国和其他一些非洲国家也有过报道。美国某个野牛群曾三次暴发该病，但没有该病传播到邻近牛群的证据。

诊断

出血性败血症的潜伏期为3~5天。人工感染致死剂量后，黄牛或水牛数小时内出现典型临床症状，在18~30小时内死亡。

《OIE陆生动物卫生法典》描述的出血性败血症的潜伏期为90天（包括急性型和潜伏携带者的发病等不同情况）。

疑似出血性败血症的诊断包括如下方面：

- 流行病学特征和典型的临床症状可帮助识别出血性败血症。疾病早先暴发和近期未能进行疫苗接种的历史具有重要的诊断价值。
- 临床散发病例较难诊断。
- 季节发生、病程快、群体发病率高、发热、水肿等都是出血性败血症的特征。
- 尸体剖检发现典型的病变可辅助临床诊断；确诊有赖于病原分离以及用常规方法和分子生物学方法进行病原鉴定。

临床诊断

- 大部分黄牛和水牛的病例为急性型或最急性型。
- 最初表现为高热，反应迟钝，不愿运动。
- 随后出现流涎，鼻腔分泌物明显增多，咽部明显水肿，水肿可波及颈下部和胸部。
- 黏膜充血。
- 呼吸困难，常卧地不起，在初始症状出现后6～24小时死亡。
- 动物可能突然死亡，病程也可持续至5天。
- 出现临床症状的动物尤其是水牛很少康复。
- 慢性病例似乎很少见。
- 水牛通常较黄牛敏感，发病也更严重，常出现很明显的临床症状。
- 在流行地区，大部分病死牛为年龄较大的犊牛和青年牛。
- 流行地区和非流行地区都可出现大规模流行。
- 近年来，出血性败血症常是黄牛和水牛口蹄疫暴发后的继发性疾病。
- 发病率高低与机体免疫力和环境条件有关，包括天气和饲养方式；动物饲养密度高、饲养条件差和环境潮湿时，发病率较高。
- 如果感染初期没有及时治疗，病死率可接近100%。

病变

- 严重败血症样变化包括广泛性出血、水肿和充血等。
- 水肿包括凝固性浆液性纤维素性渗出物和草黄色或血性液体。
- 几乎所有病例都发生头、颈、胸部水肿。
- 肌肉组织也可发生类似水肿。
- 全身出现浆膜下点状出血，胸和腹腔积有血性液体。
- 组织和淋巴结可见散在的出血点，尤其是咽淋巴结和颈淋巴结；这些淋巴结常常肿胀和出血。

- 偶尔发生肺炎或肠胃炎，但不常见。
- 有时可见非典型病例，咽喉部没有水肿，也不发生广泛性肺炎。
- 出血性败血症没有特征性显微病变，所有病变与严重的内毒素性休克和广泛性毛细血管损伤相一致。

鉴别诊断

- 运输热常被误诊为出血性败血症，但前者是一种多病因疾病（常由溶血曼氏杆菌引起），没有败血症，不引起多系统点状出血。
- 最急性型病例和全身性广泛水肿及出血症状，与黑腿病和炭疽类似，很难区分。
- 还应与急性沙门氏菌病、支原体肺炎和肺炎型巴氏杆菌病相区别。

实验室诊断

样品

- 疾病晚期前，血液样品中常不见多杀性巴氏杆菌。此菌也不总是存在于鼻腔分泌物中。
- 新死亡的动物，应该在死亡后数小时内从心脏采集肝素抗凝血和棉拭子样品，同时也应从鼻腔采取棉拭子样品。
- 如果动物已死亡很久，应采集不带组织的长骨。
- 肝
- 肺
- 肾
- 脾
- 如果不能进行尸体剖检，应用注射器抽取或切开体表及相近部位采集颈静脉血。血样应当置于标准的运输培养基中。运输时要在包装箱中加冰。

- 实验室检测时，脾脏和骨髓是很好的样本，因为动物剖检时这些部位被其他细菌污染的时间相对较迟。
- 耳尖（仅用于活体采样）。

操作程序

病原鉴定

- 出血性败血症的确诊有赖于利用细菌培养和生物学技术从死亡动物的血液和骨髓样本中分离到病原体多杀性巴氏杆菌，然后利用生化试验、血清学检测、分子生物学方法对分离的病原菌进行鉴定。
- 感染动物的血涂片可用革兰氏染色、李斯曼氏染色或亚甲蓝染色。该病原菌为革兰氏阴性、两极着染的短杆菌。
- 只进行显微镜直接观察不能确诊。
- 样本可用含5%全血的酪蛋白/蔗糖/酵母琼脂平板培养。详细操作包括生化鉴定方法见OIE《陆生动物诊断试验和疫苗手册》。
- 血清学分型方法包括快速玻片凝集实验、间接血凝实验、菌体抗原凝集试验、琼脂糖凝胶免疫扩散试验和对流免疫电泳实验等。详情见OIE《陆生动物诊断试验和疫苗手册》。
- 聚合酶链式反应（PCR）已广泛用于快速、敏感、特异性地检测多杀性巴氏杆菌。两种多杀性巴氏杆菌特异性PCR方法的高速度和高特异性，提高了检测效率，省去了杂交实验步骤。
- 尽管杂交技术特异性高，但只能在专门的实验室进行。而多杀性巴氏杆菌特异性PCR可鉴定多杀性巴氏杆菌的所有亚种。
- 菌型鉴定后，应进一步用基因型指纹方法确定分离株的基因型；能进行PCR的任何实验室都可以操作PCR指纹分析方法。

血清学试验

- 血清学检测通常不用于疾病诊断；然而，与发病动物接触过的存活动物，其间接血凝抗体在1：160或以上时，提示发生过该病。

预防和控制

卫生预防

在流行地区，接种疫苗是常规性预防措施。尤其是在潮湿环境中避免过度拥挤，可以有效降低发病率。

医学预防

- 由于多杀性巴氏杆菌对常用抗生素已出现耐药性，进行抗生素敏感性检测（AST）非常必要。
- 在发热期，用抗生素进行早期治疗有效。
- 以下药物经证明具有临床疗效：青霉素、阿莫西林（或氨苄青霉素）、先锋霉素、头孢噻呋、头孢喹肟、链霉素、庆大霉素、壮观霉素、氟苯尼考、四环素、磺胺类药物、三甲氧苄氨嘧啶/新诺明、红霉素、替米考星、恩诺沙星（或其他喹诺酮类药物）、阿米卡星和诺氟沙星。
- 一般认为感染多杀性巴氏杆菌血清型6：B和6：E后存活下来的动物可获得坚强的免疫力。

灭活疫苗

- 在流行地区，接种灭活疫苗是常规性预防措施。
- 有三种疫苗可供使用：即浓缩细菌素配以铝佐剂或油佐剂，以及经福尔马林灭活的细菌素。油佐剂苗的保护期可达1年，而铝佐剂苗保护力可达4~6个月。
- 犊牛体内的母源抗体会干扰疫苗效果。

- 用无毒巴氏杆菌菌株B：3，4（梅花鹿株）制备的牛出血性败血症活疫苗。自1989年以来一直在缅甸用于6月龄以上黄牛和水牛中对本病的控制，经鼻腔喷雾接种。

- 联合国粮食及农业组织（FAO）将该疫苗作为一种安全有效的疫苗在亚洲国家推荐使用。然而，其他国家没有使用该疫苗的报道，灭活疫苗仍是这些国家仅存的HS疫苗。印度尼西亚已经完成了对该疫苗的一个试验。

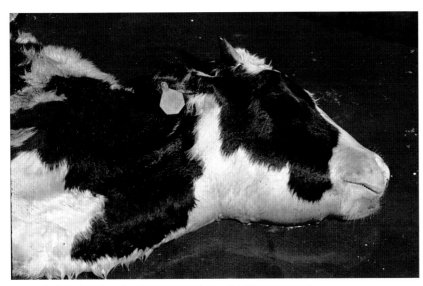

图1　出血性败血症：牛。头颈部广泛水肿。[来源：PIADC]

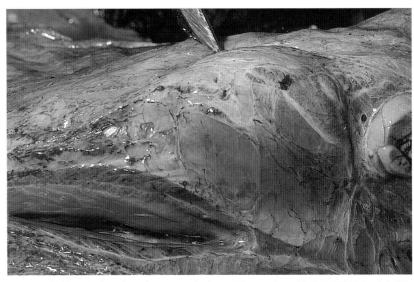

图3　出血性败血症：牛。皮下严重水肿，延伸至下颌区域的筋膜平面。[来源：PIADC]

图2　出血性败血症：牛，头和颈。头颈部皮下发生明显水肿和点状出血。[来源：PIADC]

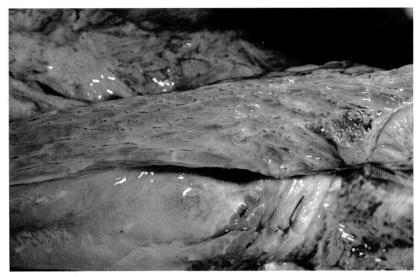

图4　出血性败血症：牛，颈部。皮下严重水肿。[来源：PIADC]

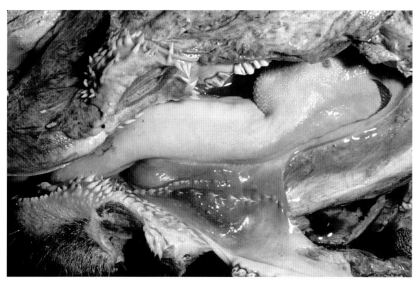

图5 出血性败血症：牛，口腔。舌下水肿和充血。[来源：PIADC]

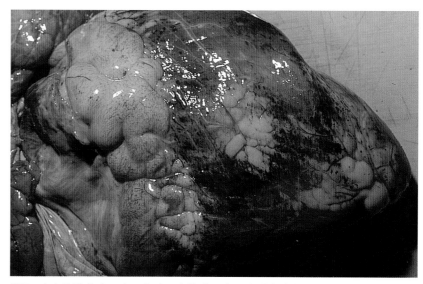

图7 出血性败血症：牛，心脏。心外膜和心周脂肪发生点状至斑状出血。[来源：PIADC]

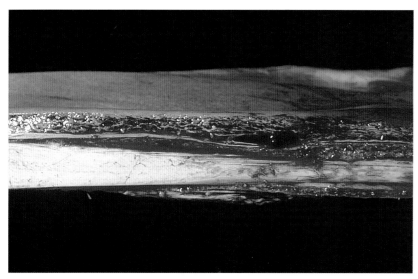

图6 出血性败血症：牛，鼻隔膜截面。充血和水肿。[来源：PIADC]

十四、高致病性禽流感

病原学

病原分类

禽流感病毒（Avian influenza virus, AIV）属于正黏病毒科（*Orthomyxoviridae*）甲型流感病毒属（*Influenza virus* A）。根据其囊膜表面糖蛋白血凝素（H）和神经氨酸酶（N），动物流感病毒可划分为16个H亚型和9个N亚型（亚型鉴定见"实验室诊断"）。至今为止，禽类的所有高致病性分离株均为甲型流感病毒的H5和H7亚型。为保障国际贸易，根据《OIE陆生动物卫生法典》，需通报的禽流感（NAI）指由任何H5或H7亚型甲型流感病毒，或静脉接种指数（IVPI）＞1.2（或死亡率≥75%）的任何禽流感病毒引发的家禽感染。

对理化作用的抵抗力

温度：

巴氏消毒和烹煮是有效的灭活方式。60℃/140℉188秒可使全蛋中的AIV表失活性，507秒可灭活禽肉中的AIV。烹煮也可灭活肉类中的AIV，此时需使核心温度达到70℃/158℉，持续3.5秒。AIV在冰冻条件下可长期存活。

pH：

pH≤2的酸性条件可使病毒灭活。

化学药品 / 消毒剂：

有机溶剂和洗涤剂（去氧胆酸钠，十二烷基磺酸钠）可灭活病毒。在有机物存在的情况下使用：醛（甲醛、戊二醛），β-丙内酯和二乙酰亚胺。除去有机物后：酚，季铵盐化合物，氧化剂（次氯酸钠，过硫酸钾/氯化钠），稀酸（pH≤2），羟胺和脂溶剂。已除去有机物的清洁表面：次氯酸钠（5.25%），氢氧化钠（2%），酚类化合物，酸化离子载体，二氧化氯，强氧化剂和碳酸钠（4%）/硅酸钠（0.1%）。

存活力：

AIV在环境中的韧性经常被低估。特别是在阴冷、潮湿的环境中和有机物存在的条件下病毒可长期存活，如在多种地表水中。4℃/39℉时，病毒可在液体状粪便中存活30~35天，而在20℃/68℉时存活7天。病毒在阴暗处25℃/77℉~32℃/90℉的鸡粪中可存活4天。低致病性（LP）H7N2亚型流感病毒可在粪便和笼子中存活长达2周。在28℃/82℉的水中存活26~30天，在

17℃/63℉水中存活94～158天。堆肥发酵可在10天内杀死家禽尸体内的病毒。

流行病学

- 高度到中度传染性。
- 高致病性禽流感（HPAI）病毒在发达国家的家禽中尚未造成地方流行性感染。
- 低致病性禽流感（LPAI）病毒的贮存宿主分布于世界各地的野鸟中，尤其是水鸟、海鸟和滨鸟。目前已从13目90余种鸟类中分离到低致病性毒株，但其贮存宿主可能更为广泛。
- 大多数野鸟感染后不发病。
  - 任何国家都可能出现HPAI暴发，因为LPAI毒株可以从储存宿主传播至家禽，然后可能在鸡形目的家禽（gallinaceous poultry）中通过突变形成高致病性毒株。
  - 至今，没有证据表明在储存宿主形成HPAI。
- 目前的HPAI H$_5$N$_1$在东南亚的家禽中的暴发始于2003年。从2003至2007年，其蔓延至亚洲其他地区、欧洲部分地区、太平洋、中东和非洲等地的家禽或野鸟中。
- 尽管许多国家在家禽中已根除了禽流感病毒，但是病毒的流行仍在继续，短期内不可能在世界范围内根除。

宿主

- 高致病性禽流感病毒株主要从鸡和火鸡分离到。
- 有理由认为所有的禽类都易感。
- 禽流感病毒主要感染禽类，但有些毒株还可以感染马、水貂、猫、犬、雪貂、石貂、果子狸、海洋哺乳动物和其他物种，并伴随临床后遗症（clinical sequelae）。

- 水鸟和滨鸟似乎是A型流感病毒的自然储存宿主，能够携带所有已知亚型的流感病毒。就笼养鸟而言，大多数感染都发生于雀形目鸟类，鹦鹉类很少被感染。
- HPAI H5N1病毒的几个"分支"（clade，衍化产生的子代病毒）目前正在家禽中流行。这些病毒除了可感染家禽之外，还能够感染多种鸟类，并引发疾病。
- 野生水禽通常携带禽流感病毒并呈亚临床感染，而不同寻常的是H5N1病毒已经导致某些种类的野生水禽出现严重发病和死亡。
- 目前流行谱系中的大多数HPAI H5N1病毒分离自雁形目鸟类，特别是鸭科（鸭、天鹅和鹅）和鸻形目（滨鸟、海鸥和燕鸥）。
  - 据报道，野鸡、鹧鸪、鹌鹑、珍珠鸡、孔雀（鸡形目）；白鹭、鹳、苍鹭（鹳形目）；鸽子（鸽形目）；鹰、猎鹰、秃鹰（隼形目）；猫头鹰（鸮形目）；秧鸡、松鸡、苏丹鸟（鹤形目）；鸬鹚（鹈形目）；鸸鹋（鸵形目）；鹲鹇（鹲鹇目）；虎皮鹦鹉（鹦形目）和火烈鸟（红鹳目）发生过临床感染。
  - 雀形目鸟类，包括斑胸草雀、家朱雀、家麻雀、树麻雀、八哥、乌鸦、鹊鸲、文鸟、金莺和喜鹊，也有自然感染和人工实验感染的报道。
- 一些HPAIV H5N1亚系/毒株能在家鸭中复制，但家鸭不表现临床症状。
  - 这些宿主导致了病毒在家禽中的持续存在。
- 据报道，动物园的老虎和豹子，家猫，捕获的果子狸，一只犬和一只石貂曾发生致死性H5N1感染。
  - 家猫、犬、猪、雪貂、啮齿类动物、猕猴和兔可经人工试验感染病毒。
  - 据一个研究报道，小型猪可抵抗病毒感染。
  - 实验条件下，雪貂是易感的。
- 尽管存在高度的种间屏障，人仍可被感染。感染后常导致死亡。

传播

- 隐性感染的水禽（家养或野生的）和海鸟可能将病毒传播给家禽。人和相应的设施也容易传播病毒。
  - 污染物、感染家禽的移动，甚至空气都能造成病毒的二次传播。
- 已感染禽类和易感禽类的直接接触：接触排泄物和分泌物。
- 如果禽类相距较近且有适当的空气流动，病毒可能经空气传播。
- 粪便是重要的传染源，因为其排出量大且能够污染其他物品。
- 重要污染物：人（鞋和衣服）、饲料、饮水、蛋箱和设备。
- 在孵化器中，破了的已污染的鸡蛋可能感染雏鸡。
- 目前已从蛋壳和蛋内容物中分离到HPAI病毒，但仍缺乏垂直传播的证据，因为大多数毒株都使鸡胚死亡，不能从鸡蛋孵出小鸡。

传染源

- 粪便、唾液、鼻腔和呼吸道分泌物。
- 粪便中含有大量病毒，粪-口传播通常是病毒在野鸟中的主要传播方式。
- 近期分离到的一些HPAI H5N1病毒在气管样品中的病毒含量比粪便样品高，因此对于某些品种的禽类来说，粪-口途径可能不再是HPAI H5N1病毒主要的传播方式。
- 在感染HPAI病毒的禽组织中可以分离到大量病毒。
- 禽肉中的HPAI病毒滴度因所感染的毒株、禽的种类以及感染所处的临床阶段而异。

病的发生

- 无致病性和低致病性的甲型流感病毒呈全球性分布。
- 野鸟能将这些病毒传播到世界上任何地方的家禽。这些病毒具备突变为高致病性毒株（以H5和H7亚型为代表）的能力。
- 偶尔可从欧洲或其他地区自由生活的鸟类中分离到H5和H7亚型高致病性禽流感病毒（HPAIV），这些病毒可能传给家禽。
- 目前还不清楚野鸟中出现的HPAIV是否因为野鸟接触了感染病毒的家禽，还是HPAIV在野鸟中可以形成流行。
- 据记载，从1955年发现AIV至2007年，已有26次记录在案的HPAI的流行，包括近期持续发生的H5N1疫情。

目前，全球正经历着有史以来最严重的HPAI暴发。引起暴发的病毒可感染动物和人，而且目前无法在全球范围内根除。自1997年以来，H5N1亚型HPAI病毒在东南亚一些国家的家禽中出现。尽管疫病的流行有时能够得到控制，但从未得以根除。疫情持续蔓延，最终H5N1病毒扩散至亚洲其他地区、欧洲、非洲和中东。导致这次流行的H5N1病毒似乎毒力极强。从2003年至2009年8月，这些病毒已导致440余人感染。这些感染通常都与直接接触家禽有关，其中有262人死亡。

诊断

病毒在禽类个体中的潜伏期通常较短（2～5天），但是群体感染率可能变化较大（几天至几周），这取决于环境条件（如笼养与放养）。《OIE陆生动物卫生法典》描述的NAI的潜伏期为21天。

临床诊断

- 临床症状包括突然死亡和各种各样的临床表现，这取决于动物品种、年龄、禽的种类、毒株、并发感染和环境条件。
- 呼吸道症状：眼鼻分泌物、咳嗽、"打喷嚏"、呼吸困难、鼻窦和/头部肿胀。
- 严重抑郁、叫声减少、饮食和饮水量明显减少。

- 无毛的皮肤、肉髯和鸡冠发绀。
- 共济失调和神经症状。
- 腹泻。
- 产蛋量急剧减少和劣质蛋数量增加。
- 突然死亡（死亡率高，可达100%）。
- 家鸭感染大多数HAPI病毒后几乎不出现临床症状。
- 确诊需要进行病毒检测。

病变

- 鸡形目家禽的内脏器官和皮肤可出现各种各样的水肿、出血性和坏死性病变。感染HPAI并排毒的鸭可能不表现出任何临床症状和病变。鹅多出现中枢神经系统失调。
- 突然死亡的病例可能没有病变。
- 头部、面部、上颈部肿胀，爪子皮下水肿。
- 肌肉组织严重充血。
- 脱水。
- 鼻腔和口腔有分泌物。
- 严重的结膜充血，有时有瘀血点。
- 气管内有大量黏液性渗出物，或者出现严重的出血性气管炎。
- 胸骨内侧、浆膜和腹部脂肪、浆膜表面和体腔出现瘀血斑。
- 严重的肾充血，有时肾小管内有尿酸盐沉积。
- 卵巢出血和病变。
- 腺胃黏膜表面出血，尤其是与肌胃交界处。
- 肌胃内表面出血和糜烂。
- 肠黏膜淋巴组织上有出血灶。
- 胰脏、脾脏和心脏常见坏死灶。

鉴别诊断

- 急性禽霍乱
- 高致病性新城疫
- 呼吸系统传染病，特别是传染性喉气管炎
- 中暑、脱水和中毒

实验室诊断

样品

病原鉴定
- 活禽的口咽和泄殖腔拭子（或新鲜粪便）。
- 死禽的肠内容物（粪便）或泄殖腔拭子，以及口咽拭子。
- 还应收集气管、肺、气囊、肠、脾、肾、脑、肝脏和心脏样本。对这些样品，可以分别采集和制备，也可以采集成混合样并予制备。
- 可以将采自5只禽类的拭子放于同一培养管中，但不要将不同地点或组织的拭子混合在一起。

血清学检测
- 标准血清管中凝固血液样本或血清。

操作程序

病原鉴定

尽管大多数H5和H7亚型分离株是低致病性的，但迄今为止所分离的所有强毒株均为H5或H7亚型。应在生物安全3级或更高级别的生物安全实验室进行疑似强毒株的特性鉴定。如果HPAI病毒要用于攻毒试验，则实验设备应满足

OIE4级病原体的要求。

病毒分离和致病性试验（《陆生动物诊断试验和疫苗手册》）

- 病毒分离：接种9～11日龄鸡胚，然后：
- 对尿囊液进行血凝试验，检测是否存在病毒。
- 用免疫扩散试验确认是否存在甲型流感病毒。
- 使用甲型流感病毒的16个血凝素（H1-H16）和9个神经氨酸酶（N1-N9）亚型的单价特异性抗血清，或者用一组涵盖所有亚型的一系列毒株的多抗进行血凝抑制和神经氨酸酶抑制试验确定病毒亚型。
- 测定静脉内接种致病指数（IVPI）：通过接种8只或8只以上4～8周龄的鸡评价毒株毒力：如果接种6周龄的鸡，其IVPI＞1.2，或者接种4～8周龄鸡，死亡率≥75%，则毒株为高致病性。
- 不符合这些标准的H5和H7亚型流感病毒需经测序确定其血凝素分子HA0裂解位点处是否有多个碱性氨基酸。
- 如果分离株的氨基酸序列与其他强毒株相似，则应被判定为HPAI。
- 在某些情况下，实时逆转录聚合酶链式反应（RT-PCR）已经取代了用鸡胚分离病毒。这一方法具有省时、高通量和保护试验人员等优点。
- 完整的HPAI病毒诊断和特性鉴定可以通过分子方法进行。

血清学试验

- 琼脂凝胶免疫扩散试验或AGID（《陆生动物诊断试验和疫苗手册》中供替代的试验）：检测针对所有甲型流感病毒共有抗原的抗体。
- 感染鸡出现临床症状后3～4天即可在血清中检测到AGID阳性抗体。
- AGID试验最适用于LPAI监测，需要结合H5和H7特异性HI试验来鉴定需通报的AI病毒感染。
- 在检测鸭和鹅的AI病毒感染时，AGID试验结果并不可信。
- 酶联免疫吸附试验（ELISA）：检测所有甲型流感病毒抗原的抗体；商品化的亚型特异性ELISA（也就是H5、H7亚型）试剂盒日益增多。

- 血凝或血凝抑制试验（HI《陆生动物诊断试验和疫苗手册》中供替代的试验）：测定血凝素亚型。
- 当检查疫病暴发时，要使用同源或者亲缘关系接近的抗原以确保HI方法有合适的敏感性。

预防和控制

对HPAI没有治疗方法。

卫生预防

- 避免家禽接触野禽，特别是水禽，或其污染物（包括地表水）。
- 避免向家禽中引入未知疾病状态的禽类。
- 活禽市场或其他屠宰渠道中的禽类不能返回农场。
- 控制人流动：通过严格的卫生和生物安全措施防止污染物传播。
- 建议每个禽场内的所有动物的年龄和种类相同（"全进–全出"）。

疫情暴发中

- 检疫隔离农场，控制人员、禽类及产品流动，建立监测机制。
- 扑杀动物，并对尸体进行无害化处理。工作人员必须遵守个人防护准则，避免人员感染。
- 通过掩埋、堆肥或熬油对尸体和所有动物产品进行无害化处理。
- 将地面上的粪便和饲料移至水泥地面。
- 如果是泥土地面，至少清除一英寸的土壤。
- 可以将粪便深埋入至少1.5米的地下，也可以堆肥90天或更长时间，采用哪种方法取决于环境条件。
- 堆肥时上面应紧扣多层黑色的聚乙烯，防止鸟类、昆虫和啮齿动物进入。

- 羽毛可以直接焚烧或作堆肥处理，也可以将羽毛运走并在该区域喷洒消毒剂。
- 先彻底清洗，再进行消毒。应该用高压水枪喷洒清理所有设施和建筑物表面。当心气溶胶，工作人员需穿戴个人防护装备。
- 一旦所有物品表面清洁完毕，不再有有机物质，则应在整个场所喷洒经批准的消毒剂。
- 至少21天后才能再次引种。
- 不能用可能感染有H5N1禽流感病毒的家禽和其他鸟类饲喂猫和犬。疫情暴发期间，猫和犬应呆在室内。

医学预防

- 疫情暴发期间，各国可以考虑将疫苗接种作为预防和辅助性控制措施。
- 通常用引发疫情的病毒或相同亚型或血凝素型的病毒制备疫苗。
- 由于疫苗可能会使禽类在不具临床症状时排毒，所以疫苗接种后良好的监测和控制禽类移动是至关重要的。

- 用于识别免疫种群中野毒感染的方法包括"DIVA"（区别病毒感染动物和免疫动物）策略和使用哨兵动物。
- 疫苗可能对禽流感病毒造成选择压力，最终可能导致病毒演化产生抗疫苗株。
- 有限的证据表明，2006年中国和2007年埃及分离的一些新型H5N1病毒可以抵抗现有疫苗。
- 尽管油乳剂灭活苗相对昂贵，已证实其可以有效防止动物出现临床症状和死亡，增强动物对感染的抵抗力，减少感染和呼吸道、肠道排毒，以及阻止禽流感病毒在多种禽类间的接触传播。
- 插入H5禽流感血凝素基因的重组鸡痘病毒和重组新城疫疫苗株已显示相似的对鸡的保护力。然而，所有的禽流感疫苗不能完全保护动物不被感染和环境不被污染。要成功控制禽流感，必须同时实施生物安全、监测和其他管理措施。
- 不能在家禽中使用抗流感药物。

图1 高致病性禽流感：鸡。表现临床症状后出现高死亡率。[来源：IZSVe]

图3 高致病性禽流感：鸡，头部。鸡冠、肉髯、眼眶周围皮下组织严重的弥散性水肿。[来源：IZSVe]

图2 高致病性禽流感：鸡，肉鸡。严重抑郁和中枢神经系统疾病。[来源：IZSVe]

图4 高致病性禽流感：鸡，头部。鸡冠和肉髯发绀。[来源：PIADC]

图5　高致病性禽流感：鸡，头部。鸡冠和肉髯出血、充血和水肿；眼眶周围组织水肿，被毛凌乱。[来源：PIADC]

图7　高致病性禽流感：鸡。右侧鸡的鸡冠和肉髯水肿，左侧鸡冠和肉髯正常。[来源：PIADC]

图6　高致病性禽流感：鸡，头部。面部水肿，尤其是眼睑和眼睛周围部位；鸡冠和肉髯出血。[来源：PIADC/CU/CVM]

图8　高致病性禽流感：鸡，头部。严重水肿；肿胀和出血的鸡冠、肉髯、眼睑。[来源：PIADC/CU/CVM]

Original: English Version

图9　高致病性禽流感：鸡。张嘴呼吸，鸡冠和肉髯中度水肿。[来源：PIADC/CU/CVM]

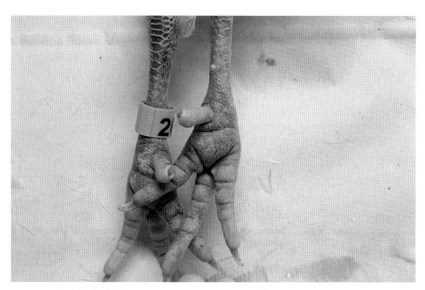

图11　高致病性禽流感：鸡，腿和爪。多灶性出血。[来源：IZSVe]

图10　高致病性禽流感：鸡。严重抑郁，肉髯和鸡冠充血。[来源：PIADC/CU/CVM]

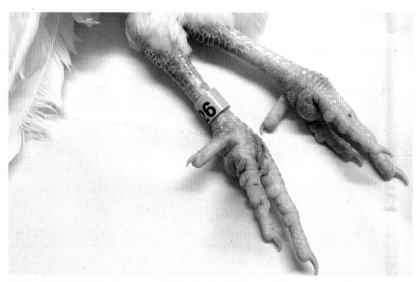

图12　高致病性禽流感：鸡，小腿和爪。多灶性出血。[来源：IZSVe]

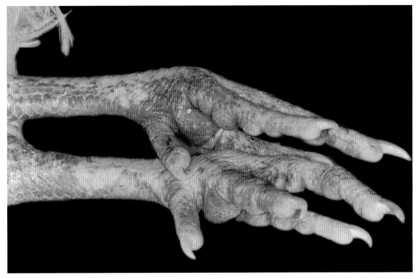

图13 高致病性禽流感：鸡，跗关节和小腿。明显的斑状出血和水肿。[来源：PIADC]

图15 高致病性禽流感：鸡，气管。多灶性点状出血。[来源：PIADC/CU/CVM]

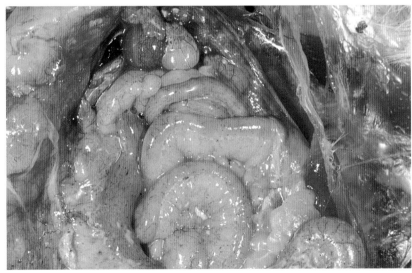

图14 高致病性禽流感：鸡，腹腔。肠浆膜表面和腹部脂肪多处点状出血。[来源：PIADC/CU/CVM]

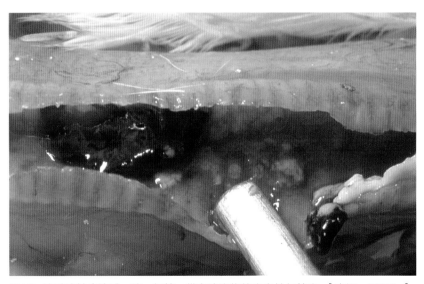

图16 高致病性禽流感：鸡，气管。带有渗出物的出血性气管炎。[来源：IZSVe]

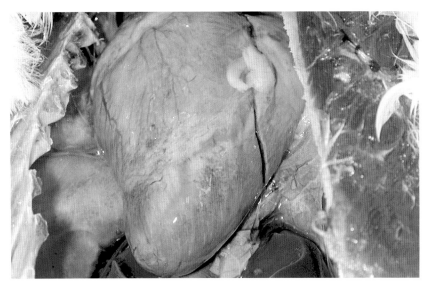

图17 高致病性禽流感：疣鼻天鹅，心脏和气囊。轻微的心外膜点状出血，伴随中度肺水肿。[来源：CAI/VDD]

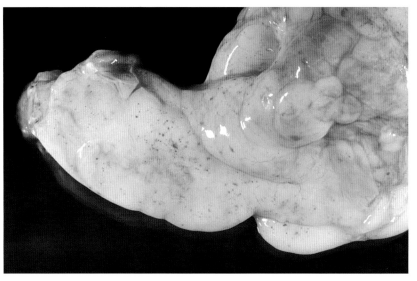

图19 高致病性禽流感：鸡，腹部脂肪。多处点状出血。[来源：PIADC/CU/CVM]

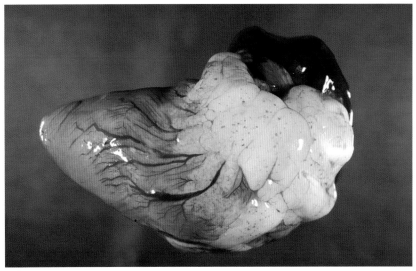

图18 高致病性禽流感：鸡，心脏。心外膜多灶性点状出血和心外膜积脂。[来源：PIADC/CU/CVM]

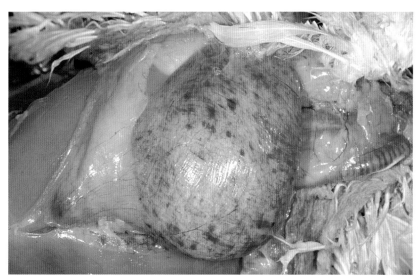

图20 高致病性禽流感：鸡，嗉囊。浆膜出现多灶性点状出血。[来源：PIADC/CU/CVM]

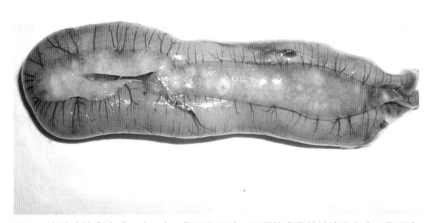

图21 高致病性禽流感：鸡，十二指肠和胰腺。严重的多发性胰腺炎和十二指肠水肿。[来源：IZSVe]

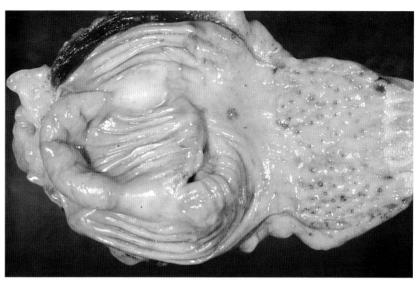

图23 高致病性禽流感：鸡，前胃。腺窝出血；胃有罕见的黏膜点状出血。[来源：PIADC/CU/CVM]

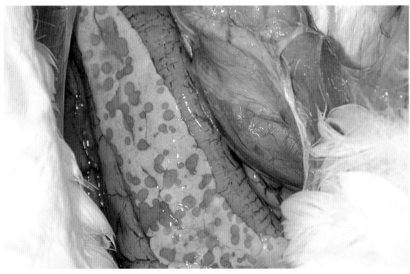

图22 高致病性禽流感：疣鼻天鹅，类似于梗死灶的严重的多发性坏死性胰腺炎。[来源：CAI/VDD]

图24 高致病性禽流感：火鸡。严重抑郁，被毛凌乱。[来源：IZSVe]

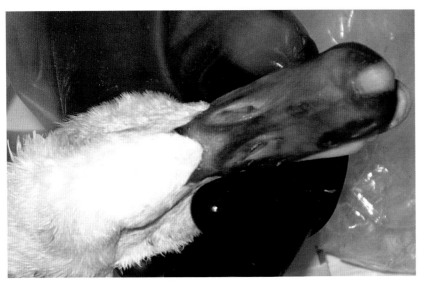

图25 高致病性禽流感：鸭。鸭喙出血。[来源：IZSVe]

图27 高致病性禽流感：游隼猎鹰（peregrine falcon），胸肌。严重弥漫性充血；羽囊出血。[来源：PAAAFR]

图26 高致病性禽流感：游隼猎鹰。翅、腿无力，面部水肿。[来源：PAAAFR]

图28 高致病性禽流感：游隼猎鹰，肺。严重的局部大范围出血。[来源：PAAAFR]

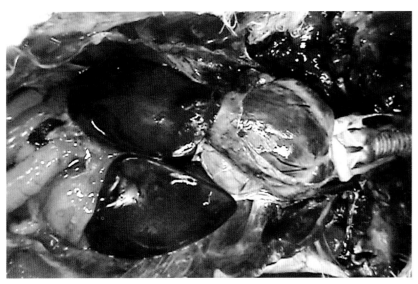

图29 高致病性禽流感：游隼猎鹰，心脏。多灶性心包炎和全心炎。[来源：PAAAFR]

图30 高致病性禽流感：鹌鹑。严重抑郁和被毛凌乱。[来源：IZSVe]

十五、日本脑炎

病原学

病原分类

日本脑炎（Japanese encephalitis, JE）病毒为黄病毒科（*Flaviridae*）黄病毒属（*Flavivirus*）成员。只有一个血清型，已有关于血清亚型的记载。根据病毒前膜蛋白（prM）区的核酸序列可以将该病毒分为四个不同的基因型。根据病毒的囊膜E基因的进化树分析可以将该病毒分为五个基因型。

对理化作用的抵抗力

该病原不具接触传染性。

温度：

经56℃/133℉30分钟病毒可被完全破坏；热灭活点（TIP）为40℃/104℉。（热灭活点是使病毒在加热10分钟后完全灭活的最低温度。——译者注）

pH：

在pH1~3的酸性环境可被灭活（在pH7~9的碱性环境稳定）。

化学药品/消毒剂：

易被有机溶剂和脂溶性试剂灭活，常用的去污剂、碘酒、苯酚、碘伏（iodophors）、70%酒精、2%戊二醛、3%~8%甲醛，1%次氯酸钠等都可以使病毒灭活。

存活力：

病毒在环境中不稳定，对紫外线和λ射线敏感。

流行病学

宿主

- 马是主要的家养易感动物，为终末宿主，其他的马科动物（驴）也易感。
- 猪作为病毒的扩增器，能产生严重的病毒血症，从而可以感染传播媒介——蚊子。
- JE病毒的自然维持储库是鹭科鸟类（苍鹭和白鹭）。

- 尽管它们并不表现临床症状，但感染后能产生严重的病毒血症。
- 人类对该病毒易感，该病在亚洲国家是一个主要的公共卫生问题，人类被认为是终末宿主。
- 其他一些亚临床感染的动物，包括牛、绵羊、山羊、犬、猫、鸡、鸭、野生哺乳动物、爬行动物和两栖动物，在病毒扩散中可能不起作用。

传播

- JE在亚洲呈现两种流行方式：
- 夏末/初秋时节北方温带地区的疾病流行
  - 大量蚊子以叮咬鹭科鸟类为生（春季）。
  - 鹭科鸟类携带乙脑病毒在城市和乡村之间迁徙。这些鸟类自身也能增殖病毒。
  - 蚊子行为活跃导致病毒扩散和猪的感染。这些蚊子既叮咬鸟也叮咬猪。
  - 猪感染JE病毒后出现病毒大量扩增。蚊子可接触到的猪的群体大，世代周转快，利于JE病毒感染（夏季）。
  - 因有大量JE病毒传播，叮咬马和人的蚊子也将病毒传给它们的宿主，通常导致散发和区域性的疾病流行（常见于夏末或早秋）。
- 南方热带地区常年地方性流行
  - 在鸟类、猪和蚊子之间持续循环。
  - 主要的传播媒介为三带喙库蚊（*Culex triaeniorhynchus*）和雪背库蚊（*Culex gelid*）。
  - 在季风季节，马和人的JE有少数散在性暴发。
- 蚊子作为JE病毒传播的主要媒介
- 主要是库蚊种类（*Culex* spp.）的蚊子；三带喙库蚊因其宿主广泛（包括鸟类、马、猪和人），是非常重要的传播媒介。三带喙库蚊在有水的地方（鱼塘、稻田和沟渠）产卵，在黎明和黄昏最活跃。

- 伊蚊（*Aedes* spp.）也可以作为传播媒介。
- JE病毒也已从其他种类的蚊子中分离到，比如按蚊和曼蚊（*Anophele and Mansonia*），但是它们的作用还不清楚。
- 已有病毒经蚊卵进行垂直传播的记载。
- 通过蚊子传播，JE病毒在鹭科鸟类中循环。
- 尽管马可以产生病毒血症足以感染蚊子，但马的群体通常不足以维持病毒或具流行病学上的重要影响。

传染源

- 鹭科水禽；苍鹭和白鹭（又名麻鸦）
- 引起地区性扩散。
- 蚊子作为传播媒介。
- 猪一旦被感染，JE病毒在猪体内大量增殖，在血液中产生高滴度的病毒，为传播媒介提供更多的病原体。
- JE病毒能通过猪的精液而传播。
- JE病毒流行的越冬机制尚未得以阐明。
- 从JE流行的地区引入病毒。
- 冬眠的蚊子可能带毒，也可能经卵巢传播。
- 爬行动物、两栖类或蝙蝠带毒。

病的发生

JEV广泛分布于亚洲东部、东南部和南部的国家。该病毒已经传播到西印和西太平洋地区，包括东印度尼西亚爱琴海群岛，新西兰和北澳大利亚。该病毒大多分布于大规模水稻种植和生猪生产的地区。JE在亚洲北部气候温和地区的流行季节通常始于5月或6月，终于9月或10月。在亚洲热带地区流行的JE病毒常年在鸟类、猪和蚊子间循环。这些地区季风季节或局部集水时发病率可能上升。

诊断

经试验确定，本病潜伏期为4～14天，马的潜伏期平均为8～10天。在马群中常为隐性感染。猪最早在感染后3天出现临床症状，但病毒血症及伴有的发热常见于感染后的24小时。

临床诊断

在流行期间或在地方流行地区，对马JE的初步诊断主要基于脑炎症状并伴有高热。在相似的情况下，对猪JE的初步诊断主要基于母猪产下大量的死胎或弱仔。对马JE的确诊依赖于从死/病马分离到病毒。因该嗜神经病毒很难分离，所以临床症状、血清学和病理学检测结果对诊断非常有用。

马

- 多为亚临床疾病。
- 如有临床症状，会表现不同形式；常呈现散发或局部多发。
- 已描述三种病型：
- 一过型症群：中度发热持续2～4天，伴有食欲不振，运动机能削弱，黏膜充血或黄疸，常2～3天迅速康复。
- 沉郁型：发热时间长短不一（可以高达41℃/106℉），起病于精神沉郁，病情发展为昏迷，磨牙，咀嚼动作，咀嚼或吞咽困难，黏膜上有出血点形成，共济失调加重，颈部僵硬，视力减退，轻瘫或瘫痪，一般一周后痊愈。
- 过度兴奋型：高温（41℃/105.8℉或甚至更高）并伴有出汗和肌肉震颤，无目的游走，行为反常，表现为狂躁，视觉丧失，斜躺或倒下四肢划动，昏迷和死亡；有神经后遗症，马死亡率为5%（高达30%）。
- 野外病例的发病率为1%至1.4%。
- 该病暴发时马的死亡率在5%～15%，严重时可达30%～40%。

猪

- 最常表现为繁殖障碍，繁殖力下降50%～70%。
- 母猪流产：常在分娩时产死胎或木乃伊胎。
- 公猪精子数量减少或活力下降
- 活仔猪常有神经症状，表现为震颤，抽搐，产后不久可能死亡。
- 未免疫而感染的仔猪死亡率可达100%。
- 未怀孕母猪常呈现轻微的发热或亚临床症状。
- 自然感染可以诱发长期免疫。
- 成年猪的死亡率近零。

人的死亡率可以达到25%，50%的病例痊愈后留有永久性的神经损伤，精神紊乱，共济失调和紧张症。

病变

- 一般来说，在马的剖检中肉眼可见的中枢神经系统的病理损伤不具特征性。
- 脑膜充血，血管扩张并有大量单核细胞。
- 组织病理学检查中可发现弥漫的非脓性脑脊髓炎并伴有明显的血管套，神经细胞遭吞噬细胞损伤（噬神经细胞现象），单点或多点神经胶质增生。
- 患病母猪产木乃伊或死胎，有些死胎呈黑色。
- 有些仔猪呈先天性神经损伤，脑积水，小脑发育不全，脊髓髓鞘形成不足。
- 皮下水肿。

鉴别诊断

马：

- 其他的马病毒性脑炎
- – 西方马脑炎
- – 东方马脑炎
- – 委内瑞拉马脑炎
- – 墨里谷脑炎
- – 西尼罗脑炎
- 非洲马瘟
- 波纳病
- 马鼻肺炎
- 马传染性贫血
- 急性巴贝虫病
- 肝性脑病
- 狂犬病
- 破伤风
- 肉毒杆菌病
- 细菌性或中毒性脑炎
- 马原虫性脑脊髓炎
- 大脑线虫病或原虫病
- 脑白质软化症（串珠镰刀菌引起）

猪：

- 梅那哥病毒感染（Menangle virus infection）

- 猪细小病毒感染
- 古典猪瘟
- 猪繁殖与呼吸综合征
- 伪狂犬病
- 蓝眼副黏病毒病
- 血细胞凝集性脑脊髓炎
- 脑心肌炎病毒感染
- 猪布鲁氏菌病
- 猪捷申病
- 脱水/高盐
- 造成SMEDI（死产，木乃伊胎，胚胎死亡，不孕）的任何其他病原或新生猪脑炎
- 冠状病毒感染

实验室诊断

样品

病原鉴定

- 从新近死亡动物采集的整套组织要浸入10%福尔马林中保存。
- 脑、脊髓和/或脑脊髓液

血清学检测

- 感染早期或与临床脑炎病例有密切接触的发热动物的抗凝血或血清。
- – 如果动物能耐受过，最好取双份血清。
- – 应采集发热期间的一份样品。恢复期的血清样品应在采集急性期样品后4～7天采集或动物死亡时采集。

操作程序

病原鉴定

- 通过实验动物进行病毒分离
- 对经接种的小鼠进行14天的临床观察。记录临床症状，采集死亡或垂死小鼠的脑组织作进一步传代。动物可能出现厌食，表现为腹部白色乳斑消失。
- 采用蔗糖/丙酮法从经第二次传代的小鼠的脑组织中提取病原。
- 检查抗原能否凝集红细胞。如能凝集，则利用日本脑炎抗血清作血凝抑制（HI）实验对抗原进行检测。
- 用细胞培养作病毒分离
- 用鸡胚原代细胞、非洲绿猴肾（Vero）细胞、幼小仓鼠肾（BHK）细胞、或C6/36蚊细胞系分离病毒。
- 将样本，如从疑似感染动物取得的脑组织和血液和已接种病毒的小鼠的脑悬液，接种细胞培养物。
- 用对黄病毒和日本脑炎病毒有特异性的单抗，以间接免疫荧光抗体法鉴定病毒。
- 用合适的对JEV具特异性的引物，以反转录PCR（RT-PCR）方法鉴定临床样品或细胞培养物上清中的JEV。

血清学试验

- 血清学检测对确定动物群的感染情况、病毒的地理分布及经疫苗接种的马的抗体水平非常有用。
- 如果针对单匹马采用血清学检测，要注意在流行地区的马可能已有亚临床感染或接种过疫苗。
- 康复期的血清抗体滴度要明显高于急性期的血清抗体滴度才能确诊。要考虑每种血清学检测方法的特异性。

- 最近建立了检测猪JE抗体的乳胶凝集实验方法。
- 在世界上有些地区，需要作额外的检测相关病毒的试验后才能确诊日本脑炎。
- 其他黄病毒的抗体存在使对JE的检测变得困难。
- 所有检测方法都存在与黄病毒抗体的交叉反应。空斑减少病毒中和实验是最特异的方法。
- 已报道的实验室诊断方法
- 病毒中和实验
- 血凝抑制实验
- 补体结合实验

预防和控制

卫生预防

- 在畜舍安装帘子以防止蚊子侵扰。
- 尤其在JE暴发或传播媒介活跃高峰时刻（通常是黎明和黄昏）。
- 杀虫剂、驱虫剂和风扇可以提供防护。
- 对传播媒介的控制可以减少疾病传播。
- 对猪进行免疫接种，因为猪是JE病毒的扩增器。
- 如果实际条件许可，不要在马附件养猪。

医学预防

- 现在有用于马和猪的疫苗，也有用于人的。
- 疫苗有两种：改良活疫苗（用仓鼠或猪肾组织培养物或仓鼠肺（HmLu）细胞系生产）或灭活苗（用小鼠脑组织、鸡胚或细胞系，比如Vero细胞制备）。

- 对猪进行免疫可减少猪的繁殖障碍并能直接影响JE病毒扩增，尤其在地方性流行区域。
  - 免疫繁育母猪或公猪；保护动物，减少病毒的扩增，确保仔猪健康，降低无精症的可能性。
  - 缺点包括因为猪的高流转率需要对新生猪进行常规免疫接种，成本提高。新生猪的母源抗体影响弱毒疫苗的效果。
- 疫苗可以保护马不发生临床疾病和可能的后遗症。

图1　日本脑炎：马。斜躺和四肢划动。[来源：ERC/ERI]

图3　日本脑炎：马。精神沉郁，咀嚼困难。[来源：ERC/ERI]

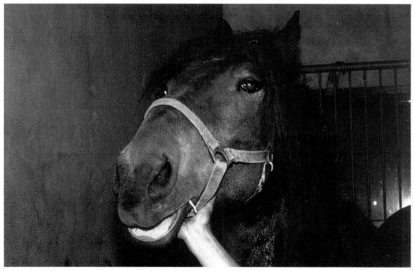

图2　日本脑炎：马。嘴唇麻痹。[来源：ERC/ERI]

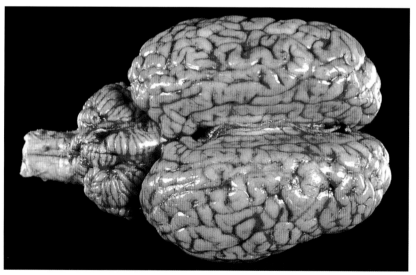

图4　日本脑炎：马。脑膜充血。[来源：ERC/ERI]

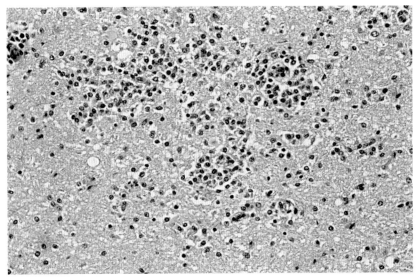

图5 日本脑炎：马，脑。大脑髓质的多发性胶质细胞结节。[来源：ERC/ERI]

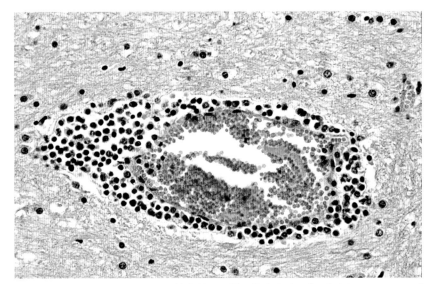

图7 日本脑炎：马，脑。非化脓性血管周围袖口状白血球聚集。[来源：ERC/ERI]

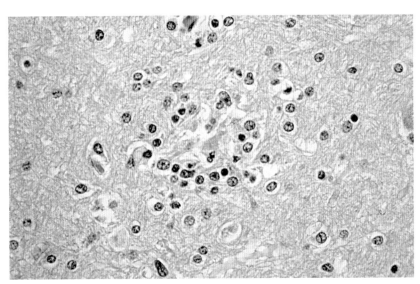

图6 日本脑炎：马，脑。大脑髓质噬神经细胞现象。[来源：ERC/ERI]

十六、结节性皮肤病（疙瘩皮肤病）

病原学

病原分类

结节性皮肤病（Lumpy skin disease，LSD）是由一种痘病毒科（*Poxviridae*）羊痘病毒属（*Capripoxvirus*）的DNA病毒所致。羊痘病毒属中除了结节性皮肤病病毒（Lumpy skin disease virus，LSDV）之外，还包括绵羊痘病毒和山羊痘病毒。所有这些病毒在抗原上是相关的。

对理化作用的抵抗力

温度：

55℃（131°F）/2小时，或65℃（149°F）/30分钟可使病毒失活。皮肤结节在-80℃/-112°F保存10年后仍能分离到病毒；感染组织培养液在4℃保存6个月后，仍能分离到病毒。

pH：

对高碱性和酸性pH敏感。在pH6.6~8.6于37℃保存5天后滴度降低不明显。

化学药品 / 消毒剂：

对乙醚（20%）、氯仿、福尔马林（1%）和一些洗涤剂，如十二烷基磺酸钠敏感。对苯酚（2%/15分钟）、次氯酸钠（2%~3%）、碘化合物（1:33稀释）、卫可（Virkon®，2%）、季铵化合物（0.5%）敏感。

存活力：

病毒非常稳定，在室温中能存活很长时间，特别是在干燥的结痂中。该病毒对灭活具有很强的抵抗力，在坏死的皮肤结节中能存活33天甚至更久，在干燥的痂皮中能存活多达35天，在风干的皮革中可存活至少18天。在环境中可以长时间保持活力。病毒对阳光和脂溶性洗涤剂敏感，但是在黑暗的环境条件下，例如被污染的动物棚舍中，能存活数月。

流行病学

- 发病率在5%~45%。
- 死亡率可达10%。

宿主

- 牛，包括黄牛（*Bos taurus*）、瘤牛（zebus）和家养亚洲水牛。
- 黄牛比瘤牛更容易出现临床症状。
- 在黄牛中，细皮肤的海峡岛乳牛品种（Channel Island breeds）发病更严重，泌乳奶牛危险最高。
- 对野生动物的作用有待澄清。
- 长颈鹿（*Giraffe camelopardalis*）和黑斑羚（*Aepyceros melampus*）在实验条件下高度易感。
- 已经在沙特阿拉伯的阿拉伯大羚羊（*Oryx leucoryx*）、纳米比亚的跳羚（*Antidorcas marsupialis*）和南非的小羚羊（*Oryx gazelle*）中发现疑似临床病例。
- 在非洲44种野生动物中，已经有6种发现了该病的抗体：非洲水牛（*Syncerus caffer*）、较大的捻角羚（*Tragelaphus strepsiceros*）、水羚（*Kobus ellipsiprymnus*）、小苇羚（*Redunca arundinum*）、黑斑羚、跳羚和长颈鹿。
- 接种后，病毒能在绵羊和山羊体内复制。

传播

- 主要的传播途径是通过节肢昆虫媒介的机械性传播。
- 尽管至今没有特定的传播媒介得以证实，蚊子（如库蚊和伊蚊）和苍蝇（如厩螫蝇和*Biomyia fasciata*）在传播中可能发挥重要作用。
- 直接接触是次要的传播方式。
- 进食被感染的唾液污染的饲料和饮水也可能传播本病。
- 动物也能通过接种来自皮肤结节（coetaneous nodules）或血液的材料得以试验性感染。

传染源

- 病毒血症持续1～2周。
- 皮肤、皮肤病灶和结痂。
- 多达35天仍可以分离出病毒，3个月仍能通过PCR检测出病毒核酸。
- 唾液、口鼻分泌物、奶和精液。
- 眼睛、鼻、口、直肠、乳房和生殖器形成溃疡时的所有分泌物都含有LSD病毒。
- 通过精液排毒的时间可能更长；一些公牛感染5个月后的精液中仍能检测到病毒DNA。
- 在人工感染牛，LSD病毒能在唾液中存活11天，精液中存活22天，在皮肤结节中存活33天，但是尿液和排泄物中没有检测到病毒。
- 肺组织。
- 脾脏。
- 淋巴结。
- 无隐性带毒状态。

病的发生

LSD过去只局限在非洲撒哈拉沙漠以南，但现在该病已经出现在大多数非洲国家。在非洲之外，近年的暴发于2006年和2007年出现在中东地区，于2008年出现在毛里求斯。

诊断

还没有关于自然条件下潜伏期的报道。接种后6～9天出现发热，4～20天在接种部位出现最初的皮肤损伤。《OIE陆生动物卫生法典》描述的LSD的潜伏期为28天。

临床诊断

LSD表现为无明显症状到严重的疾病。

- 发热可能超过41℃/106℉并且持续一周。
- 鼻炎、结膜炎和过度流涎。
- 泌乳牛的产奶量显著下降。
- 病毒接种后的7~19天，直径2~5cm的疼痛结节逐渐扩散到整个身体，特别是头部、颈部、乳房和会阴等。
  - 这些结节包括真皮和表皮，初期可能渗出血清。
  - 在接下来的2周，它们可能变为坏死性栓塞穿透整个皮肤层（sit-fasts）。
- 口腔、消化道、气管和肺的黏膜都可发生痘性病变，引起原发性和继发性肺炎。
- 精神沉郁、厌食、无乳和消瘦。
- 所有的体表淋巴结变大。
- 四肢水肿导致动物不愿移动。
- 眼、鼻、口、直肠、乳房和生殖器黏膜的结节迅速溃烂，所有分泌物都含有LSD病毒。
- 眼和鼻的分泌物变为黏液脓性，并可能形成角膜炎。
- 怀孕牛可能流产，有些报道称流产胎儿被结节覆盖。
- 由于睾丸炎和睾丸萎缩，公牛可能永久或暂时不育，并且病毒能在精液中长期排出，奶牛也可能出现暂时不育。
- 严重感染者因消瘦、肺炎、乳房炎和坏死性皮肤栓塞而康复缓慢。坏死性皮肤栓塞容易受蝇蛆叮扰且脱落后容易在皮肤中留下深孔。

病变

- 结节涉及所有皮肤层、皮下组织和相邻肌肉组织，并伴有充血、出血、水肿、血管炎和坏死。

- 增大的淋巴结使其引流部位淋巴增生、水肿、充血和出血。
- 口、咽、会厌、舌和整个消化道的黏膜均有痘性病变。
- 鼻腔、气管和肺的黏膜有痘性病变。
- 肺水肿和病灶区域肺小叶扩张不全。
- 重症病例有胸膜炎伴随纵膈淋巴结肿大。
- 滑膜炎和腱鞘炎，伴随滑液中出现纤维蛋白。
- 睾丸和膀胱中可能出现痘性病变。

鉴别诊断

严重的LSD非常典型，但温和型可能与以下疾病混淆。

- 伪结节性皮肤病/牛疱疹乳头炎（牛疱疹病毒2型）
- 牛丘疹性口炎（副痘病毒）
- 伪牛痘（副痘病毒）
- 牛痘病毒（Vaccinia virus）和牛的痘病毒（Cowpox virus）（正痘病毒）——罕见且通常不传染。
- 嗜皮菌病
- 昆虫或蜱叮咬
- 贝诺孢子虫病（Besnoitiosis）
- 牛瘟
- 毛囊虫病
- 牛皮蝇感染
- 光敏
- 荨麻疹
- 皮肤型结核
- 盘尾丝虫病

实验室诊断

样品

病原鉴定

- 用于病毒分离和抗原检测ELISA的样品应当在出现症状的第一周、中和抗体出现前采集，用于PCR检测的样品可以在此后采集。
- 对活体动物，皮肤结节或淋巴结的活检样品可用于PCR、病毒分离和抗原检测；也可以采集结痂、结痂液和皮肤碎屑。
- 从发病早期、病毒血症期间的血液样品（加入肝素或EDTA）可分离到LSDV，全身性的病灶出现4天后，则不容易分离到病毒。
- 病变样品，包括周围组织，应当进行组织病理学检查。
- 用于分离病毒和抗原检测的组织和血液样品应当冷冻保存并加冰后运输至实验室。
- 如果样品需要长途运输而又没有冷藏条件，应当采集大块的组织并置于含10%甘油的缓冲液中。样品的中心部分可用于病毒分离。

血清学检测

- 冷冻保存的急性期和恢复期血清。

操作程序

病原鉴定

- 用PCR检测羊痘病毒基因组：使用EDTA抗凝血、精液、活组织切片或者组织培养物。可以通过测序和进化分析鉴定毒株。此类方法具高敏感性和特异性。
- 投射电子显微镜：活检材料或干燥的痂皮。此方法为快速方法；该病毒在形态学上与副痘病毒不同，但与正痘病毒不能区分。

- 病毒分离：接种原代羔羊细胞、牛犊睾丸细胞或牛真皮细胞。然后用以下方法检测病毒：
- 显微镜检查特征性细胞病变。
- 胞浆内包涵体苏木精和伊红染色。
- 直接免疫荧光或免疫过氧化物酶染色。
- 使用特异性抗血清进行病毒中和试验。

用ELISA检测抗原

- 用ELISA检测山羊痘抗原：活检组织悬浮液或组织培养液。

血清学试验

- 病毒中和试验：与所有的羊痘病毒有交叉反应。
- 间接荧光抗体检测：与副痘病毒有交叉反应。
- 山羊痘抗体ELISA。
- 免疫印迹：敏感性和特异性高，但价格昂贵难操作。

预防和控制

无有效的治疗方法。使用高强度的抗生素疗法可以避免继发感染。

卫生预防

- 无疫国家：限制进口活畜、胴体、皮革、毛皮和精液。
- 感染国家：
- 严格检疫以避免感染动物引入健康群。
- 一旦暴发，隔离和禁止动物移动。
- 扑杀所有患病和感染动物（越快越好）。
- 妥善处理动物尸体（例如，焚烧）。
- 对饲养场和器具进行清洁和消毒。

- 对圈舍和家畜进行虫媒控制。
- 除疫苗接种以外，控制措施的效果通常不佳。

极力推荐在运输船只和飞机上进行虫媒控制。

医学预防

- 同源减毒活病毒疫苗：使用引发该病的毒株可提供持续长达3年的免疫力。
- 异源减毒活病毒疫苗：
- 绵羊和山羊痘疫苗，但可能导致局部反应，有时会较严重。
- 根据生产商的说明；不建议在无绵羊和山羊痘的国家使用。

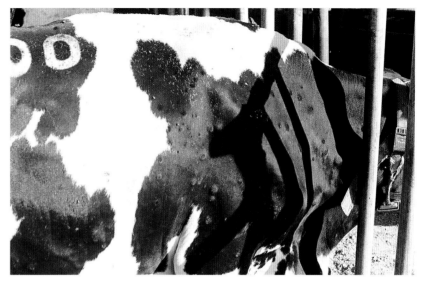

图2　结节性皮肤病：奶牛，侧腹。多个皮肤丘疹和结节，有些具坏死中心。[来源：KVI]

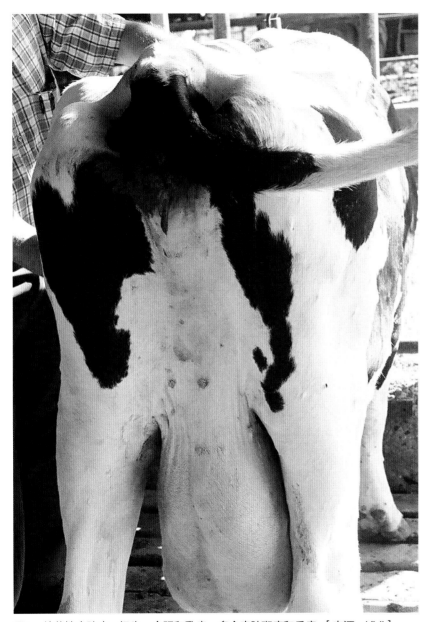

图1　结节性皮肤病：奶牛，会阴和乳房。多个皮肤斑疹和丘疹。[来源：KVI]

图3 结节性皮肤病：奶牛，侧腹。许多皮肤丘疹。[来源：KVI]

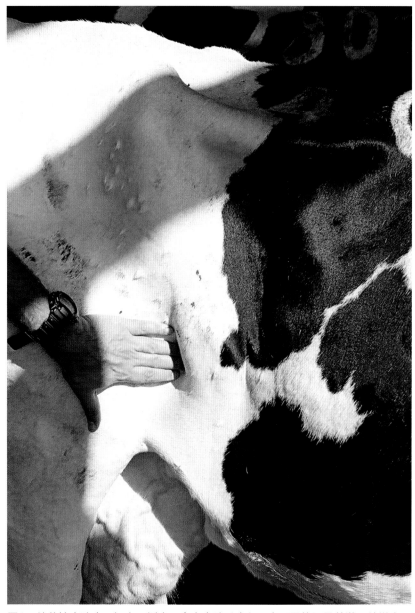

图4 结节性皮肤病：奶牛，侧腹。多个皮肤丘疹和一个明显的股骨前淋巴结增大。（建议接触动物时总是戴手套。）[来源：KVI]

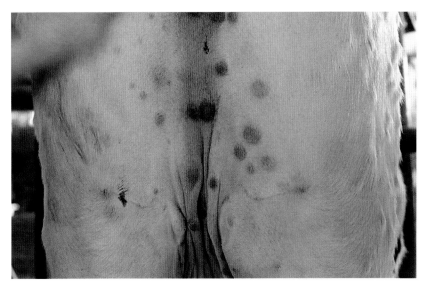

图5 结节性皮肤病：奶牛，会阴。许多凸起的皮肤丘疹。[来源：KVI]

图6 结节性皮肤病：奶牛，皮肤。严重的多病灶凸起真皮丘疹。[来源：KVI]

图7 结节性皮肤病：奶牛。皮肤上有许多广泛分布、实硬的结节。[来源：MAWF/ DVS]

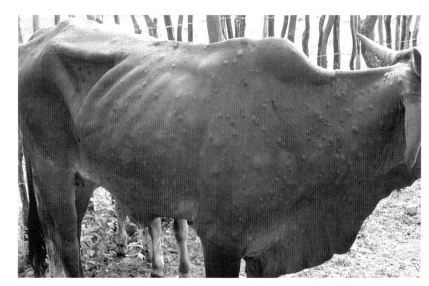

图8 结节性皮肤病：奶牛。皮肤上有许多广泛分布、实硬的结节。[来源：MAWF/ DVS]

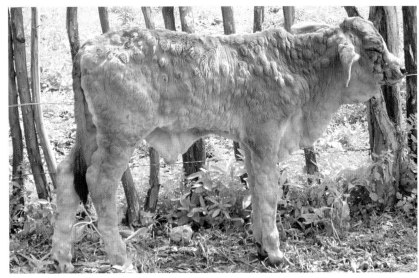

图9　结节性皮肤病：奶牛。皮肤上有许多广泛分布、实硬的结节。[来源：MAWF/DVS]

图11　结节性皮肤病：奶牛，鼻镜。多个1～20毫米中央低的凸起丘疹（脓疱期）。[来源：OVI/ARC]

图10　结节性皮肤病：奶牛。皮肤上有许多广泛分布、实硬的结节。[来源：MAWF/DVS]

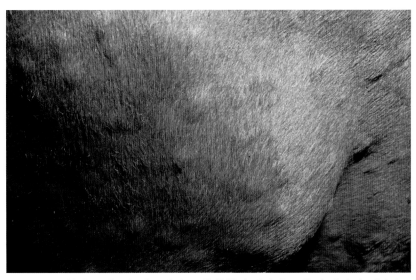

图12　结节性皮肤病：奶牛，肩部。结节性皮肤病的早期皮肤病变。[来源：PIADC]

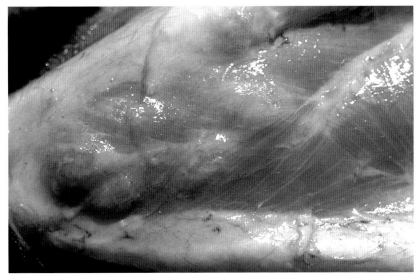

图13　结节性皮肤病：奶牛，皮下肌肉。痘病变从皮下延伸至肌肉层。[来源：OVI/ARC]

图15　结节性皮肤病：奶牛，气管黏膜。严重的多病灶坏死性气管炎；凸起斑块表面坏死且伴有出血。[来源：OVI/ARC]

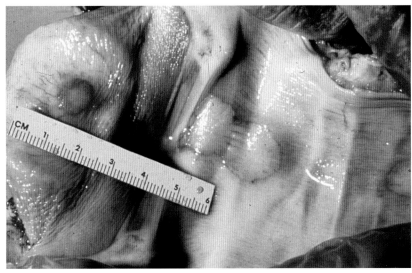

图14　结节性皮肤病：奶牛，声门和会厌。黏膜上有多个圆形、凸起、顶部扁平的结节。[来源：PIADC]

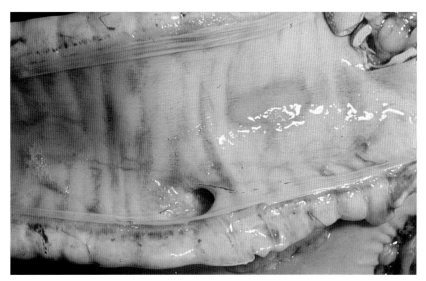

图16　结节性皮肤病：奶牛，气管。气管黏膜上有两个轻微凸起的局限性白色痘病灶。[来源：PIADC]

十七、恶性卡他热

病原学

病原分类

恶性卡他热（Malignant catarrhal fever, MCF）是由疱疹病毒科（*Herpesviridae*）伽玛疱疹病毒亚科（*Gammaherpesviridae*）疱疹病毒属（*Rhadinovirus*）的病毒所引起的。MCF病毒亚群被称为MCF病毒（MCFV）或1型RuRV，至少包含10种病毒，目前已确定其中5种病毒可引起疾病。与动物品种相关的MCF包括：

- 与牛羚（wildbeest）相关的MCF：狷羚疱疹病毒1（AIHV-1），在世界各地的牛羚群中流行。
- 与绵羊相关的MCF：羊疱疹病毒2型（OvHV-2），在全世界大多数绵羊群中流行。
- 与山羊相关的MCF：山羊疱疹病毒2型（CpHV-2），在世界各地大部分畜养的山羊群中流行，并导致鹿科动物的MCF。
- 不明病因：引起白尾鹿的MCF（MCFV-WTD）。

对理化作用的抵抗力

温度：

无资料可循，但病毒非常不稳定。

pH：

在pH5.5 ~ 8.5最稳定。

化学药品/消毒剂：

一般的消毒剂包括次氯酸钠（如果有较多的有机碎屑存在时，所需浓度为3%）即可将病毒灭活。

存活力：

病毒在阳光下迅速被灭活。病毒在宿主体外可存活72小时；无细胞同在的病毒在干燥的环境中迅速被灭活，但在潮湿的环境中可以存活13天以上。

流行病学

MCF对牛和许多其他偶蹄目动物通常是致死的疾病，由AIHV-1或OvHV-2感染所致。虽然AIHV-1和OvHV-2可以引起兽疫流行，但MCF通常是零星出现并仅影响少数动物。本病最常见于牛亚科及鹿科动物，但畜养的猪、长颈鹿和属于羚羊亚科的动物也有病例。会展现MCF病变的动物通常是死亡终宿主。

AIHV-1

- 传播发生在牛羚产期；所有的小牛在生命的最初几个月内受到感染，并终生携带病毒。
- 只有牛羚可将本病传播给其他易感宿主。没有确切的证据显示感染MCF的动物会将疾病水平地传染给其他动物。
- 大多数发生与牛羚MCF相关的病例，都是由于易感动物接触到临产的牛羚或年轻的小牛，或由于牧场受到这些动物污染。

OvHV-2

- 一定比例的羔羊是在子宫内感染，而大多数的羔羊则在产期感染。
- 只从绵羊传播到易感宿主，不发生受感染宿主间的水平传播。

宿主

- 隐性感染的带毒动物包括牛羚、绵羊和山羊。
- 临床感染发生在牛科、鹿科及长颈鹿科动物，诸如牛，水牛，野牛，鹿和其他野生反刍动物。
- 受感染的鹿种包括红鹿，斑鹿，黄占鹿，梅花鹿，长耳鹿，麋鹿，里夫的鹿，沼泽鹿，白尾鹿。
- 受感染其他物种有羚羊，白臀野牛，麋鹿，野牛，长颈鹿，大捻角

羚，印度大羚羊和美洲赤鹿。
- 有几个国家的畜养猪最近被确认为易感动物，其临床症状与急性感染牛的症状非常相似。
- 实验兔，叙利亚仓鼠，天竺鼠和大鼠已经被证实可经人工感染。
- MCFV已从其他外来的反刍动物分离到，这些动物包括北山羊，麝牛，大羚羊，北非髯羊，麋羚，转角牛羚和马羚。尚不知该病毒是否引起这些动物发病。

传播

AIHV-1

- AIHV-1在放牧的牛羚族群内的传播是非常有效的：所有牛羚犊牛在生命最初的几个月内通过子宫、直接接触或气溶胶途径而被感染。被污染牧场及污染物也可能有助于传播。
- 经由牛羚犊牛传播大多数发生在1～2个月龄，在6个月龄之后传播是罕见的。
- 病毒是经由牛羚犊牛的鼻腔和眼睛分泌物所排出，并且主要是以细胞伴黏的形式释出。
- 紧密接触通常是必要的，但超过100米的传播也已经有报导。
- AIHV-1在感染家养母牛中的先天性传播可导致初生犊牛有不同的疾病潜伏期。

OvHV-2

- 主要经由呼吸道途径传播，病毒可能存在于气溶胶内。
- 间歇性地从鼻腔分泌物排毒，特别是6～9个月龄的羔羊。
- 一定比例的羔羊是在子宫内感染，而大多数的羔羊则在产期感染；在某些情况下需至3个月龄之后，感染才可能发生。

- 易感动物通常必须与绵羊紧密接触才会出现病例，但绵羊与牛分隔70米以及野牛群与肥育羔羊分隔远达5千米也都有病例报告。
- 有范围广泛的易感性：野牛和瘤牛对OvHV-2具相当高的耐受性，通常只有零星病例。大多数的鹿种、野牛和水牛更加易感，而巴里牛（爪哇野牛）和麋鹿（戴维鹿）极端易感。

病毒来源

以鼻和眼的分泌物为主，但粪便和精液也有报导（在家养公羊精液检测出OvHV-2DNA）。

病的发生

MCF病毒在全球均可找到。虽然AIHV-1所致疾病主要发生在牛和牛羚混杂的非洲萨哈拉次大陆，但在动物公园里带毒动物和易感动物共处也可以导致疾病的发生。OvHV-2所致疾病在世界各地发生。

诊断

MCF的潜伏期不等，短则11～34天，长至9个月。

临床诊断

MCF的临床症状差异很大，范围可从最急性至慢性。在一般情况下，最明显的症状出现在较长期病程的病例。

- 最急性：没有临床征状或在死亡前12～24小时出现抑郁并伴随下痢和血痢。
- 一般情况下，高热、浆液性流泪和鼻腔分泌液增多，进而发展至大量黏液脓性分泌物、食欲不振、产奶量降低。
- 渐进性双侧角膜于周围开始浑浊是本病的特征。
- 皮肤溃疡和坏死可能是广泛的，或局限于乳房及乳头。

- 流涎及口腔充血可能是一个早期症状，逐渐发展至舌头、硬颚、齿龈及颊乳突顶端糜烂，尤其是颊乳突顶端糜烂更具代表性。
- 浅淋巴结及四肢关节可能肿大。
- 可单独或同时出现诸如感觉过敏、动作不协调、眼球震颤和脑压升高等神经症状。
- 少数受感染的动物在出现轻微或甚至相当严重的临床反应后仍可以康复。

病变

肉眼可见的病理变化反映出临床症状的严重度，但一般都分布广泛，可能扩及大多数器官系统。
- 胃肠道糜烂和出血，内容物可能带血。
- 淋巴结肿大，但程度不一。横截面通常坚实呈白色，但颌下及咽后淋巴结可能会出血，甚至坏死。
- 呼吸道常见卡他性渗出液、糜烂和伪膜。
- 膀胱的上层常具有特征性的斑状出血。
- 肾皮质可能有多个凸起的白色病灶，每个病灶直径为1～5毫米，通常具有一小出血区。
- 在没有分子诊断方法之前，MCF的诊断往往依赖组织学变化，其特征为：上皮细胞变性、血管炎、淋巴样器官的增生和坏死、在非淋巴样器官的间质中广泛聚积淋巴样细胞。

鉴别诊断

- 牛瘟
- 牛病毒性下痢黏膜病
- 牛传染性鼻气管炎
- 蓝舌病
- 流行性出血性疾病

- 口蹄疫
- 水疱性口炎
- 摄入腐蚀性物质或某些有毒植物

实验室诊断

可以从有临床症状的动物的周边血液白血球或从淋巴结和脾脏制备的细胞悬液中分离到AIHV-1。该病毒也可以从隐性感染的牛羚的周边血液白血球或其他器官的细胞悬液中分离到。

OvHV-2从未被正式鉴定，但从感染动物所增殖的成淋巴母细胞中检出OvHV-2特异性DNA，并在这些细胞中观察到病毒颗粒。

使用聚合酶链反应（PCR）方法已从AIHV-1和OvHV-2所引起的MCF病例之临床材料中检测到病毒DNA。PCR技术正成为诊断OvHV-2型疾病的选用方法。

已成功以实验方法将AIHV-1和OvHV-2传播给实验兔和仓鼠，并出现典型的MCF病变。

样品

病毒分离和病毒检测
- 冷藏但不冻结组织。
- AIHV-1在已死亡的动物迅速被灭活，最有用的样本是在动物被安乐死或死亡后立即采集的。
- 用于病毒分离的组织，包括10～20毫升加EDTA的抗凝血、脾、肺、淋巴结和肾上腺。
- 用于PCR检的组织，包括抗凝血、肾、淋巴结、肠壁、脑和来自上述部位的其他组织。

血清学检测
- 相隔3～4周的配对血清样本（5毫升）。

组织病理学
- 牛：肺、肝、淋巴结、皮肤（如果出现病变）、肾、肾上腺、眼、口腔上皮、食道、派伊尔氏淋巴结、膀胱、甲状腺、心肌，颈动脉网及脑。
- 野牛：泌尿生殖道和肠道组织特别重要。
- 其他动物品种：多种组织。

操作程序

病原鉴定
- AIHV-1病毒分离（取周边血液白血球进行）：
- 大多数源自反刍动物的单层培养细胞可能都具易感性，并产生细胞病变效用（CPE），牛的甲状腺细胞培养已被广泛使用。
- 初次分离通常会产生多核的CPE，其中的病毒抗原可以用免疫荧光或免疫细胞化学方法加以确认。
- PCR：可检测AIHV-1和OvHV-2。

血清学试验

AIHV-1
受感染的牛羚产生抗AIHV-1抗体，这些抗体可以用以下四种方法来检测。然而，有临床症状的动物的抗体反应是有限的，无中和抗体产生，因此检测必须依赖采用免疫荧光法、ELISA或免疫印迹法。

- 病毒中和试验
- 免疫印迹法
- 酶联免疫吸附法（ELISA）
- 免疫荧光法

OvHV-2
只能使用AIHV-1作为抗原来检测OvHV-2抗体。家养绵羊始终有抗体，可以使用免疫荧光法、ELISA或免疫印迹法来检测。虽然牛的MCF抗体通常可以藉由免疫荧光法和ELISA法检测，但在较急性感染的动物，例如鹿，抗体并不总是存在。

- 免疫荧光法
- ELISA
- 免疫印迹法

预防和控制

卫生预防

防止带毒动物与临床易感动物之间的接触。

- 将易感动物与绵羊、山羊、牛羚或其他可疑的储存宿主隔离开来。牛羚似乎容易传播AIHV-1，所以应该总是与牛只隔离。
- 牛只不宜放牧在有牛羚放牧与产仔的草场。
- 在动物园也应该将牛羚隔离。
- 牛只很少出现与绵羊相关联的MCF型，但也建议应该与绵羊隔离，特别是与排毒活跃的羔羊隔离。
- 不要让野牛、鹿和其他高度易感性的动物靠近绵羊。当宿主是高度易感以及病毒的浓度较高时，隔离较长的距离尤其重要（例如野牛和在肥育场的羔羊）。
- 必须避免接近已受污染的物品，特别是那些高度易感的动物种类。
- 可通过早期断奶和隔离饲养来生产无OvHV-2绵羊。
- 在疾病流行期间，易感动物应立即与疑似感染源隔离开来。牛和其他伴随的宿主被认为是终死的宿主，所以不需要进行扑杀。因为潜伏期可以非常长，病例可以持续发生好几个月。缓解压力有助于预防亚临床或轻度感染动物发病。

医学预防

对所有MCF病毒都无可供使用的商业疫苗。

（本章由台湾家畜卫生试验所林有良博士译成繁体中文。因本书绝大多数章节译成中文简体，为保持全书在文体上的一致性，所有章节均用中文简体出版。经林有良博士同意，本章遂由湖南农业大学程天印博士打印成中文简体。）

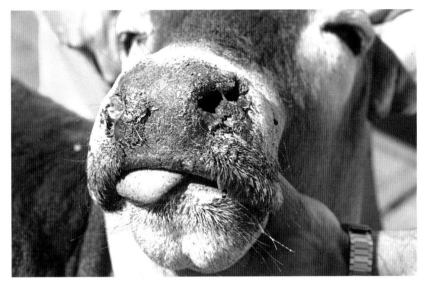

图1 恶性卡他热：母牛，鼻镜和鼻孔。严重结痂。(建议照料动物时总是带手套)
[来源：OVI/ARC]

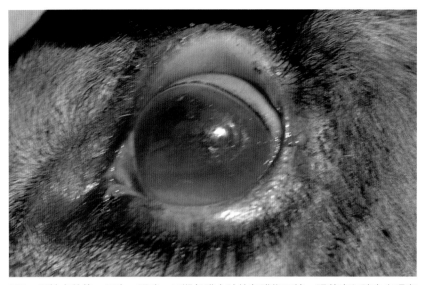

图3 恶性卡他热：母牛，眼睛。早期角膜水肿从角膜缘开始；眼前房积脓也出现在
腹前室。[来源：OVI/ARC]

图2 恶性卡他热：母牛，鼻镜。卡他性鼻分泌物和中度流涎。[来源：PIADC]

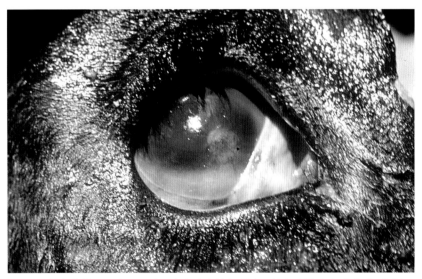

图4 恶性卡他热：母牛，眼睛。中央溃疡性角膜炎，沿角膜缘有角膜水肿。[来源：
OVI/ARC]

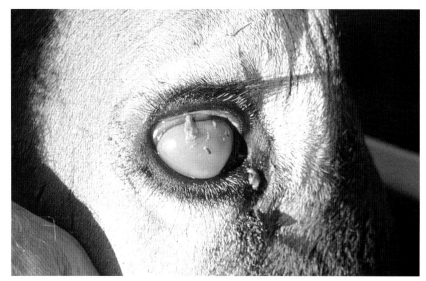

图5 恶性卡他热：母牛，眼睛。严重的弥散性角膜结膜炎，伴有角膜混浊和眼分泌物。[来源：OVI/ARC]

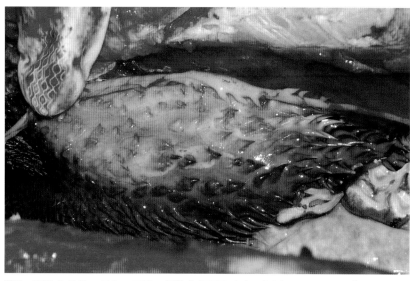

图7 恶性卡他热：母牛，口腔。龈乳头坏死和出血。[来源：SENASA]

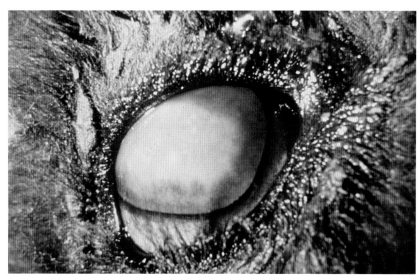

图6 恶性卡他热：母牛，眼睛。严重的角膜水肿，并具向心性新生血管化和泪漏。[来源：PIADC]

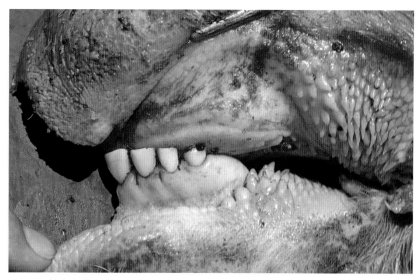

图8 恶性卡他热：母牛，口腔。严重多发性糜烂性牙龈炎以及乳突顶端坏死。[来源：OVI/ARC]

图9 恶性卡他热：母牛，舌头。舌背上皮有无数小糜烂点。[来源：OVI/ARC]

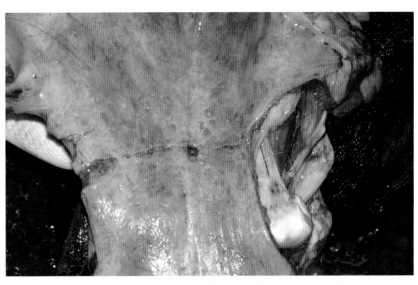

图11 恶性卡他热：母牛，口咽。多处黏膜糜烂。[来源：SENASA]

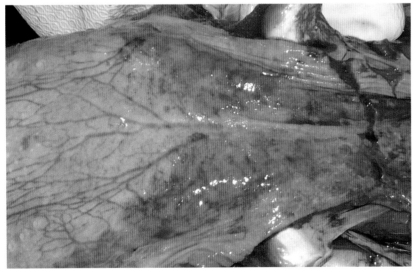

图10 恶性卡他热：母牛，舌头。舌扁桃腺有弥散性充血，带有多个小糜烂点。[来源：SENASA]

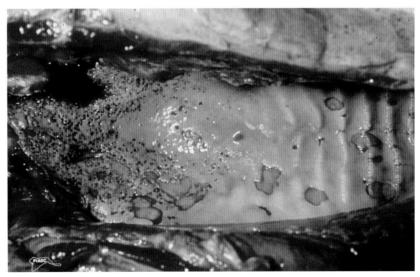

图12 恶性卡他热：母牛，硬软腭。多发性黏膜糜烂。[来源：PIADC]

图13 恶性卡他热：母牛，食道。多处浅黏膜糜烂。[来源：SENASA]

图15 恶性卡他热：母牛，皱胃。多发性皱胃炎。[来源：SENASA]

图14 恶性卡他热：母牛，蜂巢胃。黏膜内衬多发性糜烂。[来源：PIADC]

图16 恶性卡他热：母牛，回肠。中度黏膜充出血。[来源：SENASA]

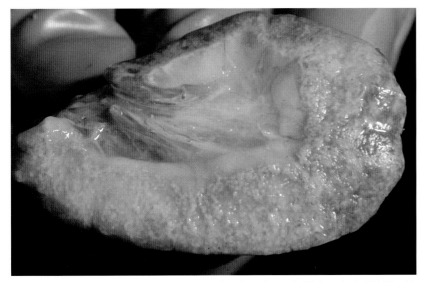

图17 恶性卡他热：母牛，肩胛骨前淋巴结。由于淋巴组织增生和水肿致使淋巴结肿大。[来源：PIADC]

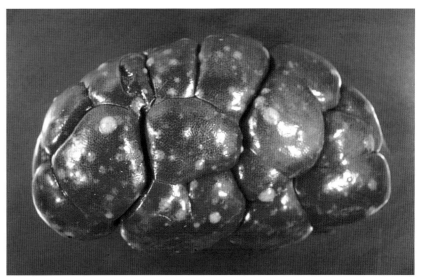

图19 恶性卡他热：母牛，肾脏。肾皮质多发性淋巴细胞浸润。[来源：OVI/ARC]

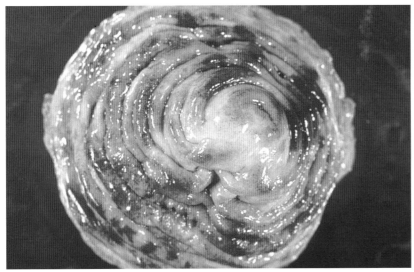

图18 恶性卡他热：母牛，膀胱。明显充血，黏膜增厚和多发性出血。[来源：OVI/ARC]

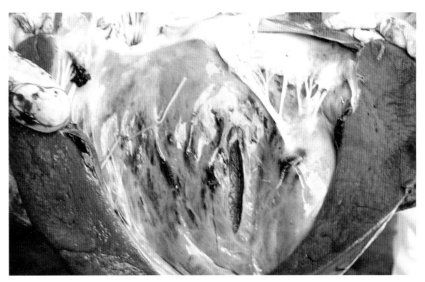

图20 恶性卡他热：母牛，心脏。多发性心内膜出血。[来源：SENASA]

图21 恶性卡他热：北美野牛。动物园内患恶性卡他热野牛表现严重抑郁。[来源：SENASA]

十八、新城疫

病原学

病原分类

新城疫病毒（Newcastle disease virus, NDV）属于副黏病毒科（*Paramyxoviridae*）禽腮腺炎病毒属（*Avulavirus*）。禽副黏病毒共分为10个血清型，命名为APMV-1～APMV-10。新城疫病毒属于APMV-1。NDV根据感染鸡后引起的临床症状差异可分为5种致病型，分别为：①嗜内脏速发型；②嗜神经速发型；③中发型；④低致病型或呼吸道型；⑤无症状肠型。致病型分群一般很难进行明确界定。

对理化作用的抵抗力

温度：

56℃（133℉），3小时或60℃，30分钟可将病毒灭活。

pH：

酸性pH≤2可将病毒灭活。

化学药品/消毒剂：

对乙醚敏感；可被福尔马林、苯酚和氧化剂（如Virkon®）、双氯苯双胍己烷和次氯酸钠（6%）灭活。

存活力：

病毒在外界环境，尤其是在粪便中，可存活较长时间。

流行病学

宿主

- 许多家养和野生的禽类
- 鸡对本病高度易感，火鸡一般没有严重的临床症状。
- 赛鸟（野鸡、鹧鸪、鹌鹑和珍珠鸡）和鹦鹉（鹦形目）易感性有差异；澳洲鹦鹉易感。
- 野鸟和水禽（雁形目）可携带病毒呈亚临床感染，某些特定基因型分离株曾导致这些禽种发病。

- 年幼的鸸鹋（鸸鹋属）已经证实可发生与APMV-1有关的疾病。
- 鸵鸟（鸵形目）也有发病的报道，鸽（鸽形目）易感。
- 猛禽一般对本病有抵抗力，但胡兀鹫（*Gypaetus barbatus*）、白尾海雕（*Haliaeetus albicilla*）、一种野生的鹗（*Pandion haliaetus*）和一些种类的猎鹰有急性病例报道。
- 其他可被NDV感染的鸟类包括：鸥（鸻形目）、猫头鹰（猫头鹰属）和鹈鹕（鹈形目）。
- 雀科鸟类（雀形目）易感性差异很大：一些种类不表现症状但排毒，而其余的可发生严重的疾病。
- 乌鸦和大乌鸦（鸦科鸦属）也有发病死亡的报道。
- 企鹅（企鹅目）有急性ND发病的报道。
- 发病率和死亡率与感染的禽种和毒株有关，差异很大。
- 人也可感染：一般表现为单侧或双侧眼睛红肿、过度流泪、眼睑水肿、结膜炎和结膜下出血。

传播

- 直接接触感染禽的分泌物：主要通过消化道（粪/口途径）和呼吸道。
- 污染物：饲料、饮水、器具、禽舍、衣服、靴子、麻袋、蛋托/蛋箱等。
- 在粪便存在的情况下，病原体可延长存活时间，例如在有粪便污染的蛋壳上。
- 一些毒株可通过鸡蛋感染正在孵化的小鸡，高致病性毒株不常发生这种传播。
- 没有充分证据证明苍蝇在机械传播中的作用。

传染源

- 感染禽鸟的呼吸道分泌物/排泄物和粪便
- 尸体所有部位

- 在潜伏期、临床感染期和有限的康复期，感染禽鸟可排毒。
- 野鸟和水禽可能是低致病性ND的贮存宿主。这些病毒感染家禽后可通过突变形成强毒株。
- 一些鹦鹉已经证实感染后可间歇排毒1年以上，且与传播到家禽有关。

病的发生

- NDV强毒株在墨西哥、中美和南美呈地方流行，在亚洲、中东和非洲广为扩散，也存在于美国和加拿大双冠野生鸬鹚中。低致病性NDV毒株呈全球性分布，然而对鸽子有特殊嗜性且分布广泛的中发型毒株（即鸽副黏病毒）一般不容易感染其他禽类。

诊断

新城疫的潜伏期一般为2～15天，平均5～6天；在有些宿主种类可达20天以上。《OIE陆生动物卫生法典》描述的新城疫的潜伏期为21天。

临床诊断

感染禽的临床症状多样，取决于以下因素：病毒/致病型、宿主种类、宿主日/年龄、有无其他病原感染、环境压力和免疫状况等。不能单纯依据临床症状进行确诊。发病率和死亡率取决于病毒株的毒力、接种疫苗的情况、环境条件和禽群状况。

弱毒株

- 通常临床症状不明显，可伴有温和的呼吸道症状；咳嗽，气喘，打喷嚏和肺部啰音。
- 如果与其他病原同时感染，也能导致严重的临床症状。
- 死亡率低，可忽略不计。

中等毒力毒株

- 在有些宿主可引起严重的呼吸道症状和神经症状。
- 死亡率通常低于10%。
- 如果与其他病原同时感染，也能导致严重的临床症状。

强毒株

- 感染鸡，大都引起严重的临床症状和高死亡率：主要是呼吸系统和神经系统症状。
- 感染初期的临床症状存在差异，但一般包括：嗜睡，食欲不振，羽毛蓬乱，结膜水肿和充血。
- 随着病情进一步发展，发病禽会出现如下症状：白色或绿色水样腹泻、呼吸困难、头部炎症、颈部发绀。
- 随后，神经症状越来越明显：震颤、强直性/阵发性痉挛、翼/腿轻度瘫痪或麻痹、扭颈和原地转圈。
- 产蛋量急剧下降；鸡蛋含有水样白蛋白、畸形、颜色异常，蛋壳粗糙或变薄。
- 这些毒株感染导致禽突然死亡，通常没有或很少有临床症状。
- 严重感染后存活下来的鸡只，可能出现神经症状，部分或全部停止产蛋。
- 对于未接种疫苗的鸡群，发病率和死亡率可达100%。

病变

没有能用于确诊的眼观病变；必须检查几只鸡以后才能进行初步诊断，最后确诊必须依靠病毒分离和鉴定结果。

- 仅强毒株能引起明显的肉眼可见的病理变化。
- 可能看到的病变有：

- 眼眶周围或整个头部肿胀。
- 颈部的间隙组织或气管周围组织水肿，特别是在胸廓入口处。
- 咽端和气管黏膜充血，有时出血；口咽部、气管和食管可见明显的白喉膜。
- 肺充血和水肿。
- 急性多病灶性坏死性肠炎。
- 腺胃黏膜上有出血点和小的瘀斑，这些出血点集中在黏液腺出口处。
- 呼吸/消化淋巴组织的充血、水肿、出血、坏死和/或溃疡；特别是肠道相关淋巴组织（GALT）中的盲肠扁桃体和派伊氏集结（Peyer's patches）。尽管不是用于确诊的特征性病变，派伊氏集结的溃疡/坏死可暗示新城疫。
- 卵巢水肿、出血或退化。
- 可能发生胸腺和法氏囊出血，尽管在成年鸡中不那么明显。
- 脾脏可能出现肿胀、纤维化、暗红色或有斑点。
- 部分病例可能出现胰脏水肿和坏死。
- 泄殖腔糜烂和出血。

鉴别诊断

- 禽霍乱
- 高致病性禽流感
- 喉气管炎
- 鸡痘（白喉型）
- 鹦鹉热（鹦鹉鸟）
- 支原体病
- 传染性支气管炎
- 曲霉菌病
- 管理不善，如脱水、营养不良和通风不良
- 在宠物鸟：帕起柯氏鹦鹉病（鹦鹉鸟）、沙门氏菌病、腺病毒病和其他

副黏病毒病

- 鸬鹚和其他野生水禽：肉毒杆菌中毒、禽霍乱和形态异常

实验室诊断

任何从事样品处理或用样品进行诊断的实验室应按OIE《陆生动物诊断试验和疫苗手册》第1.1.2章"兽医微生物实验室和动物设施的生物安全和生物安保"所描述的规定，经风险评估并符合相应级别的隔离实验室之要求。无符合条件的专门实验室或区域实验室的国家应将样品送交OIE参考实验室。

样品

样品应来自新近死亡或按人性化原则宰杀的濒临死亡的禽。

病原鉴定

- 死禽：口鼻拭子，肺、肾、肠（包括内容物）、脾、脑、肝和心，单独采集或采集在一起。
- 活禽：取活禽的气管和泄殖腔拭子（有可见粪便）或死禽的器官和粪便。
- 用棉拭子取样时可对小鸡造成损伤，可通过收集新鲜的粪 便样品作为替代。
- 应注意选择适合的样品运送液（介质）。

血清学检测

- 凝血或血清

操作程序

病原鉴定

- 病毒培养：接种SPF鸡胚并检测血凝（HA）活性。

- 病毒鉴定：用特异性抗血清进行血凝抑制（HI）试验。
- 使用合适的抗原和抗血清以避免交叉反应。
- 通过脑内接种方法判定致病指数。
- 通过分子技术确定致病指数。

新城疫的确诊：

（1）基于1日龄雏鸡脑内接种致病指数，或

（2）多个碱性氨基酸的相关性

- 单克隆抗体：用于快速鉴定新城疫病毒（避免与其他APMV血清型的交叉反应），对新城疫病毒进行分类和鉴定。
- 系统进化研究：在新城疫暴发时可对病毒起源和传播进行快速流行病学评估。
- 分子诊断技术：优点是可以快速证明病毒的存在。

血清学试验

- 血凝和血凝抑制实验：应用广泛，检测病毒的糖蛋白抗体（抵抗疫病保护水平的预报器）。
- 酶联免疫吸附试验（ELISA）：用全病毒作抗原，检测所有病毒蛋白的抗体。
- 商品化的ELISA试剂盒可用于疫苗接种后抗体水平检测。

预防和控制

没有治疗方法。

卫生预防

- 具有防鸟措施的禽舍、饲料和饮水供应。

- 正确的尸体无害化处理。
- 禽群中病虫害的防治，包括昆虫和老鼠。
- 避免与不明健康状况的鸟类接触，包括新引入的家禽、宠物鸟、野鸟或猛禽。
- 人员移动控制：工厂员工不要接触外界鸟类，并建议实行进入淋浴和专用工作服的政策。
- 交通工具移动控制，严格消毒运输工具和设备。
- 建议一个养殖场只有一个年龄段的禽群（全进全出），空笼期进行全面消毒。
- 疫情暴发期间：
  - 有效隔离和移动控制。
  - 扑杀所有感染了的和接触过病禽的禽类，21天后再重新购入家禽。
  - 禽舍彻底清洁和消毒。

医学预防

- 任何疫苗接种计划中最重要的需要考虑的因素包括疫苗的种类、接种疫苗禽类的免疫和疾病状况、雏鸡的母源抗体水平和当地条件下防范野毒攻击需要的保护水平。已有关于各种策略的介绍，应查阅OIE《陆生动物诊断试验和疫苗手册》。
- 接种活疫苗和/或油乳剂疫苗可以显著降低鸡群的损失，但不能阻止病毒的传播（复制和排毒）。
- 哨兵鸡可用于经疫苗接种鸡群的监测。
- 一般情况下，免疫原性越好的活疫苗毒力越强，因此更容易产生不良反应。

- 传统的活病毒疫苗有两类：
  - 低致病型疫苗（如Hitchner-B1，新城疫La Sota，V4，NDW，I2和F）。
  - 中发型疫苗（如Roakin株、Mukteswar株和Komarov株）。这些毒株引起的感染符合OIE关于ND的定义，因而有些国家只允许使用低致病型疫苗。
  - 大部分活病毒疫苗用鸡胚尿囊腔增殖，一些中发型毒株可以适应多种组织培养系统。
  - 活病毒疫苗可以通过饮水、喷雾、点眼或滴鼻；一些中发型疫苗可以通过翅蹼皮内（wing-web intradermal）接种免疫。
- 灭活疫苗
  - 往往比活疫苗更昂贵。
  - 制备工艺复杂并且需对禽只进行逐个注射。
  - 用甲醛或者β-丙内酯灭活的传染性尿囊液制备。
  - 掺入矿物油进行乳化，肌内或皮下注射；每只禽按标准剂量注射。
  - 优点是不散毒，无不良呼吸道反应。
  - 强毒和无毒毒株均可作为种子毒，从安全角度讲，无毒毒株似乎更合适。
  - 与活毒疫苗相比需要更大量的免疫原（免疫后无病毒增殖过程）。
  - 生产高效疫苗需要高产量的病毒；Ulster2C株适合此要求。
- 新型重组疫苗：禽痘病毒、牛痘病毒、鸽痘病毒、火鸡疱疹病毒和禽细胞表达的新城疫的HN基因、F基因、或者HN和F双基因的基因工程疫苗。

图1 新城疫：鸡。斜颈、腿无力和麻痹。[来源：IZSVe]

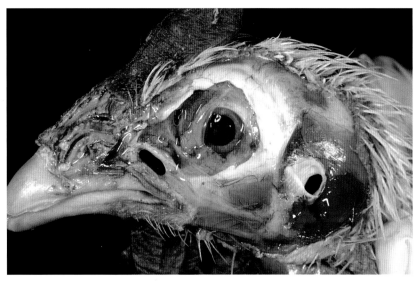

图3 新城疫：鸡。面部和眼眶周围水肿。[来源：PIADC/CU/CVM]

图2 新城疫：鸡。眼眶周围水肿和羽毛蓬乱。[来源：PIADC/CU/CVM]

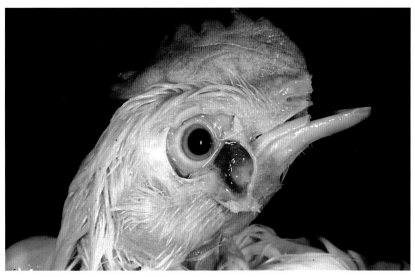

图4 新城疫：鸡。下眼睑出血和水肿。[来源：PIADC/CU/CVM]

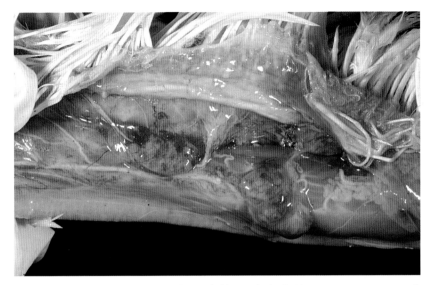

图5　新城疫：鸡，颈部。明显的皮下和气管周围水肿。[来源：PIADC/CU/CVM]

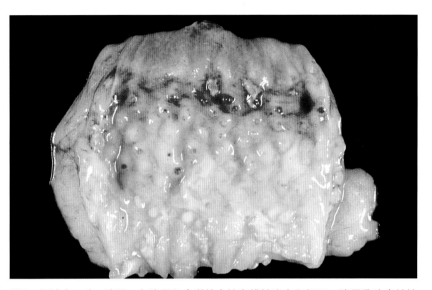

图7　新城疫：鸡，腺胃。在腺胃和食道结合处有线性出血和坏死。腺胃乳头多灶性出血。[来源：PIADC/CU/CVM]

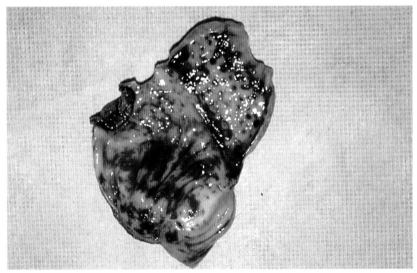

图6　新城疫：鸡，腺胃和肌胃。严重的急性多病灶性黏膜出血。[来源：IZSVe]

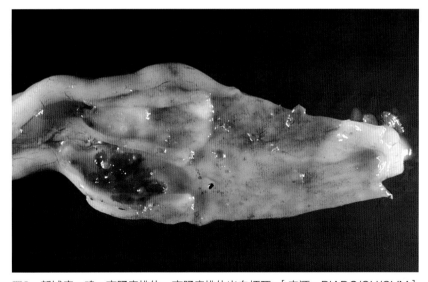

图8　新城疫：鸡，盲肠扁桃体。盲肠扁桃体出血坏死。[来源：PIADC/CU/CVM]

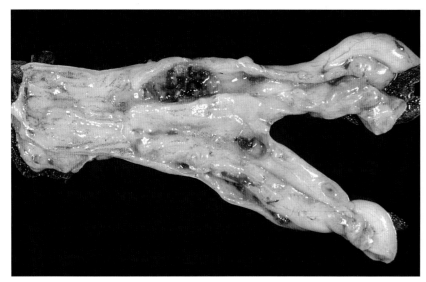

图9　新城疫：鸡，盲肠扁桃体。盲肠扁桃体出血坏死。[来源：PIADC/CU/CVM]

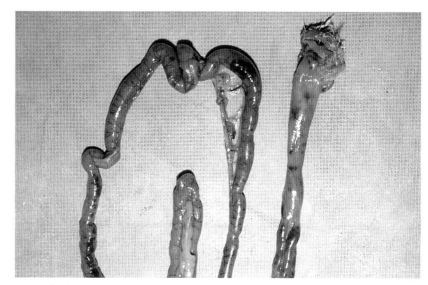

图11　新城疫：鸡，肠。肠道相关淋巴组织多灶性出血。[来源：IZSVe]

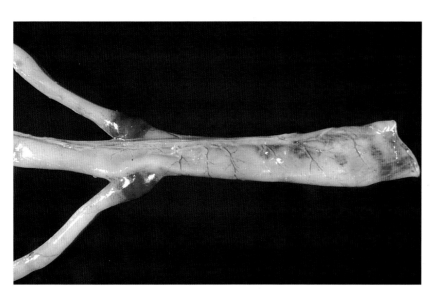

图10　新城疫：鸡，盲肠扁桃体。通过浆膜可见盲肠扁桃体出血。[来源：PIADC/CU/CVM]

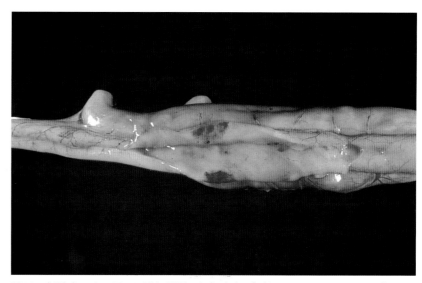

图12　新城疫：鸡，肠。肠道相关淋巴组织出血。[来源：PIADC/CU/CVM]

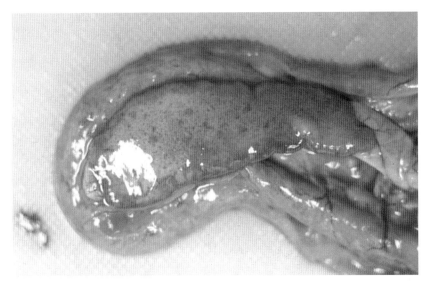

图13　新城疫：鸡。胰腺水肿。[来源：CVRL]

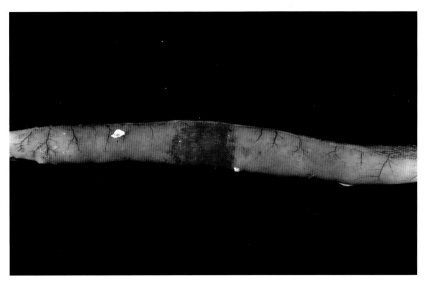

图15　新城疫：鸡，肠。肠的局灶性出血。[来源：PIADC/CU/CVM]

图14　新城疫：鸡，肺。明显的肺脏充血和水肿。[来源：PIADC/CU/CVM]

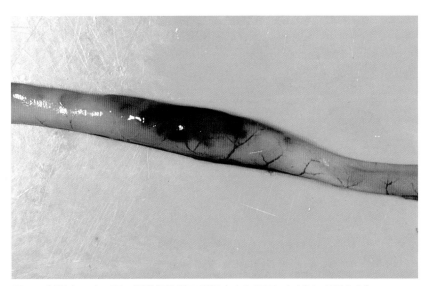

图16　新城疫：鸡，肠。肠道相关淋巴组织出血和坏死。[来源：PIADC]

十九、小反刍兽疫

病原学

病原分类

小反刍兽疫病毒（Peste des petits ruminant virus, PPRV）为副黏病毒科（*Paramyxoviridae*）麻疹病毒属（*Morbillivirus*）成员。通过核酸序列分析，PPRV分为四个系（1~4），抗原性与牛瘟病毒相似。

对理化作用的抵抗力

温度：

病毒半衰期为2小时，37℃（98.6℉）。病毒在50℃（122℉），60分钟的条件下失活。

pH：

pH在4.0~10.0范围内，病毒稳定；pH<4.0或pH>11.0，病毒失活。

化学药品/消毒剂：

有效的消毒剂包括酒精、乙醚及常用去污剂。病毒对大部分消毒剂敏感，如苯酚和氢氧化钠（2%，24小时）。

存活力：

在冷藏或冷冻的组织内存活时间长。

流行病学

在以小反刍动物为经济来源的地区，小反刍兽疫（peste des petits ruminant, PPR）是经济上最重要的动物疫病之一。无免疫力的动物与流行区动物接触可导致疫病暴发。除大规模迁徙的畜群外，该病也可发生于乡村和城市，不过这些区域的动物数量通常过少，以至病毒难以长期存活。

- 易感动物的发病率可高达90%~100%。
- 易感动物的死亡率有差异，但病情严重时可达50%~100%。
- 疫病流行区的发病率和致死率相对较低，成年动物较幼小动物的发病率和致死率要低。

宿主

- 山羊（占多数）和绵羊：山羊的品种与易感性有关。
- 野生宿主范围还不十分清楚，在猎获的野生有蹄哺乳动物中，下述动物有发生该病的记录：小鹿瞪羚（*Gazelle dorcas*）、汤氏瞪羚（*Gazella thomsoni*）、努比亚山羊（*Capra ibex nubiana*）、拉里斯顿绵羊（*Ovis gmelini laristanica*）及南非剑羚（*Oryx gazella*）。
- 试验证明，美国白尾鹿（*Odocoileus virginianus*）高度易感。
- 牛、猪感染后无临床症状，不传播该病。
- 骆驼偶尔也可能发病。

传播

- 主要通过气溶胶或相互靠近的动物间的直接接触传播。
- 污染物如垫草、饲料和水槽可以传播。
- 没有无病状的带毒动物（No carrier state）。
- 季节差异：雨季和干冷季易暴发，也与当地频繁的山羊贸易时节相关。

传染源

泪液、鼻腔分泌物、咳出物及潜伏期和患病期动物的所有分泌物和排泄物。

病的发生

科特迪瓦首次报道PPR，但该病分布于撒哈拉南部和赤道北部之间的大部分非洲国家，及绝大多数中东国家，甚至土耳其。PPR同样广泛流行于印度和亚洲西南部。最近，该病侵入中国西藏和摩洛哥，引起严重疫情。据报道该病在东非正向南蔓延。

诊断

潜伏期为4~6天，但也可能3~10天。《OIE陆生动物卫生法典》所描述的PPR的潜伏期为21天。

临床诊断

疾病的严重程度与多种因素有关，如PPRV谱系、动物的物种、品种和免疫状态。各种临床症状在文献中已有描述。感染动物的临床症状与牛的牛瘟相似，因全球已根除牛瘟，如何区分这两种疫病并不重要。

可根据临床表现对PPR进行初步诊断，但与其他症状相似的疫病的鉴别诊断必须进行实验室确诊。口唇部硬结痂和发病晚期肺炎这两种临床症状常见于PPR，而不见于牛瘟。患PPR而康复的绵羊和山羊可获得主动免疫力，已证实体内抗体可维持4年，也可能终生具有免疫力。

急性型

- 体温突然升高（40℃/104℉~41℃/106℉）而影响动物的全身状态，出现精神沉郁、焦躁、厌食、口鼻干燥和皮毛暗淡。高热可持续3~5天。
- 浆液性鼻腔分泌物变为黏液脓性，有时可见大量卡他性渗出液，进而干燥后堵塞鼻孔，呼吸困难。存活下来的动物，黏液脓性分泌物可能持续达14天。
- 开始发热4天后，齿龈出血、口腔出现坏死性病变，大量流涎。
- 坏死性口腔炎，常伴有口腔异味。
- 糜烂面可能消失或融合连片。
- 可视黏膜小面积坏死。
- 泪液增多或眼部出现分泌物，眼结膜充血，眼角分泌物硬结，有时出现恶性卡他性结膜炎。
- 感染后期常见严重的水样带血腹泻。

- 支气管肺炎，通常有咳嗽、啰音和腹式呼吸。

- 可能流产。

- 脱水、消瘦、呼吸困难、体温低，5~10天内动物死亡。

- 存活动物需要很长时间才能康复。

最急性型

- 常见于山羊，特别在无免疫状态下引入到PPRV的流行地区。

- 高温、沉郁、死亡。

- 更高的致死率。

亚急性型

- 由于地方性品种的易感性，某些地区较常见。常见于实验感染动物。

- 病程通常为10~15天。临床症状多种多样。感染后约在第6天，可见体温升高和浆液性鼻腔分泌物。

- 腹泻后高温有所缓解，严重腹泻可导致机体脱水、虚脱。

病变

- 除明显的口唇硬结痂和严重的间质性肺炎发生于PPR外，PPR与牛患牛瘟的病变非常相似。

- 舌前段、下唇内侧及与齿龈结合处出现糜烂性口炎，进而坏死。

- 在严重病例，硬腭、咽喉及食道上三分之一段出现病变。

- 瘤胃、网胃、瓣胃很少出现病变。

- 十二指肠上部及回肠末端有出血性小条纹，有时糜烂。

- 伴有大面积坏死的坏死性或出血性小肠炎，有时派伊尔氏淋巴结出现严重溃疡。

- 盲结肠结合处、直肠及回肠瓣充血，结肠尾部呈现"斑马条纹"状充血。

- 鼻黏膜、鼻甲、喉头和气管出现小范围糜烂及瘀血。

- 肺炎（多病灶及多叶状）；支气管肺炎是恒定病变。

- 可能伴有胸膜炎和胸腔积水。

- 脾脏充血肿大。

- 大部分淋巴结充血、肿大并水肿。

- 可能伴有糜烂性阴道炎。

鉴别诊断

- 牛瘟

- 羊传染性胸膜肺炎

- 蓝舌病

- 出血性败血症（也可能作为PPR的继发感染而出现）

- 传染性痘疮

- 口蹄疫

- 心水病

- 球虫病

- 矿物质中毒

实验室诊断

样品

- 口鼻及结膜分泌物棉拭子

- 用于病毒分离、PCR和血液学分析的样品：

- 采集全血并加EDTA；最好在疾病早期采集。

- 将血液和抗凝剂轻轻混匀。

- 用于血清学分析时，应在疾病暴发晚期采集凝血。

- 剖检时应无菌采集以下组织置于冰上，冷藏运输：

- 淋巴结（最好采自肠系膜和支气管）
- 脾脏
- 肺脏
- 用于组织病理学分析的全套组织应置于10%福尔马林中保存。

操作程序

应特别指出的是做任何实验都不能用活牛瘟病毒。

病原鉴定

● 琼脂凝胶免疫扩散法
- 简单、成本低，并能在任何实验室甚至野外条件下操作。
- 肠系膜及支气管淋巴结、脾脏和肺脏都可用于制作标准PPR病毒抗原。
- 该方法一天内出具检测报告，但敏感性差。由于温和型PPR的排毒量较低，该方法不具有检出温和型PPR的敏感性。
● 对流免疫电泳
- 最快速的病毒抗原检测方法。
- 用合适的电泳槽，以水平面方式进行。
- 成对孔之间出现1~3条沉淀线即可判为阳性。
- 阴性对照孔间不应有反应。
● 免疫捕获ELISA
- 利用三种N蛋白单克隆抗体，可区分PPRV和牛瘟病毒。
- 通过每个空白（PPR空白和牛瘟空白）计算阳性阈值，共计三次，取平均吸光值。
- 也可采用夹心ELISA。特异性和敏感性高。2小时内得到结果。
● 核酸检测法
- 已建立基于扩增N和F蛋白基因的特异性PPRRT-PCR检测法。
- 敏感性高，包括RNA抽提在内的所有操作5小时内完成。

- 现已报道建立了基于扩增M和N蛋白基因的多重RT-PCR检测法。
- 另一个基于N基因的RT-PCR检测法也有报道。
- 借助标记探针，采用ELISA检测扩增产物。
- 这种新型检测方法，即RT-PCR-ELISA，其敏感性是经典RT-8PCR的十倍。
- 现已建立检测PPRV核酸的实时RT-PCR方法。该方法可以检测所有四个系的病毒。
● 培养和分离方法
- 虽然已经建立了快速诊断方法，但依然应以组织培养方法分离病毒用作进一步研究。
- 用原代羊肾细胞或非洲绿猴肾（Vero）细胞培养物可以分离到PPRV。
- 将疑似样品（如棉拭子、血沉棕黄层或10%组织悬液）接种于单层细胞，每日观察是否有细胞病变效应。
● 其他病毒检测技术
- 免疫荧光（IF）或免疫化学方法：已成功应用结膜涂片和病死动物组织作IF检测。
- PPRV具有血凝活性。该特性已被应用至特异、快速、低成本的PPR诊断中。

血清学试验

● 病毒中和试验（国际贸易指定的检测法）
- 该方法的敏感性和特异性较理想，但耗时。
- 该方法需要滚瓶培养的原代羊肾细胞。若无原代细胞，可用Vero细胞代替。
- 用牛瘟病毒作交叉中和试验。如果PPR中和抗体滴度至少是牛瘟中和抗体滴度的两倍，被测血清判为PPR阳性。
- 也可用96孔细胞培养板进行试验。
● 竞争ELISA

- 基于N蛋白单克隆抗体及杆状病毒（baculovirus）表达的重组N蛋白。
- 现已报道了两种基于抗血凝素（H）单克隆抗体的竞争ELISA检测方法。

预防和控制

- 无特异性治疗方法
- 抗生素（土霉素）可以用来预防继发肺部感染。

卫生预防

- 流行性暴发状态：PPR首次在原先没有该病的地区或国家暴发。
- 快速诊断、人性化屠宰并处理病畜及与其接触的动物；尸体焚烧及深埋。
- 严格检疫，控制动物的移动。
- 利用上文提及的高或低pH脂溶性溶液和消毒剂对污染区进行清洁消毒处理，包括外围环境、器具及衣物。
- 谨慎使用疫苗；环围接种并（或）对高危动物群体进行免疫接种。

- 对野生及捕获的动物进行监控。
- 地方流行状态：PPR不断出现。
- 最常使用的控制方式是免疫接种。动物感染4年后还检测到了抗体。免疫力可能是终生的。
- 对野生及捕获的动物进行监控；特别避免与绵羊和山羊接触。可对野生动物品种进行免疫接种。
- 应屠宰可能感染或已经感染的动物，尸体应焚烧后深埋。

医学预防

- 可以得到一种同源PPR疫苗。OIE的国际委员会于1998年批准在一些国家使用这种疫苗。这些国家曾决定按OIE的要求，对PPR作血清学监视的同时也对牛瘟开展流行病学监视，以免混淆。疫苗提供强大免疫力。
- 现有一种商品化的减毒PPRV疫苗。
- 已有两篇关于建立以基因重组的羊痘为基础的PPR疫苗，用以保护动物免受羊痘和PPR的侵袭的初步结果的报道。

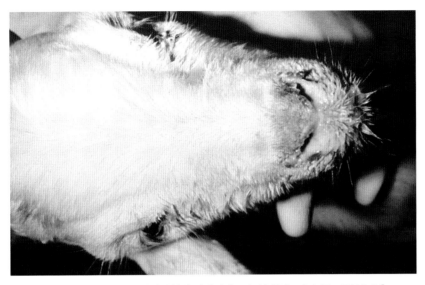

图1 小反刍兽疫：绵羊。黏液脓性鼻腔分泌物及泪液增多。[来源：PIADC]

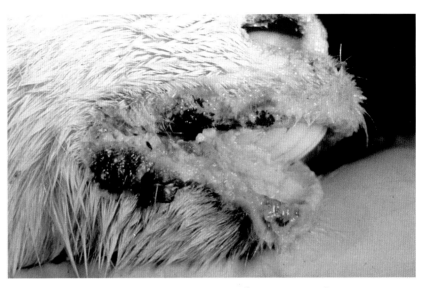

图3 小反刍兽疫：绵羊。多灶性糜烂性口腔炎。[来源：PIADC]

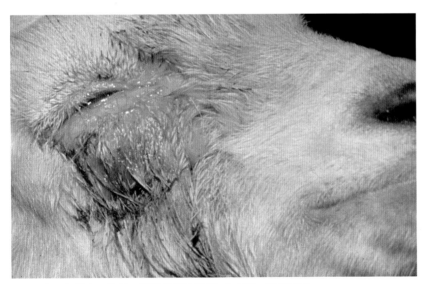

图2 小反刍兽疫：绵羊。明显的泪液增多。[来源：PIADC]

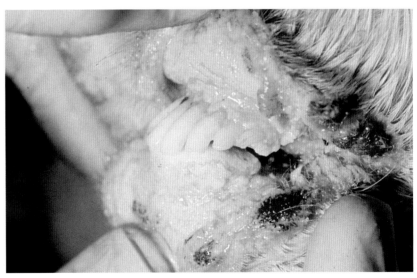

图4 小反刍兽疫：绵羊，口腔。多处粘连性糜烂及灰色坏死性黏膜上皮细胞从下层组织脱落。[来源：PIADC]

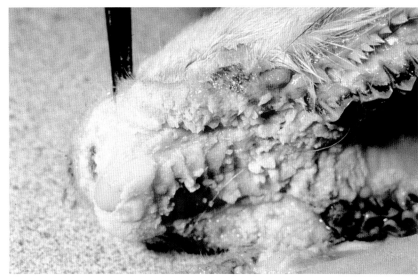

图5　小反刍兽疫：绵羊。具白色易脱落坏死性黏膜上皮细胞的多处粘连性糜烂。
［来源：PIADC］

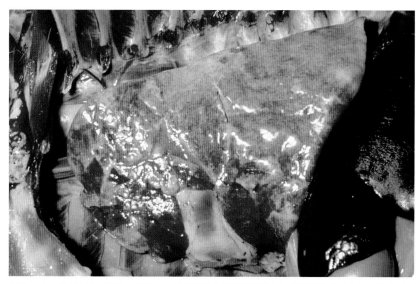

图7　小反刍兽疫：绵羊，肺脏。间质性肺炎和颅腹侧支气管肺炎。［来源：PIADC］

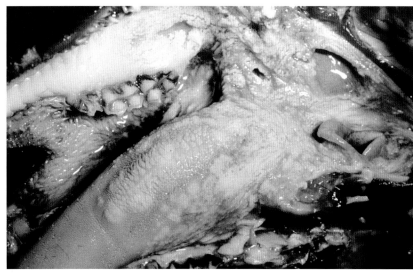

图6　小反刍兽疫：绵羊，口咽。严重的多灶性上皮细胞及淋巴坏死。［来源：
PIADC］

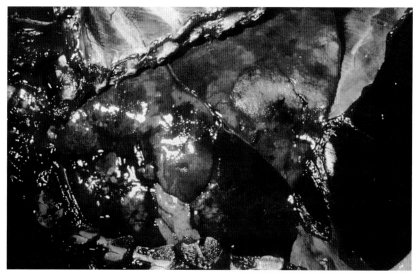

图8　小反刍兽疫：绵羊，肺脏。严重的支气管肺炎。［来源：PIADC］

二十、兔出血症

病原学

病原分类

兔出血症病毒（Rabbit hemorrhagic disease virus，RHDV）在分类上属于杯状病毒科（*Caliciviridae*）兔病毒属（*Lagovirus*）。兔出血症病毒于1984年被确定为兔急性、高度传染性和致死性疾病的病原。由于本病呈世界性分布，兔出血症病毒已被分化成多株。所有毒株都是强毒株且在遗传学上密切相关。该病毒只有一个血清型，分两个亚型：RHDV和抗原变体RHDVa。RHDVa于1996年在欧洲得以确定，但可能自1985年以来就已在中国存在。除了RHDV外，已在商业兔和野兔中确认多个非强毒杯状病毒（caliciviruses），它们在遗传上与RHDV有不同程度的相关性。在这些病毒中，那些遗传上与RHDV最接近的病毒（在数个欧洲家兔养殖场被确认）可产生高水平的交叉保护作用。最近，在澳大利亚野兔种群中发现一种新的非致病性杯状病毒，遗传学上与RHDV相关，但是当用RHDV给这些感染过非致病性杯状病毒的野兔攻毒时，它们仅表现非常有限的保护力。

20世纪80年代出现了一种与RHDV密切相关的杯状病毒并引起野兔（*Lepus europaeus*，也称欧兔）一种相似的疾病称为欧洲野兔综合症（European brown hare syndrome-EBHS）。尽管RHDV和EBHSV之间存在明显的亲缘关系且几乎在同一时期得以鉴定，但它们代表着两个毒种。它们在抗原上截然不同且具有非重叠的宿主范围。

对理化作用的抵抗力

温度：

在50℃/122℉加热可存活1小时；在冻融循环中可存活。

pH：

在pH4.5～10.5病毒活性稳定。pH3.0可存活，但pH＞12时失活。

化学药品／消毒剂：

用氢氧化钠（1%）或福尔马林（1%～2%）可将此病毒灭活。《OIE陆生动物卫生法典》建议用福尔马林（3%）消毒动物皮毛。用1.0%～1.4%甲醛和0.2%～0.5%β-丙内酯在4℃条件下灭活该病毒，但不降低其免疫原性，因此适用于疫苗生产。其他建议使用的消毒剂包括替代的酚类化合物（如One-stroke

EnvironR杀菌洗涤剂）和0.5%次氯酸钠。病毒的感染性不因乙醚或氯仿和胰蛋白酶而降低。

存活力：

RHDV和EBHSV对失活有很强的抵抗力，特别是受到有机物保护时抵抗力更强。病毒在冷藏或冷冻兔肉中以及在环境中腐烂的动物尸体内可持续存活数月。该病毒在组织内受到保护，在器官悬液中4℃/39℉条件下可存活超过7个月，在室温下干燥的布料上可至少存活3个月，在腐烂兔尸体中于22℃/72℉条件下可存活长达20天，在器官悬液中于60℃/140℉条件下和干燥状态下可至少存活2天。

流行病学

兔出血症（RHD）是家兔和野兔（均属于穴兔*Oryctolagus cuniculus*）的一种极具传染性和致死性的病毒病。该病对未接种疫苗的动物造成普遍的严重损失。在一些养殖场，大多数或全部兔可能死亡（致死率80%～90%）。该病还可造成一些野兔种群数量急剧下降，尤其是首次传入时更为严重。RHD传播迅速。

宿主

- 兔出血症感染穴兔即欧洲兔品种的家兔和野兔。
- 其他兔品种包括棉尾兔（拉丁文学名：*Sylvilagus floridanus*）、黑尾长耳大野兔（*Lepus californicus*）和火山兔（*Romerolagus diazi*）不易感。
- 欧洲野兔（*Lepus europaeus*）和其他野兔品种如雪兔（*Lepus timidus*）、科西嘉岛野兔（*Lepus corsicanus*）、格拉纳达野兔（*Lepus granatensis*）和草兔（*Lepus capensis*）也不受兔出血症病毒的感染，但是，它们会受到由一种不同的杯状病毒所引起疾病（欧洲野兔综合征–EBHS）的侵袭。

- 虽然所有年龄的兔均可感染，但小于40～50日龄的动物感染呈亚临床状态。
- 尚未见到病毒在其他哺乳动物复制的报道，其中包括兔的天敌，但可发生血清转阳。
- 将感染兔的组织悬液接种于28种除兔之外的不同脊椎动物均未发病，用反转录聚合酶链反应（RT-PCR）方法检测，均未检测到病毒复制。

传播

- 通过口腔、鼻腔或结膜途径与感染的动物直接接触。
- 暴露于感染动物的尸体或毛发。
- 通过污染物导致感染，污染物包括污染的食物、铺垫物和水。
- 通过口腔、鼻腔、皮下、肌内或静脉内引起试验性传播。
- 进口染病兔肉可能是兔出血症传播到一个新地区的主要途径之一。兔肉中含有高浓度的感染有病毒的血液。这些病毒在冷冻过程中存活良好。
- 机械传播：苍蝇和其他昆虫是高效的机械媒介，只需要少量的病毒粒子通过结膜途径就可感染一只兔子。
  - 野生动物可机械性传播病毒；在食肉动物或食腐动物（scavengers）上似乎并未发生病毒复制，这些动物（犬、狐狸等）在吃掉感染兔后可在粪便中排泄RHDV。
- RHD康复兔多长时间内可能仍具有传染性目前尚不清楚。
  - 低水平血清抗体足以保护兔免遭疾病侵害，但肠道感染还是可以发生并在粪便中排毒。
  - 高灵敏度PCR证实病毒RNA在康复兔或疫苗接种兔和感染兔体内长期存在（长达2个月）。
  - 这些病毒RNA是由实际和主动的持续感染的RHDV所致，还是由潜在性的RHDV感染所致仍有待证实。

传染源

- 肝脏中的病毒滴度最高，其次是脾脏和血清。
- 大多数或全部排泄物包括尿、粪便和呼吸道分泌物被认为含有病毒。
- 兔肉中所含病毒为高流量的血液供给所致。

病的发生

- 兔出血症于1984年在中国首次报道，1986—1988年在欧洲首次报道。
- 兔出血症在40多个国家报道过，波及各大洲。至今仍在世界的大部分地区流行。可以肯定，本病在欧洲的商业兔和野兔中流行，在澳大利亚和新西兰的野兔种群中流行。
- 本病在沙特阿拉伯、西非和北非有暴发的记载。
- 据记载，在2000年和2001年，美国有过3次相互独立的暴发。
- 于2004年年底和2005年兔出血症在乌拉圭报道过，2008再次在美国出现。

诊断

潜伏期为1~3天，死亡通常发生在发热开始后的12~36小时内。《OIE陆生动物卫生法典》描述的兔出血症的感染期定为60天。

- 在未接种疫苗的养兔场，兔在经过短时间的嗜睡、发热之后突然死亡多例，剖检时可见典型的肝坏死和出血，据此可做出初步诊断。
- 当兔舍中只有很少兔且相对隔离，比如用于研究的兔群，或在养兔场有部分动物接种过疫苗，这种情况下做出现场诊断更加困难。
- 可见临床表现主要是急性感染的症状（神经和呼吸道症状、冷漠和厌食）。
- 肉眼和显微镜下都可观察到清晰和特异的病变；原发性肝坏死以及所有的器官和组织都出现严重的块状弥散性血管内凝血。

临床诊断

- 本病的临床进展可分为最急性、急性、亚急性或慢性。
- 常见临床表现主要是急性感染的症状，因为该病的最急性型通常无临床发症状，亚急性型与急型症相似，但症状轻微一些。
- 临床症状包括：发热（>40℃/104℉），常伴有食欲不振、冷漠、迟钝、极度衰弱和神经症状（包括抽搐、共济失调、麻痹、角弓反张、蹒跚）；呻吟和叫喊；呼吸道症状（包括呼吸困难、口吐泡沫和鼻涕带血）；黏膜紫绀。
- 在疾病暴发期间，少数兔（5%~10%）可表现慢性或亚临床症状；以严重的全身黄疸（耳、眼结膜及皮下组织变色）为特征，体重减轻和嗜睡。
- 这些动物可能是由于肝功能异常，通常于1周或2周后死亡。
- 发病率和死亡率因种群的不同而有差异。
- 在欧洲，兔出血症导致野兔种群数量急剧下降（西班牙、葡萄牙和法国）。
- 在英国和其他一些北欧国家，野兔感染不太严重。
- 这种差异很可能与无毒力类RHDV毒株（no-virulent RHDV-like strains）在野兔种群中的传播和存在有关，类RHDV毒株可产生交叉保护作用。
- 发病率为30%~100%，而死亡率为40%~100%，从未感染过本病的成年兔的发病率和死亡率最高。
- 小于8周龄的幼兔发病或死亡的可能性小些；4周龄以及更小的幼兔不受影响。
- 对仔幼兔所具有的与年龄有关的抵抗力目前仍然知之甚少。
- 幸存兔可产生免疫力，并对相关RHDV毒株具有抵抗力。
- 疫情在野兔种群中暴发可以是季节性的；有些种群的发病与繁殖季节有关。

病变

- 在最急性兔出血症病例中，由于该病的病程进展迅速，动物死后通常没有可以观察到的病变。

- 兔出血症最严重的病变出现在肝，气管和肺部，几乎在所有器官均能观察到出血瘀点，并伴有较差的凝血功能。
- 肝坏死和脾肿大是原发病变。
  - 肝出现黄棕色，易碎并变性，上面有明显的小叶图案（lobular pattern）。
  - 脾充血、增大，边缘圆润。
- 气管黏膜充血，含有大量的泡沫；肺水肿并充血。
- 由于弥散性血管内凝血（DIC），在血管内可观察到血凝块。
  - 如此严重的凝血紊乱通常是造成多器官出血和突然死亡的原因。
- 在一些病例中，肉眼可见的病变呈多样性，有时可能难以辨别；这种情况可包括循环和退化性失调。

鉴别诊断

- 败血性巴氏杆菌病
- 非典型多发性黏液瘤病
- 中毒
- 中暑衰竭
- 严重败血症伴有继发性弥漫性血管内凝血的其他病因

实验室诊断

样品

在急性或特急性病例中，肝含有的病毒滴度最高（从$10^{-3}LD_{50}$（50%致死量）至$10^{-6.5}LD_{50}$）。肝是对RHDV和EBHSV两者进行病毒鉴定的首选器官。血清和脾也可能含有高浓度的病毒。对于慢性或亚急性病的患兔，兔出血症病毒在脾比肝可能更容易找到。用RT-PCR可在多种器官、尿、粪便或血清中检测到病毒RNA。应采集血清用于血清学试验。

- 新鲜肝、脾和血液。

- 用福尔马林固定的肝、脾、肺、肾和其他器官。

病原鉴定

- 血凝（Hemagglutination，HA）试验
  - 用于兔出血症常规实验室诊断的最早试验，但其敏感性和特异性低于其他试验，而且需要人的O型红细胞。
  - 现由病毒检测ELISA方法替代。
  - 10%肝或脾的组织匀浆用于血凝试验。
  - 慢性兔出血症病例可能给出假阴性结果。
- 电镜（EM）：负染色EM、免疫EM和免疫胶体金EM
  - 用于诊断目的和当其他方法给出可疑结果时；最好的电镜方法是免疫电镜方法。
  - 使病毒颗粒团块形成聚合体，以便可由电镜迅速和轻易地做出鉴定。
- 病毒检测酶联免疫吸附试验（ELISA）
  - 使用10%肝脏匀浆。
  - 基于单克隆抗体的ELISA方法是在OIE的RHD参考实验室建立起来的，用于为RHDV分离株确定亚型。
- 免疫染色（Immunostaining）
  - 将组织在10%福尔马林缓冲液中固定，然后包埋在石蜡中。可用卵白素–生物素复合物（ABC）–过氧化物酶法进行免疫染色。此法使肝脏的门静脉区域、肺的巨噬细胞、脾脏和淋巴结、肾脏的肾小球膜细胞浓染。
  - 将肝脏、脾脏和肾脏的冷冻组织切片固定在甲醇中，可直接进行特异荧光免疫染色。
- 免疫印迹（Western blotting）：用于HA或ELISA无确定结果时。
- 反转录聚合酶链反应（RT-PCR）试验

- 由于该试验的高度敏感性和兔出血症病毒分离株的序列变异程度低，RT-PCR是理想的诊断兔出血症的快速方法。
- 对器官样本（肝脏最佳）、尿液、粪便和血清作检测。
- 类似的RT-PCR方法已被用于鉴定非致病性兔杯状病毒（RCV）和EBHSV。
- 该方法不是绝对必需的常规诊断，但是它更敏感（比ELISA敏感104倍），比其他试验更方便和快速。
- 鉴于其高度敏感和兔杯状病毒复杂的流行病学情形，对PCR检测结果要谨慎解释。
- 原位杂交（In-situ hybridization）
- 该方法高度敏感，在感染后6～8小时即可检测出RHDV。
- 主要用于研究。
- 该病毒从未在细胞培养中生长，接种兔仍然是病毒分离、增殖和滴定RHDV感染力的唯一方法。
- 该方法不是兔出血症常规诊断的切实可行方法，但对那些检测结果模棱两可的样本进行检测非常有用（如HA阴性/ELISA阳性），还可用于帮助那些不知道兔出血症是否存在的国家做出初步诊断。

血清学试验

血凝抑制试验或间接ELISA或竞争ELISA可用于对自然感染或免疫接种所产生的特异性抗体进行鉴定和滴度测定。试验性接种4～6天后可检测到抗体。体液免疫应答在保护动物免受RHD侵袭中发挥重要作用。

至少有三种基本方法可应用于RHDV的血清学诊断：

- 血凝抑制（HI）
- 间接ELISA（I-ELISA）
- 竞争ELISA（C-ELISA）

每一种所列方法都有其优点和缺点。就试剂的可得到性和技术复杂性而言，HI是最方便的方法，其次分别是I-ELISA和C-ELISA方法。但是，这

两种ELISA方法比HI更快速和更易于操作，特别是当大量样品需要检测时。C-ELISA的特异性明显高于其他两种方法。间接ELISA（将RHDV直接吸附到固相平板上）是首选用来检测由非致病性杯状病毒和EBHSV产生的交叉反应抗体。

一种同型（isotype）特异性ELISA（检测IgM，IgA和IgG）一直有效地应用于商业兔和野生种群的流行病学研究。

预防和控制

卫生预防

- 在未受本病感染的国家，防止传入是最佳的控制措施。应限制从疫区进口兔、兔肉和安哥拉兔毛。
- 在疫情暴发时，需严格检疫。
- 如果野兔（即棉尾兔属和火山兔属）不易感，通过扑灭进行控制是可能的。
- 兔出血症病毒极具传染性，它可通过污染物、昆虫、鸟类和食腐哺乳动物传播。因此，可通过扑杀、消毒，监测和检疫来根除疾病。
- 将哨兵兔放入经消毒处理过的兔舍，可用来监测残存的病毒。
- 在那些兔出血症病毒在野兔中传播的地区，根除本病是不可能的。补救的办法是通过生物安全措施在家兔中控制本病。这些措施包括卫生和消毒、维持群体封闭和疫苗接种。
- 如果养兔场尚未有兔出血症的报告，接种疫苗可仅限于种兔。但是如果暴发了疫情，所有兔只都应接种疫苗。
- 即使有严格的卫生和其他控制措施，由于病毒可能在环境中持续存在，再感染的可能性较高。

医学预防

- 自然感染后的免疫力是牢固的，但由于病毒在环境中有较强的耐受性和疾病在兔群中呈流行性，康复动物很可能反复地暴露于病毒，使免疫力增强。

- 在控制措施得力的流行地区，可使用疫苗接种，疫苗为灭活肝混悬液上清并加佐剂组成。灭活疫苗开始接种两次，时间间隔2周，以后每年1次。

- 接种过疫苗的动物即可迅速产生较高的全身免疫力，但黏膜免疫力低（无IgA产生）。因此，动物可受到充分保护而不发病，但不能抵御发生在肠道的原发感染。

- 建议只给种兔接种疫苗。如果养兔场没有发病，没有必要给肉兔接种疫苗。在一些国家有商品化疫苗出售。

- 目前正在开发注射和口服用的重组疫苗，但尚未注册和商品化。

图1 兔出血症：兔。疾病晚期出现的出血性鼻分泌物。[来源：PIADC]

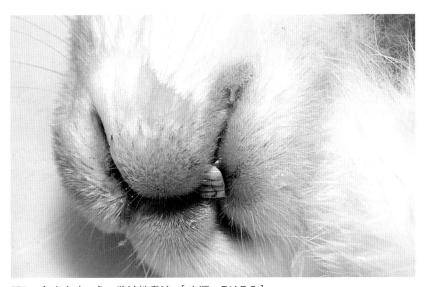

图2 兔出血症：兔。浆液性鼻液。[来源：PIADC]

图3 兔出血症：兔。晚期血清血液性鼻液。[来源：FLI]

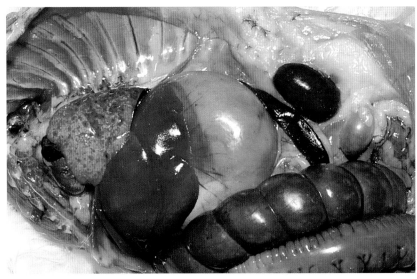

图4 兔出血症：兔，内脏。多处肺部出血；肝脏是苍白花斑状；轻度脾肿大。[来源：PIADC]

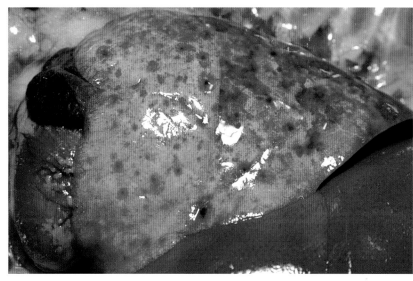

图6 兔出血症：兔，肺。多灶性点状出血、充血和水肿。[来源：PIADC]

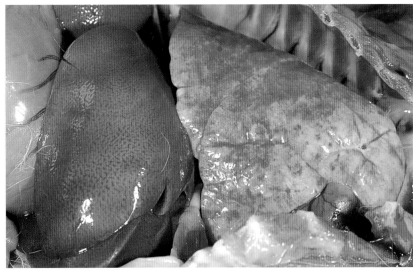

图5 兔出血症：兔，内脏。肝脏具有弥散性网状结构，且坏死苍白；肺充血并出血。[来源：PIADC]

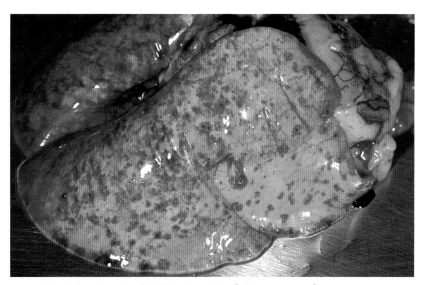

图7 兔出血症：兔，肺。多灶性出血和水肿。[来源：PIADC]

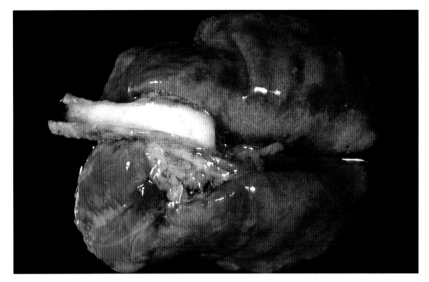

图8　兔出血症：兔，肺。多灶性出血、充血，肺水肿并伴有气管泡沫。[来源：FLI]

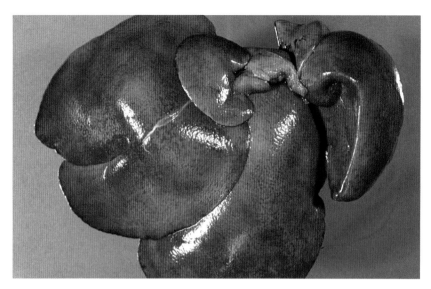

图10　兔出血症：兔，肝。由于肝脏严重坏死引起弥散性苍白。[来源：FLI]

图9　兔出血症：兔，肝。左边的肝脏颜色苍白并有弥散性坏死，右边肝脏为正常暗褐色。[来源：PIADC]

图11　兔出血症：兔，肝。多灶性坏死，矿化和出血。[来源：FLI]

Original: English Version

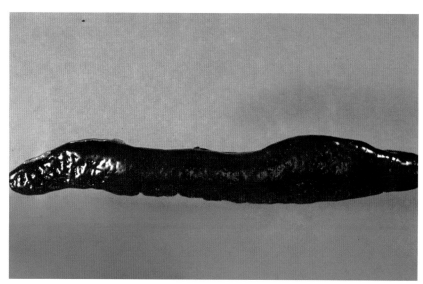

图12　兔出血症：兔，脾。脾肿大。[来源：FLI]

图13　兔出血症：兔，膀胱。多灶性出血。[来源：FLI]

二十一、裂谷热

病原学

病原分类

裂谷热（Rift Valley fever,RVF）病毒是一种负链、单股RNA病毒，属于布尼亚病毒科（*Bunyaviridae*）白蛉病毒属（*Phlebovirus*）。目前只有一个血清型，但毒株间毒力有差异。

对理化作用的抵抗力

温度：

血清中的病毒经4℃/39.2℉数月或56℃/132.8℉120分钟，仍能恢复活性。

pH：

病毒具有耐碱性，但pH<6.8的环境可使病毒失活。

化学药品 / 消毒剂：

脂溶剂（如乙醚、氯仿、脱氧胆酸钠）、低浓度福尔马林、及高浓度次氯酸钠或次氯酸钙（余氯应高于5 000毫克/升）皆能使病毒失活。

存活力：

病毒在冻干条件下及在23℃/73.4℉，50%～85%湿度的气溶胶环境中存活。在疫病流行间歇期，病毒可在某些节肢动物媒介的卵中存活。病毒能在0.5%苯酚中于4℃/39.2℉存活6个月。

流行病学

RVF是绵羊、牛和山羊的媒介传染病，不同动物品种的易感性差别大。该病通常在大雨和持续性洪水之后，在一个国家较大区域内呈流行性趋势，主要以绵羊、山羊和牛的高流产率及新生动物高死亡率为特点。

宿主

- 牛、绵羊、山羊、单峰骆驼及某些啮齿动物。
- 野生反刍动物、水牛、羚羊及牛羚等。
- 人类易感（重要的人兽共患病）。
- 非洲猴和家养的食肉动物可表现为短期病毒血症。

传播

- RVF病毒通常在流行地区的野生反刍动物和吸血蚊之间循环。本病在野生反刍动物中症状通常不明显。
- 某些伊蚊品种在疫病的流行间歇期作为RVF病毒的储存库，干旱地区降水量增多导致蚊卵爆炸性孵化。其中很多携带RVF病毒。
- 5～25年的降水周期导致无RVF免疫力的动物群体的出现，伴随病毒的引入，该病会呈爆炸性暴发趋势。
  - 卫星图片已用于证实历史上降水对RVF暴发的重要性，并预测未来暴发的高危区域。
- 具有感染性的伊蚊偏向叮咬家养反刍动物，后者对该病起放大作用。
  - 蚊媒范围广泛（伊蚊、按蚊、库蚊、埃雷特玛波狄兹蚊和曼蚊等），加之参与流行的病毒增多，导致疫病蔓延。
  - 媒介昆虫同样具有外在性潜伏期（extrinsic incubation）。
- 丛林循环和流行间歇期的病毒维持也在某些地域发生。
- 直接污染：发生在人处理感染动物和肉品的过程中。
- 通过不同媒介昆虫的机械传播已在实验室的研究中得以证实。

传染源

- 对于动物：野生动物及媒介昆虫。
- 对于人：鼻腔分泌物、血液、动物流产后的阴道分泌物、蚊虫及被感染的肉品；也可能通过气溶胶及食用生奶传播。

病的发生

RVF在非洲东部和南部热带区域人群中呈地方性流行。本病在非洲流行国家的兽疫流行性暴发与前文提及的平均降水量及气候条件利于媒介昆虫的生长相关。重大RVF暴发事件已在埃及（1977—1978年、1993年）、毛里塔尼亚

（1987年）、马达加斯加（1990—1991年）、肯尼亚（1997年）和索马里（1997年）有记录。RVF于2000年在沙特阿拉伯和也门的暴发是该病首次在非洲大陆以外出现。该病在阿拉伯半岛还未定植，但已发现血清阳性动物。2002—2004年，在塞内加尔、毛里塔尼亚、冈比亚、马达加斯加和斯威士兰的不同地方皆有RVF流行的记录。马达加斯加和斯威士兰最近一次RVF暴发的报道是在2008年，随后南非也有报道。

诊断

该病潜伏期为1～6天，羔羊为12～36小时。《OIE陆生动物卫生法典》描述的RVF的传染期为30天。

临床诊断

临床疾病的严重性依据动物种类不同而有差别：绵羊羔、山羊羔、幼犬、幼猫、小鼠和仓鼠"极度易感"，致死率可达70%～100%；绵羊和小牛"高度易感"，致死率达20%～70%；牛、山羊、非洲水牛、家养水牛、亚洲猴和人"中度易感"，致死率小于10%；骆驼、马、猪、犬、猫、非洲猴、狒狒、兔和豚鼠则有"抵抗性"，感染后症状不明显。鸟、爬行动物和两栖动物不感染RVF。该病的临床表现特异性不高。然而，大量流产、幼畜死亡率增大及人流感样症状则是本病的象征。

牛

- 小牛
  - 高热（40℃/104℉～41℃/106℉）
  - 厌食
  - 体虚并沉郁
  - 血样或恶臭腹泻

- 比羔绵羊更多的黄疸
- 成年牛（中度易感）
  - 通常为不明显感染，但也有一些急性疾病
  - 发热持续24～96小时
  - 外表干燥及污秽
  - 泪液及鼻腔分泌物增多、过度流涎
  - 厌食
  - 体虚
  - 血样或恶臭腹泻
  - 产奶量下降
  - 牛群的流产率可达85%

绵羊

- 新生羊或2周龄以下羔羊（极度易感）
  - 双相热（40℃/104℉～42℃/108℉）；死亡前高热有所缓解
  - 厌食，某种程度上是由于厌于移动
  - 体虚、萎靡
  - 腹痛
  - 死亡前表现出快速腹式呼吸
  - 24～36小时内死亡
- 2周龄以上羔羊（高度易感）及成年羊
- 特急性疾病：无可见性症状的突然死亡
  - 成年羊更多呈现急性疾病
  - 高热（41℃/105.8℉～42℃/108℉）持续24～96小时
  - 厌食
  - 体虚、萎靡、沉郁

- 呼吸频率增加
- 呕吐
- 血样或恶臭腹泻
- 黏脓样鼻腔分泌物
- 少数动物可能有明显的黄疸。
- 怀孕母羊呈"流产风暴"，流产率可达100%

山羊

- 类似于成年绵羊（见上文）。

人

- 流感样症状：高热（38℃/100℉～40℃/107℉）、头痛、肌肉痛、体虚、恶心、上腹部不适、畏光。
- 4～7日内恢复健康。
- 并发症：视网膜病、失明、脑膜脑炎、黄疸出血性综合征、出血点及死亡。

病变

- 病灶性或整体性肝坏死（直径约1毫米白色坏死性病灶）。
- 肝充血、肿大、变色，并伴有囊下出血。
- 流产胎的肝呈棕黄色。
- 广泛性皮肤出血，侧壁及内脏浆膜呈现由点状至斑状的出血现象。
- 淋巴结肥大、水肿、出血并坏死。
- 肾充血和皮层出血，胆囊由多病灶点状出血恶化成弥散性出血。
- 明显肠系膜和浆膜炎症，消化道水肿；多病灶出血性肠炎。
- 黄疸（除了小牛，在其他动物发生率较低）。

鉴别诊断

- 蓝舌病
- 韦塞尔斯布朗病
- 绵羊肠毒血病
- 暂时高热
- 布鲁氏菌病
- 弧菌病
- 旋毛虫病
- 内罗毕绵羊病
- 心水病
- 绵羊地方性流产
- 毒性植物中毒
- 细菌性败血病
- 牛瘟和小反刍兽疫
- 炭疽

实验室诊断

样品

- 添加肝素的或已有凝块的血样。
- 血浆或血清。
- 病死动物或流产胎的肝、脾、肾、淋巴结、心脏血和脑组织样品。
- 样品应保存于10%福尔马林或甘油盐水中，于4℃/39℉运输。
- 在野外，用于组织学分析的肝脏或其他组织可保存于福尔马林生理盐水中。这样做不但样品可用于诊断也助于在远离实验室的地区对样品的处理和运输。

操作程序

病原鉴定

- 培养：利用仓鼠、乳鼠或成年小鼠，也可通过各种细胞系对病毒进行初次分离。
- 也可对肝、脾和脑的印压片作免疫荧光染色以检测病毒。
- 琼脂胶免疫扩散法：用于没有组织培养设备的实验室。
- 聚合酶链式反应
- 用于快速诊断。
- 用于抗原检测和检测在蚊虫混合样品中的RVF病毒。
- RT-PCR反应后对S蛋白（非结构蛋白）编码区进行测序，用于进化分析。
- 组织病理学：对感染动物的肝脏进行分析以揭示细胞病理学特征，而免疫染色可对感染细胞内RVF病毒抗原进行特异性检测。

血清学试验

- 病毒中和试验（国际贸易指定的检测法）：微量中和试验、蚀斑减少中和试验及小鼠体内中和试验。
- 不能区分自然感染产生的抗体和动物经接种RVF疫苗后产生的抗体；用于检测不同种动物血清中的RVF病毒抗体。
- 特异性较高，能检测到动物最早的抗体应答。
- 此类试验必须使用活病毒；因此不推荐在非疫区使用。如果实验室无良好生物安全设备或实验人员未进行免疫接种，同样不推荐使用该方法。
- ELISA检测法
- 可采用灭活抗原进行操作，因此可在无RVF疫情的国家使用。
- 在RVF病毒和其他白蛉病毒之间可能出现交叉反应。

- 最近，重组N蛋白已作为抗原取代了灭活的全病毒或小鼠肝脏抗原。
- 有商品化试剂盒。
- OIE《陆生动物诊断试验和疫苗手册》已对间接EILSA检测法进行了描述。该方法以N蛋白重组抗原包被ELISA板，以过氧化物酶标记的G蛋白作为二抗。
- 利用IgM捕获ELISA检测新近感染。
- 血凝抑制试验
- 可采用灭活抗原进行操作，因此可在无RVF疫情的国家使用。
- 在非疫区使用可靠性较高。
- 注意：感染其他白蛉病毒的动物血清可能呈现阳性结果。

预防和控制

该病无特异性治疗方法。

卫生预防

- 控制动物的活动（以防疫病蔓延）。
- 对屠宰场严加控制（以防接触病源）。
- 排除静水以消灭或减少媒介昆虫。
- 蚊虫易在低洼积水区（非洲称其为"小块涝原草地"）繁殖，因此应对这样的地点进行灭蚊处理。
- 喷洒甲氧普林（methoprene）或采用控性焚烧。
- 在大规模暴发期间，卫生预防和媒介控制可能效果有限。

医学预防

- 弱毒疫苗（Smithburn株）
- 单次接种可使免疫效果维持3年。
- 对怀孕母羊具有残余致病性（流产）。
- 对人致病。
- 灭活疫苗
- 需接种2次，每年复免1次。
- 弱毒突变活苗：MVP12疫苗
- 对怀孕或泌乳牛安全有效；对羔羊不具有致病性。
- 经疫苗接种母羊的初乳具有短暂的免疫保护作用。

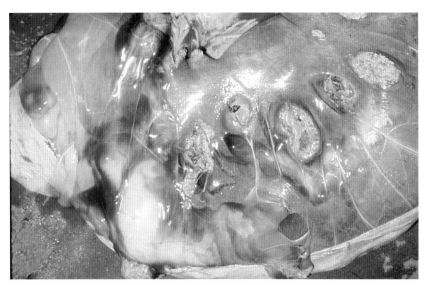

图1 裂谷热：母牛，流产胎及胎盘。水肿并出血（羊水过多）。[来源：PIADC]

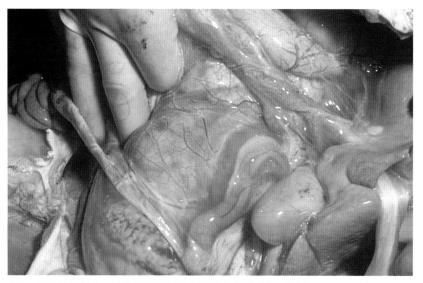

图3 裂谷热：母牛，小肠可见明显的肠系膜和浆膜水肿。[来源：PIADC]

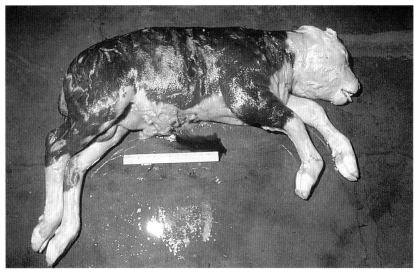

图2 裂谷热：母牛。伴有胎便染色的流产气肿胎儿。[来源：PIADC]

图4 裂谷热：新生绵羊。肠出血。[来源：OVI/ARC]

Original: English Version

二十一、裂谷热 **189**

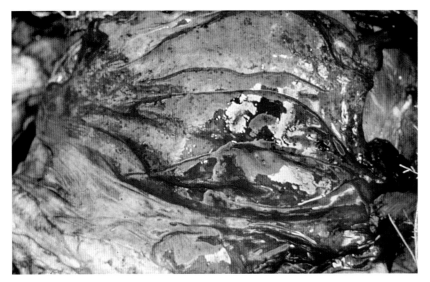

图5 裂谷热：绵羊，皱胃。多病灶出血及弥散性黏膜水肿。[来源：OVI/ARC]

图7 裂谷热：绵羊，胆囊。严重弥散性出血并带凝血块。[来源：OVI/ARC]

图6 裂谷热：绵羊，胆囊。多病灶黏膜点状出血；肝脏弥散性桥接坏死（bridging necrosis）及充血。[来源：OVI/ARC]

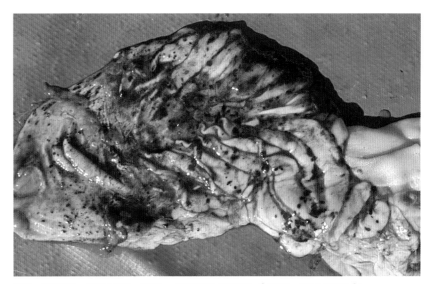

图8 裂谷热：新生绵羊，皱胃。多病灶黏膜出血。[来源：OVI/ARC]

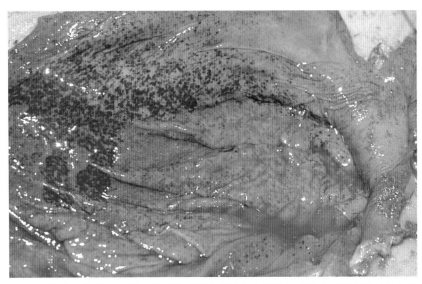

图9 裂谷热：绵羊，皱胃。局部大范围点状出血和黏膜的弥散性水肿和多灶性白色坏死区。[来源：OVI/ARC]

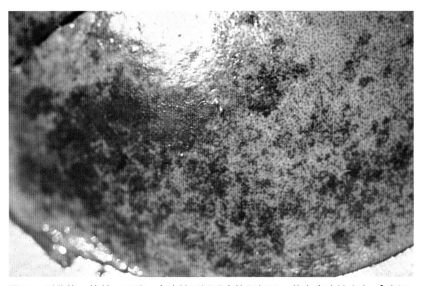

图11 裂谷热：绵羊，肝脏。多病灶至近乎大块肝坏死，伴有多病灶出血。[来源：OVI/ARC]

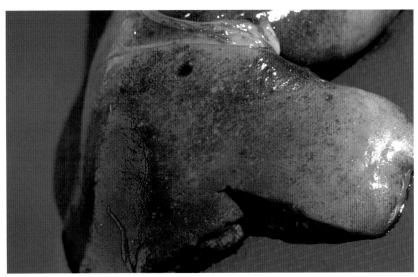

图10 裂谷热：新生绵羊，肝脏。伴有局部大范围出血的弥散性白色坏死。[来源：OVI/ARC]

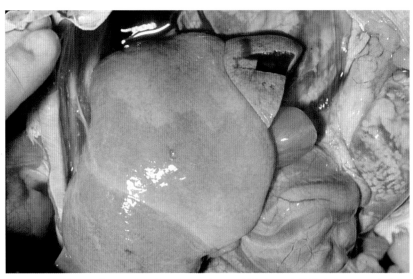

图12 裂谷热：母牛，肝脏。由于大面积坏死，软组织呈弥散性白色。可见相邻肠系膜出现严重水肿。[来源：PIADC]

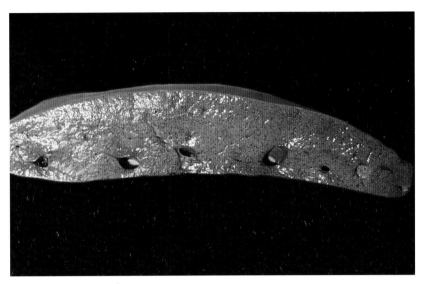

图13 裂谷热：母牛，肝脏。大面积坏死。[来源：PIADC]

图14 裂谷热：绵羊，脏脏切面。大量融合在一起的非正常形状的灰褐色坏死区，周围的肝实质充血、出血。[来源：OVI/ARC]

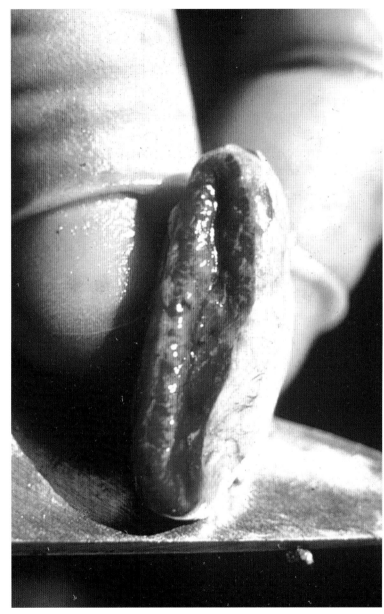

图15 裂谷热：绵羊，淋巴结。弥散性出血。[来源：OVI/ARC]

二十二、牛瘟

病原学

病原分类

牛瘟（Rinderpest, RP）是由一种负链RNA病毒感染所致。该病毒为副黏病毒科（*Paramyxoviridae*）麻疹病毒属（*Morbillivirus*）成员。现已在亚洲和非洲发现导致该病的三个不同基因系（1～3）的牛瘟病毒（RPV）。

对理化作用的抵抗力

温度：

少量病毒对56℃/133˚F，60分钟或60℃/140˚F，30分钟具抵抗力。

pH：

在pH4.0～10.0范围内，病毒稳定。

化学药品/消毒剂：

病毒对脂溶剂及大多数消毒剂敏感（如以1升/米²的剂量，用2%的苯酚、甲酚、β-丙内酯或氢氧化钠消毒24小时）。

存活力：

因RPV对光照、干燥及紫外线辐射敏感而在环境中快速失活，但在冷藏或冷冻的组织内能存活较长时间。

流行病学

在非免疫牛群中，牛瘟作为一种传染病，可导致高发病率和死亡率（可达100%）。在经典的病例中，高传染性的强毒RPV毒株占主要地位。在流行区域，较低毒力RPV毒株已经出现，幸存宿主群体已经适应此种病毒。该病主要侵袭母源免疫力逐渐减弱的幼小动物。家养牛对RPV的维持起到重要作用。虽然病毒在野外存活有限，非洲水牛对病毒维持似乎起核心作用。目前，虽然由于非洲水牛的数量过少，在家养牛未有感染的情况下难以维持病毒的存在。但是它们仍是家养牛感染的指示器。

宿主

- 宿主范围：偶蹄类动物

- 病毒对家养牛、水牛（*Bubalus bubalis*）及牦牛（*Bos grunniens*）具有高致病性。欧洲牛（*Bos primigenius taurus*）比瘤牛（*Bos primigenius indicus*）更易感染。

- 高度易感野生动物：如非洲水牛（*Syncerus caffer*）、长颈鹿（*Giraffa camelopardalis*）、非洲旋角大羚羊（*Taurotragus ory*）、条纹羚（*Tragelaphus strepsiceros* and *T. imberbis*）、角马（*Conno chaetes* sp.）及各种羚羊。

- 绵羊和山羊易感染，但流行病学意义不大。

- 亚洲猪可能比非洲猪和欧洲猪更易感染。

- 野猪：薮猪（*Potamochoerus porcus*）及疣猪（*Phacochoerus africanus*）

- 犬采食了具有传染性的肉，体内的血清能够转阳，且对犬瘟热病毒具有抗性。

- 骆驼极少感染牛瘟，尤其在在疫区是这样。终宿主不会传播病毒。

传播

- 病毒在已感染及易感动物之间通过直接或密切的间接接触而传播。

- 空气传播有限，仅可发生于特殊情况下。

- RPV对直接的太阳光照敏感，因此通过污染物不是有效的传播方式。

- 无垂直传播证据。

- 病毒通常由已感染动物带入无疫区。

传染源

- 在动物体温升高前1~2天，病毒伴随泪液、鼻腔分泌物、唾液、尿液及粪便等排至体外。

- 在临床症状出现之前，血液及所有组织具有传染性。

- 在临床疾病期间，发病动物呼出的气体、眼鼻分泌物、唾液、粪便、精液、阴道分泌液、尿液及乳汁中含有大量RPV。

- 通过上、下呼吸道的上皮细胞而感染。

- 无隐性感染状态。

病的发生

FAO于1992年启动了全球牛瘟根除计划（Global Rinderpest Eradication Program, GREP），倡导在2010年前消灭牛瘟病毒。该计划的成功与否可由如下事实来证实：三个病毒基因系中的两个已经确认根除，而第三个也极可能仿照前二者。虽然OIE还没有正式宣布，但大多数国家现已认定根除牛瘟。

牛瘟病毒在历史上广泛分布于欧洲、非洲及亚洲，而近年仅存在于非洲和亚洲。基因序列分析证明所有已知的牛瘟病毒分离株可分成三个非重叠的遗传基因系。近些年，已有可能采用特异性基因系的方式来说明病毒的分布。

1系病毒分布于埃及至南苏丹的地区，向东一直延伸至埃塞俄比亚及肯尼亚的北部和西部。2系病毒分布于东非和西非，并曾一度分布于横跨非洲大陆的撒哈拉以南地区。直到最近，关于1系和2系病毒的报道都来自东非，但苏丹南部通过密集的疫苗接种于2001年已经消除1系病毒。

2系病毒在索马里畜牧生态系统内传播。虽然牛瘟病毒现已进化至难以在偏远地区引起人们的注意，但游牧民饲养的牛若感染了病毒，依然会得到他们的注意。而显而易见的是，自2001年以来，在索马里畜牧生态系统内再没发现牛瘟病毒。虽然这还不是一个公认的成就，零星的免疫接种已经打断了2系病毒的传播链是极有可能的。

俗称的亚洲系（3系）仅仅在阿富汗、印度、伊朗、伊拉克、科威特、阿曼、巴基斯坦、俄罗斯、沙特阿拉伯、土耳其、斯里兰卡和也门有过纪录。虽然目前的评估不很完整，但几乎可以肯定3系病毒已经得到成功根除。最后感染3系病毒的国家是巴基斯坦，也于2003年宣布根除该病毒。

诊断

古典牛瘟具有1~2周（3~15天）的潜伏期。即使是缓和型（如与2系病毒有关的病例）的潜伏期，也为1~2周。《OIE陆生动物卫生法典》描述的牛瘟潜伏期为21天。

临床诊断

自2001年以来，没有发现古典的牛瘟临床症状。有一种较温和的类型，本有可能获得古典型某些特点，它的出现曾与本病的地方流行有关，曾在东非出现。此种类型自1997年（坦桑尼亚）以来就没有出现过阳性诊断。该病可能已经消除且不存在牛瘟病毒野毒。

古典急性型或兽疫流行型

- 临床特征为急性高热，有可以区分的前驱期和糜烂期。
- 前驱期持续大约3天。
- 患病动物体温高达40℃/104°F至41.5℃/106.7°F之间，并伴有食欲下降、精神萎靡、反刍减弱、排便困难、泌乳量下降、呼吸及心跳加速、可视黏膜充血、眼鼻分泌物由稀转稠及口鼻干燥。
- 糜烂期表现为坏死性口腔病变。
- 在高热期，下口唇、齿龈快速出现坏死性上皮细胞斑点，而上齿龈、舌的腹面、牙床、两颊、颊乳头处及硬腭则可能出现同样病变，颊乳头出现糜烂与变钝。
- 坏死性组织松弛导致浅度非出血性黏膜糜烂。
- 伴随体温下降，或口腔病变后的1~2天，患病动物开始出现胃肠道症状。
- 患病动物腹泻严重，最初为大量水样便，随后便内可能夹杂黏液、血液及上皮细胞碎片，严重者表现为里急后重。
- 腹泻或痢疾导致脱水、腹痛、腹式呼吸及虚脱。

- 患病动物在发病末期可能表现为躺卧状态，持续24~48小时后死亡，整个病程持续8~12天。
- 患病动物的死亡率有差异。当病毒感染大量易感动物时，死亡率会增加。起初，死亡率为10%~20%。
- 某些动物在死亡前有严重的坏死性病变、高热及腹泻，而其他动物在死亡前则表现为体温快速降至标准值以下。
- 极少情况下，患病动物在10日内临床症状消失，20~25日内恢复健康。

最急性型

- 患病动物2~3天内死亡，在这期间除表现为体温升高（40℃/104°F~42℃/107°F）或偶尔伴有黏膜充血，无任何其他前驱症状。
- 幼小和新生动物易表现为最急性症状。

温和亚急性或地方流行型

- 表现为一种或多种古典型的临床症状。
- 通常不伴有腹泻。
- 可能伴有轻度浆液性眼鼻分泌物。
- 发热：有差异，时间较短（3~4天）且体温不太高（38℃/100°F~40℃/104°F）。
- 无精神萎靡现象，患病动物可继续采食、饮水和行走。
- 除了高度易感物种（水牛、长颈鹿、非洲旋角大羚羊及小旋角羚），其他患病动物的死亡率较低或为零。
- 这些野生动物表现为体温升高、鼻腔有分泌物、典型糜烂性口腔炎、胃肠炎和死亡。

非典型

- 不规则的体温升高，轻度或无腹泻。

- 在糜烂中期，发热现象可能稍有所缓和。
- 2～3天后体温迅速恢复正常，伴随口腔溃疡消失，腹泻停止，恢复健康且无并发症。
- RPV嗜淋巴细胞特性导致患病动物的免疫抑制，有助于潜伏性感染的复发和/或增加对其他病原体的易感性。

绵羊和山羊

- 临床症状多样，如体温升高、厌食、眼部伴有少量分泌物。
- 有时伴有腹泻。
- 通过与已感染的小反刍动物的接触可将亚洲RPV株传染给牛。

猪

- 亚洲猪更易感染。
- 体温升高、厌食且虚脱。
- 体温升高后1～2天及腹泻2～3天后，口腔黏膜糜烂。
- 腹泻可能持续一周，并导致脱水和可能死亡。

病变

- 口腔、肠和上呼吸道出现局部坏死和糜烂，或充血及出血。
- 皱胃充血或变灰色（黏膜上皮坏死），幽门区严重病变，表现为黏膜下层充血、瘀血及水肿。
- 瘤胃、网胃及瓣胃通常不受影响，而瘤胃柱偶尔出现坏死性斑点。
- 淋巴结肿大。
- 派伊尔氏淋巴集结出现白色坏死性病灶，淋巴坏死脱落导致支撑结构充血变黑。
- 盲肠、结肠和直肠的褶皱尖棱端呈黑色条形充血状（"斑马纹"）。
- 病死动物尸体呈典型的脱水、消瘦及污秽状。

- 就组织学而言，淋巴及上皮细胞坏死常伴有病毒相关合胞体和胞内包涵体的出现。
- 患缓和型牛瘟的大多数家畜无糜烂现象。
- 某些家畜可能表现为轻度黏膜充血，下齿龈可能呈现凸起变白的上皮细胞坏死病灶（面积不大于大头针针头）；可能出现少数颊乳头糜烂。
- 野生动物的缓和型牛瘟
- 被弱毒力2系RPV感染的非洲水牛表现为外周淋巴结肿大、斑点状角质化皮肤病变及角膜结膜炎。
- 严重的角膜结膜炎同样会导致小旋角羚失明，但无腹泻现象。
- 非洲旋角大羚羊同样表现为口腔黏膜坏死和糜烂，且伴有腹泻和消瘦。

鉴别诊断

牛

- 病毒性腹泻/黏膜疾病
- 恶性卡他热
- 牛传染性鼻气管炎
- 口蹄疫
- 丘疹状口炎
- 珍巴拉纳病
- 水疱性口炎
- 牛传染性胸膜肺炎
- 泰勒虫病（东海岸热）
- 沙门氏菌病
- 坏死菌病
- 副结核病
- 砷中毒

小反刍动物

- 小反刍兽疫
- 内罗毕羊病
- 羊传染性胸膜肺炎
- 出血性败血症

猪

- 弯曲杆菌
- 猪痢疾短螺旋体（*Brachyspira hyodyesntereiae*）
- 沙门氏菌病

实验室诊断

样品

- 体温升高的动物可能有病毒血症，其血液通常最适合用来分离病毒，应从几个发热动物体内采集血样。
  - 无菌全血储存于肝素（10国际单位/毫升）或EDTA（0.5毫克/毫升）溶液中，应置于冰上（但不能冻结）送至实验室。由于甘油能够灭活RPV，因此不能用其作为防腐储运介质。
  - 要采集用于分离血清的血样。
- 收集病死动物的脾脏、肩胛骨上部或肠系膜淋巴结，零度以下冷冻以便分离病毒。
- 全套组织样品应浸泡于10%中性缓冲福尔马林液中，以用于组织病理及免疫组化检查。
  - 舌根、咽后淋巴结及第三眼睑是合适的组织。
- 感染动物在前驱期或糜烂期的眼鼻分泌物。

操作程序

病原鉴定

- 病毒分离
  - 可用全血（肝素或EDTA）或未凝集的血液中的白细胞对RPV进行培养。
  - 也可以从病死动物的脾脏、肩胛骨上部或肠系膜淋巴结分离病毒。可用20%（*W/V*）淋巴结或脾脏悬液。
- 用琼脂凝胶免疫扩散法检测抗原
  - 该方法的敏感性和特异性都不高，但方法稳定，适于在野外条件下操作。
  - 在铺有琼脂凝胶的培养皿或载玻片中作检测。
  - 牛瘟高免兔血清应加至中间孔，阳性对照抗原交替加至周边孔，阴性对照抗原加至第四孔。
  - 每隔2小时观察一次，检查被检样品孔与中心孔之间是否形成清晰的沉淀线。
  - 若24小时后仍无结果，则放弃该次试验。
  - 对于小反刍动物，若试验结果为阳性，则应进一步确定是牛瘟还是小反刍兽疫。
- 组织病理学及免疫组化
  - 应采用苏木精和伊红以检查是否存在合胞体细胞及细胞内具核内病毒包涵体。
  - 可用同一福尔马林固定的组织来检查是否存在牛瘟抗原。方法是在内源性过氧化物酶活性失活后作免疫过氧化物酶染色。用牛瘟及小反刍兽疫特异性单克隆抗体作双份试验。
- 用RT-PCR确定基因系
- 病毒RNA提纯
  - 脾脏（因含血量太大而不理想）。
  - 淋巴结和扁桃体（较理想）

– 外周血淋巴细胞（PBLs）或

– 眼或口腔损伤部位棉试子（若有可能）

– 位于英国的世界参考实验室，同时也是牛瘟及其他麻疹病毒病的OIE参考实验室，及法国的OIE参考实验室（见OIE官方网站www.oie.int/eng/OIE/organisation/en_listeLR.htm）都建议采用该技术分析野外样品。

• 鉴别性免疫捕获ELISA

– 用来区分牛瘟和小反刍兽疫。

– 该实验采用单克隆抗体。

  – 用与两种病毒都有反应的单克隆抗体作捕获抗体。

  – 用生物素标记的只对牛瘟或小反刍兽疫具特异性的单克隆抗体作为第二抗体。

• 层析试纸条检测法

– 不是一种确定性的检测方法。

– 现已证明快速层析试纸条检测法是一种有用的方法，有助于检测人员在野外对疑似牛瘟病暴发进行检测。

血清学试验

• c-ELISA检测法（国际贸易指定的检测法）

– 为与牛瘟抗原结合，阳性待测血清与抗牛瘟病毒H蛋白单克隆抗体（C1）竞争。该检测法是基于此原理建立而成的。

– 待测血清中的阳性抗体将阻断已知单克隆抗体与抗原的结合，导致添加酶标抗鼠IgG偶联物及底物/显色液后预期的颜色反应减弱。

– 通过在MDBK细胞中培养牛瘟Kabete "O" 致弱株制备牛瘟抗原。

– 英国OIE 参考实验室（见 OIE官方网站www.oie.int/eng/OIE/organisation/en_listeLR.htm）现有C1和标准牛瘟抗原。

– 现有商品化试剂盒。

• 病毒中和试验

– 基于转瓶培养原代小牛肾细胞技术的病毒中和试验曾作为 "金标准" 使用，如今已被微量中和试验取代。

– 该方法可用来测试ELISA试验中呈阳性反应的血清，用于在国家级血清学监测项目实施期间证明无感染或确定易感牛是否适于疫苗试验。

– 在这些情况下，若1∶2稀释的血清中存在可检出性抗体，则表明动物以前有过牛瘟病毒感染。

– 病毒中和试验是一种选择为检测野生动物血清的方法。

预防和控制

无治疗方法。辅助疗法可用来帮助珍稀动物恢复健康。

卫生预防

• 人性化扑杀并处理患病及与其密切接触动物，尸体进行销毁、焚烧及深埋。

• 严格检疫并限制动物的移动。

• 利用上文提及的高或低pH脂溶剂和消毒剂对污染区进行清洁消毒处理，包括外围环境、器具及衣物。

• 应谨慎选择疫苗，为再次达到无RPV状态，应使用易于鉴别的疫苗。

– 在疫病流行的情况下，疫苗接种通常用来减少对病毒易感动物的数量并可用于环围接种策略并配合严格的动物控制。

– 在地方流行的情况下，每年对两周岁或更小的小牛进行免疫接种。

• 一般而言，经清理及消毒的区域30天内禁止引进相关动物。

• 对于从受影响的地区或不明疫病状态的国家进口动物，应参照《OIE陆生动物卫生法典》相关建议。

• 鲜肉（已经发生正常的pH变化）和皮张几乎无风险。若进行鲜肉和皮张贸易，请参考《OIE陆生动物卫生法典》相关章节。

医学预防

- 随着全球牛瘟根除计划（GREP）的成功实施，对家畜及野生动物的监测已经取代了疫苗接种。野生动物由于其高度易感染，常作为哨兵动物。

- 目前已经禁止通过对小反刍动物接种牛瘟疫苗的方法来预防小反刍兽疫。现已有有效的同源性小反刍兽疫疫苗用以控制小反刍兽疫。

- 有细胞源弱毒牛瘟活疫苗。

- 现已禁止使用，因其诱导的终生免疫可能干扰确定有无牛瘟的血清学评估。

- 各成员地区应对该疫苗进行归类并安全管理，以保存在GREP之后进行血清学监视的能力。

- 某些国家曾通常使用牛瘟–牛传染性胸膜肺炎二联苗。

- 免疫力至少持续5年并可能终生免疫。建议每年复免一次。

- 也可以应用基因工程热稳定型重组疫苗进行免疫接种，但这类疫苗未在以根除牛瘟为目的疫苗接种中使用。

图1 牛瘟：牛。畏光、溢泪、流涎、坏死性口炎及口鼻结痂。[来源：USDA/APHIS/IS]

图2 牛瘟：牛，眼。黏脓性眼部分泌物并伴有结膜糜烂。[来源：PIADC]

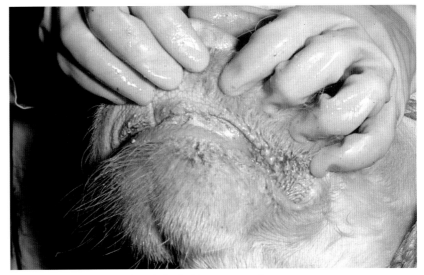

图3 牛瘟：牛。口腔多病灶糜烂。[来源：PIADC]

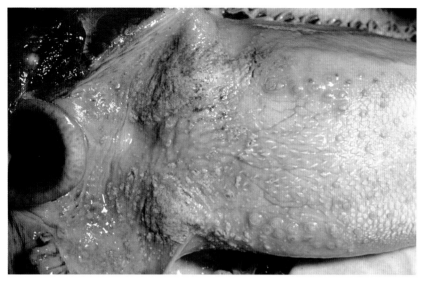

图4 牛瘟：牛，舌扁桃体。扁桃腺上皮细胞坏死。[来源：PIADC]

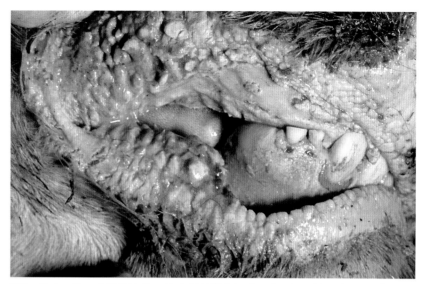

图6 牛瘟：牛。多重粘连性口腔糜烂并附有纤维蛋白和坏死性上皮细胞。[来源：PIADC]

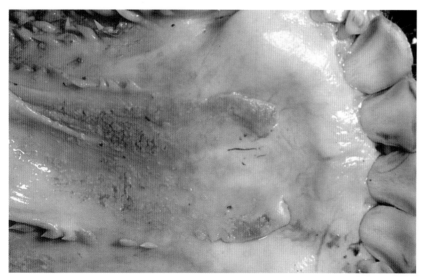

图5 牛瘟：牛，舌下口腔黏膜。中度多灶性糜烂。[来源：PIADC]

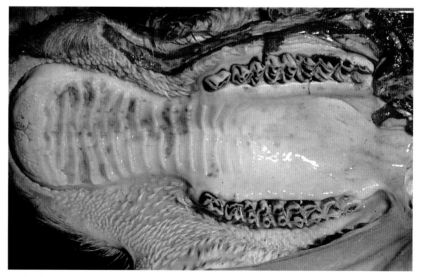

图7 牛瘟：牛，硬腭。多灶性黏膜糜烂。[来源：PIADC]

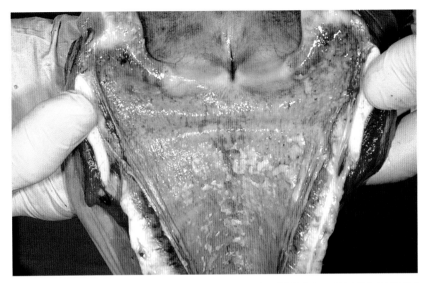

图8　牛瘟：牛，气管。气管和咽喉呈现大量粘连性糜烂并附有一薄层黄色纤维蛋白。[来源：PIADC]

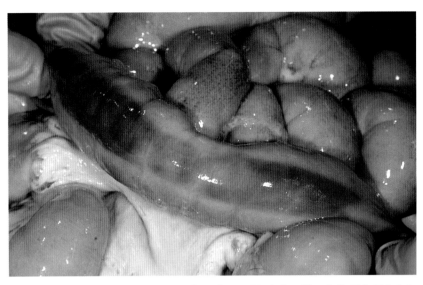

图10　牛瘟：牛，小肠。通过未打开的肠壁，可见派伊尔氏淋巴集结区出现充血和出血。[来源：PIADC]

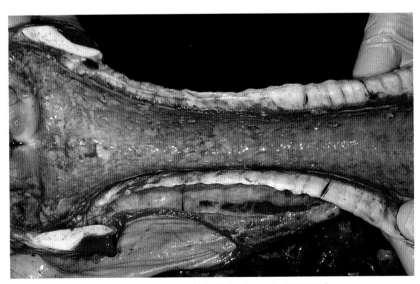

图9　牛瘟：牛，气管。严重浸润坏死性气管炎。[来源：PIADC]

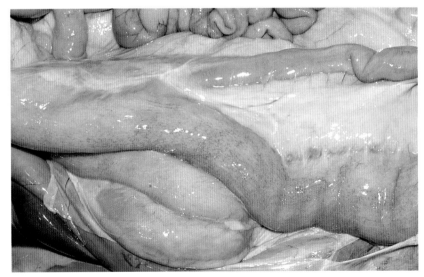

图11　牛瘟：牛，结肠。结肠及邻近肠系膜呈现严重水肿。[来源：PIADC]

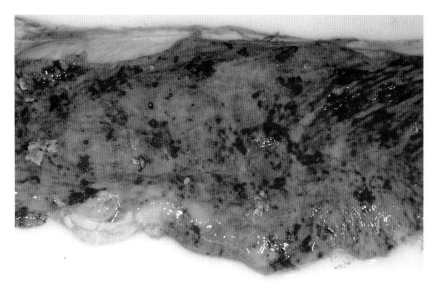

图12 牛瘟：牛，小肠。整个黏膜分布有大量的小型出血性糜烂点。[来源：PIADC]

图13 牛瘟：牛，小肠派伊尔氏淋巴集结。肠淋巴组织坏死并附有黏膜；纤维蛋白及饲料残渣黏附于溃疡面。[来源：PIADC]

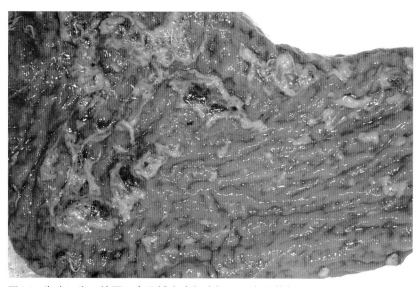

图14 牛瘟：牛，结肠。多区域上皮细胞坏死，大量黄色纤维蛋白黏附于黏膜表面。[来源：PIADC]

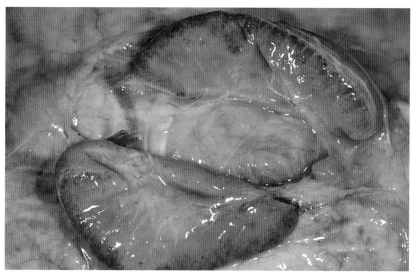

图15 牛瘟：牛，淋巴结。淋巴结肿大并伴有点状皮下出血。[来源：PIADC]

二十三、螺旋蝇蛆病（旧大陆和新大陆螺旋蝇蛆病）

病原学

病原分类

新大陆螺旋蝇（New World screwworm, NWS），又名嗜人锥蝇（*Cochliomyia hominivorax*, Coquerel）和旧大陆螺旋蝇（Old World screwworm, OWS），又名倍赞氏金蝇（*Chrysomya bezziana*, Villeneuve）均属双翅目丽蝇科金蝇亚科。它们在蛆的阶段都属于哺乳动物的专性寄生虫。OWS和NWS是主要的螺旋蝇。螺旋蝇蛆侵染组织称蝇蛆病。

对理化作用的抵抗力

温度：

蛹在温度低于8℃/46℉或冻结的土壤中不能存活。

化学药品 / 消毒剂：

有机磷杀虫剂，氨基甲酸酯类和合成除虫菊脂类化合物。

存活力：

螺旋蝇喜湿热环境，最适温度为25℃/77℉～30℃/86℉，相对湿度为30%～70%。在干燥环境中有湿度合适的微气候环境（如灌溉过的地方）时也能存活。此外，螺旋蝇的存活必须有具伤口的宿主存在。

流行病学

宿主

* 所有活的温血动物都能被螺旋蝇侵染，但最常见的是哺乳动物，在鸟类中少见。
* 已有很多人发生螺旋蝇蛆病的记载。

传染源与传播：生活史

* OWS和NWS生活史相似（不同之处在下面说明）。
* 在较冷的环境中，NWS完成一个生活史需要2～3个月。
- 在平均气温为22℃/72℉的适宜环境中大约为24天。

Original: English Version

- 在平均气温为29℃/84°F的炎热环境中大约为18天。
- 螺旋蝇蛆病不容易在宿主间传播。
- 离开宿主后的生活史（蛹和成蝇阶段）取决于环境温度。
- 不像大多数种类的其他丽蝇，成年雌性螺旋蝇不在腐肉上产卵，而是将卵产在活的受伤哺乳动物的伤口边缘或者身体的天然孔周围。
- 任何伤口，不论是自然因素引起的（如因打斗、被捕食者咬伤、荆棘刺伤、疾病以及虱、虫叮咬引起的）还是人为的（如剪毛、打烙印、去势、锯角、断尾以及打耳标）均可吸引雌蝇产卵。
  - 常见受侵染的自然伤口：新生动物肚脐、产后母畜阴部和会阴区，有外伤时更为突出。
  - 有记载显示，OWS可在未破烂的柔嫩皮肤尤其是黏有血液和黏液的皮肤上产卵。
  - 黏膜上的卵孵化成蛆后有可能侵入未受损的身体天然孔（鼻孔和鼻窦、眼眶、口腔、耳孔和生殖器）。
- 雌蝇都沿着一个方向产卵，像屋顶瓦片，虫卵间以及虫卵与附着物紧密相连。
  - 雌蝇每次产卵数与许多因素有关（如蝇的种类、产卵时外界干扰等）。
  - 新大陆螺旋蝇（NWS）：100～350个；第一次平均大约为340个。
  - 旧大陆螺旋蝇（OWS）：100～250个；第一次平均大约为175个。
  - 雌蝇通常产卵2次；不产卵时从伤口吸取营养供继续产卵所需。
  - 间隔3～4天后第二次产卵。
- 虫卵在产后8～24小时内孵化为蛆，蛆立即采食伤口上的液体和组织。它们头向下，以一种特有的螺旋蝇方式一起在伤口上掘进。
  - 蛆用钩状口器撕裂组织，加重组织损害，使伤口变大、变深。
- 受侵染的伤口经常散发出一种特殊的人常常不易觉察的气味。这种气味的出现预示着这群动物中至少有一个个体受到了侵染。
  - 这种伤口气味非常容易吸引其他怀孕雌蝇来产卵，使侵染进一步加重。

- 严重侵染的动物如不得到及时治疗，最终可以导致死亡。
- 螺旋蝇蛆发育经历3个阶段，以蜕皮作为分段标志。在孵化后5～7天为最后一个阶段，发育完全。
- 发育完全的蛆停止采食，脱离伤口跌落至地面，钻入土壤中发育成蛹。
  - 蛆无趋光性。这种特性帮助它们钻入土壤，在土壤中发育成蛹。
  - 发育完全的蛆钻入土壤后表皮变硬、变黑，形成一个圆柱状的保护结构（蛹壳），蛹在其中发育。
- 成年蝇通常在早晨从发育完成的蛹中破壳而出，爬到地面，飞行前伸展翅膀使其变硬（2小时）。
  - 从蛹发育到成蝇的时间受温度的影响，在28℃/82°F时为7天，在10℃/50°F～15℃/59°F时需60天。
- 雄蝇在24小时内性成熟并可以交配。
- 雌蝇卵巢需要6～7天后才能发育完全。
  - 雌蝇约在3日龄大的时候才对雄蝇的求偶做出反应并交配。
- 雄蝇一生可以交配多次，而雌蝇仅交配一次。根据这种基本的生物学特征，可以利用昆虫不孕技术（SIT）控制螺旋蝇数量。
- 雌蝇在交配后4天便可以产卵且为产卵寻找合适宿主。
- 成年雄蝇在野外可以存活2～3周，在花中采食。
- 成年雌蝇可存活30天，平均为10天，以蛋白（动物伤口上的浆液）为食。
- 成年螺旋蝇的飞行距离随环境而异。在温暖、潮湿的环境中为10～20千米（6.2～12.4英里），而在干燥的环境中可以达到300千米（186英里）。
  - 当宿主动物密度较大、环境适宜时，飞行距离多在3千米内。

病的发生

- 两种螺旋蝇需要的气候条件非常相似。如果不受限制，它们的分布区域会出现重叠。
- 生态系统中必须有良好的螺旋蝇的生态条件和存在具开放性伤口的宿

主动物。

– 各种运输方式（例如空运、陆运和海运）都可以导致受侵染的动物扩散。

● 旧大陆螺旋蝇的分布局限在旧大陆（亚洲、非洲和欧洲——译者注）。它们分布于部分非洲国家（从埃塞俄比亚和沙哈拉沙漠以南国家到南非北部）、海湾国家、印度次大陆、东南亚（从中国南部经过马来半岛、印度尼西亚、菲律宾一直到巴布亚新几内亚）。

– 中国香港在2000年第一次报道OWS感染犬的病例；2003年第一次报道感染人的病例。

– OWS在海湾及周边国家的活动非常活跃，在伊朗、伊拉克、沙特阿拉伯、欧曼和也门都有得到证实的报道。

● 新大陆螺旋蝇的根除计划已经使库拉索岛、波多黎各、维尔京群岛、美国、墨西哥和全部中美洲消灭了该病。

– 最近一次螺旋蝇蛆病报道是在2005年，发生在巴拿马。

– 一种合作的根除计划仍在牙买加执行。

● 最近在南美洲北部的国家及往南到乌拉圭、智利北部和阿根廷北部发现了NWS。

– 最近报道在墨西哥、美国和英国发生了输入性NWS。

● 利比亚在1988年发生过NWS，但通过国际社会的努力于1991年将其消灭。

诊断

从在伤口产卵到因蝇蛆挖洞而发病的时间可短至1～2天。

临床诊断

● 螺旋蝇蛆病的临床症状常常与先期的伤情有关，任何螺旋蝇蛆病都要考虑动物的受伤情况。

● 伤口可能出现流水、化脓和/或变大；侵染导致浆血性渗出，并常常散发出特征性的气味。

● 仔细检查伤口：

– 卵块围绕伤口；白色或奶油颜色的虫卵象瓦片样重叠排列。

– 在第3天可见发育完全的蝇蛆，一个伤口竖立的蝇蛆可以达到200条以上（未处理伤口可多达3000条）。

– 蛆似木螺钉形状，钻入组织深处；蛆的身体向前逐渐变细，最前端有钩状的口器，后部有气孔。虫体长2.0毫米至1.5厘米。在伤口表面可能有其他种类的蛆。

– 对于被遮住的或袋状伤口，因开口小难以发现蝇蛆，尤其是鼻孔、肛门、包皮和阴道部位的侵染。

– 经常只见伤口里的蝇蛆在轻微地运动。

● 用放大镜观察较大的蝇蛆，看到其身体后部表皮有成对、深色的纵向条纹（气管干）时，提示为螺旋蝇。

● 可能出现以死亡或腐烂组织为食的其他种类蛆的共同侵染。

● 伤口经常继发细菌感染，从而使伤口变大到宽3厘米或以上，深度达到20厘米。

● 发病动物表现不安、生长停止和精神沉郁，离群。

– 许多动物出现食欲减退、产奶减少。

● 尽管发病率高低不一，但在螺旋蝇数量大的地区新生动物伤口的侵染率可达到100%。

– 野生动物可以有高侵染率。

● 如果不进行治疗，发病动物可能由于毒素和/或继发细菌感染而在1～2周内死亡。

– 有报道称美国得克萨斯州幼白尾鹿的年死亡率为20%～80%。

病变

● 螺旋蝇在正常情况下不会引起机体损伤，但身体有伤口时，尤其是在身体的天然孔，会引起损伤，使伤口加重和导致继发细菌感染。

- 眼观和显微镜下观测的病变对螺旋蝇蛆病的诊断无用。
- 一种重要的现象是螺旋蝇蛆不以坏死组织或腐肉为食，因而
- 除非动物刚刚停止呼吸，否则在死后的尸体检查中不大可能发现螺旋蝇蛆。
- 其他丽蝇蛆可能很快侵染螺旋蝇蛆侵染过的伤口，混淆诊断。

鉴别诊断

应包括螺旋蝇蛆病或其他任何侵染伤口的丽蝇蛆。

- 腐败锥蝇（继发螺旋蝇蛆病）
- 黑花蝇，丝光绿蝇和大头金蝇
- 麻蝇属（麻蝇）尤其是黑须污蝇

实验室诊断

样品

- 保定发病动物，以人道的方式用镊子从开放的伤口中夹取蝇蛆。
- 诊断用的蝇蛆必须从伤口的最深处收集，以减少收集到非螺旋蝇蛆的可能性。
- 疑似螺旋蝇卵或者螺旋蝇，也可用于诊断。用手术刀做刮子来收集虫卵。
- 蛆、虫卵和蝇可保存在含80%乙醇或异丙醇的玻璃瓶中，不要用福尔马林。
- 让蛆保持自然伸展状态的最佳保存方法：将蛆浸入沸水中15～30秒杀死，再保存在80%的乙醇中。这种方法对后面线粒体DNA的提取和聚合酶链式反应（PCR）均没有不良影响，但可能影响其他的分子学程序。
- 在把样品运送到授权实验室时要考虑包装的安全性，最好事先通知实验室。

操作程序

病原鉴定

- 难以根据形态学来鉴定螺旋蝇蛆病病原的卵和第一期蝇蛆，这些阶段相对较短，也很少能采集到这些阶段的样本。
- 可用解剖显微镜以放大至50倍的镜头对经乙醇保存的蝇蛆样本进行观察。
- 参照OIE《陆生动物诊断试验和疫苗手册》有关该寄生虫的图示说明。
- 第二期蛆：
- 每个后部气孔板上只有两个气孔隙，而第三期蛆有3个。
- NWS第二期蛆背气管干呈现黑色，在末端节片上，超过一半长度的背气管干着色深，据此可以诊断NWS第二期蛆。
- OWS第二期蛆第12节片上的背气管干，呈深色的长度不超过三分之一。
- NWS第二期蛆的前气孔有7～9个分支，OWS只有4个。
- 将活的、未成熟的蛆饲养至三期，将出现更多的鉴别特征。
- 第三期蛆：
- OWS和NWS的三期蛆体态结实，具有典型的蛆外形，圆柱状的身体长6～17毫米，直径1.1～3.6毫米，前端渐尖。
- NWS和OWS完全成熟的蛆的颜色由前期的乳白色逐渐变为粉红色。
- 两种蛆的身体都有明显的棘状突起环绕，在显微镜下这些棘突比大多数非螺旋蝇品种的蛆的棘突大而突出，其最长可达130微米。
- NWS的棘状突起有一个或两个尖，而OWS只有一个尖，象刺样。
- NWS每个前气孔有6～11个明显分开的分支，但最常见的为7～9个；OWS每个前气孔有3～7个分支，最常见的为4～6个（该特征不能单独用来鉴别OWS）。
- NWS和OWS末节的后部表面的所有后气孔板都有一个深颜色、不完整的孔缘，孔缘不完整地包围着3条直的、稍微呈椭圆形的裂隙，裂隙指

- 向孔缘的缺口。
  - NWS最具诊断价值的是背侧气管干，着色深，从后气孔板向前延伸到第10或第9节片。这个特征在活的蛆体上最容易观察到。
  - OWS的背气管干仅在第12节片颜色深，但背气管干的二级分支从第12节向前至少到第10节着色深。
  - 相反，在NWS中，背气管干的二级分支无着色，仅背气管着色。两种螺旋蝇的气管着色正好相反。
- 成年蝇的鉴别比较困难，但可通过以下特征来进行：
  - 雌性螺旋蝇比一般的家蝇大。
  - NWS的胸部呈金属般的深蓝色至蓝绿色，头呈红橙色，胸的背面有3条纵向黑条纹。
  - OWS的胸部呈金属般蓝色或蓝紫色或蓝绿色，胸部有两条横向条带。很难将成年螺旋蝇和其他蝇区分开来。

血清学试验

- 目前没有标准的血清学试验方法，也没有指明可以用哪个血清学方法来诊断此病。
- 研究表明，在对动物进行螺旋蝇蛆病侵染的流行病学调查时，血清学方法对侵染后的抗体检测有一定潜在价值。

预防和控制

卫生预防

- 为了控制螺旋蝇蛆病，要有自愿的行为和行政管理措施以防止把螺旋蝇输入到无螺旋蝇地区。
- 间接的预防措施包括避免在一年中螺旋蝇的数量高峰期进行导致家畜

创伤的操作，小心护理家畜以减少受伤，移除栏舍中尖锐的物品（如铁丝）和采取措施（如药浴、用浸泡过杀虫剂的耳标）以减少可导致伤口的其他寄生虫，尤其是蜱螨、虱子等。

- 从螺旋蝇蛆病流行区引进动物必须在装运前对动物进行彻底检查。
- 在运输前对发现的伤口立即用有效的杀虫剂（有机磷杀虫剂、氨基甲酸脂类和合成除虫菊脂类）进行处理，然后再对动物进行杀虫剂喷洒或药浴。
  - 怀疑伤口被螺旋蝇蛆侵染的动物必须进行检疫处理，直到伤口明显治愈。
- 运载过螺旋蝇侵染了的动物或疑似动物的运输工具，必须用适当的杀虫剂进行喷洒消毒。
- 昆虫不育技术（SIT）是唯一基于生物学技术且被证明有效根除NWS的方法，也试验性地应用于OWS。
  - 在SIT中，将雄性蝇后期蛹用γ射线或X线照射，使其不育，然后大批量投放到野外。
  - 不育雄蝇与野外雌蝇交配后，雌蝇产出的卵不能发育，导致螺旋蝇数量逐渐减少直至根除。
- 在SIT现场应用中，采取下列辅助措施：
  - 对家畜螺旋蝇蛆侵染的伤口用杀虫剂处理。
  - 严格控制家畜流动。
  - 对侵染动物进行检疫和开展有效的宣传活动。
- 因为需要连续不断地孵育不育雄蝇和进行空中播撒，所以采用昆虫不育技术成本巨大。
  - 在地理条件有利于采用SIT作为根除计划时才有好的成本效益。
- 为了防止螺旋蝇蛆病的扩散，必须严格遵守《OIE陆生动物卫生法典》中关于国际贸易的规定。

医学预防

- 目前没有疫苗等生物学制品，潜在疫苗的研究工作正在进行中。

- 有机磷杀虫剂和氨基甲酸酯类、合成除虫菊酯类化学药物对刚孵化的蛆、未成熟阶段的虫体以及成年蝇都非常有效。

- 值得注意的是，在许多国家有机磷杀虫剂和氨基甲酸酯类药物是禁止使用或严格控制的。

- 有机磷杀虫剂（如蝇毒磷、除线磷、皮蝇磷）已用于处理被OWS和NWS侵染的伤口。

- 处理后，蛆从伤口中跌落到地上死亡。

- 清除伤口中死亡的蛆，以避免引起脓毒症。

- 为了防止再次感染，每隔2~3天用杀虫剂处理一次，直到伤口痊愈。

- 用5克5%的可湿性蝇毒磷粉直接撒在伤口上，或者与普通食用油（33毫升）混匀后制成药膏敷在伤口上，效果更好。

- 有机磷化合物也可做成气雾剂，或做成粉剂装进塑料挤压瓶后喷入伤口。

- 直接预防螺旋蝇侵染的方法是采用蝇毒磷（50%可湿性粉剂的0.25%悬混液）对家畜喷洒或药浴，也可用其他有机磷杀虫剂。用其他有机磷杀虫剂时，要用规定的控制体表寄生虫的最大浓度。

- 这种处理方法具有双重效果：首先是直接杀灭蝇蛆，并提供残余的保护作用；其次是通过杀灭蜱和其他体表寄生虫，减少可作为螺旋蝇产卵位置的叮咬伤口。

- 合成的除虫菊脂类药物对伤口中的蝇蛆有潜在效力，但对螺旋蝇的效果没有试验报道。

- 一次性皮下注射伊维菌素（200微克/千克）对预防OWS侵染新生牛脐部和去势阴囊非常有效。

- 该方法也可用于防止成年牛已处理伤口的再感染。

- 越来越多的报道显示，一次皮下注射多拉克丁（200微克/千克）预防NWS效果可达100%，可防止一般的伤口的侵染、牛犊肚脐或去势的伤口侵染以及母牛产后伤口侵染，效果可持续到注射后12~14天。

- 虽然多拉克丁不能使雌蝇的产卵减少，但不会驱使产卵雌蝇离开而到未处理的动物身体上产卵，因此使用多拉克丁对防控螺旋蝇蛆病是有效的。

- 用多拉克丁能提供21天的完全保护和28天的部分保护（56%）。

- 采用涂抹莫昔克丁、依立诺克丁和多拉克丁的给药方式来治疗OWS引起的螺旋蝇蛆病的效果不如采用注射多拉克丁的给药方式来处理NWS。

- 采用1%的氟虫氰溶液按10毫克/千克（按体重）的量局部给药，虽不能阻止NWS产卵，但能降低公牛阉割后关键的10天内螺旋蝇蛆病的发病率。

- 同样的，采用昆虫生长调节剂（IGR）地昔尼尔局部给药，对牛的去势伤口也有很好的保护力（大于90%），能防止NWS侵染。

- IGRs对昆虫的专一性高，因此其对环境的危害比其他类的杀虫剂小。

- 多杀菌素是一种细菌发酵后的产物，对哺乳动物和鸟类毒性弱，喷雾给药时对由NWS和OWS引起的螺旋蝇蛆病侵染的治疗和预防非常有效。

图1 螺旋蝇蛆病：雄性成年新大陆螺旋蝇（嗜人锥蝇）。[来源：COPEG]

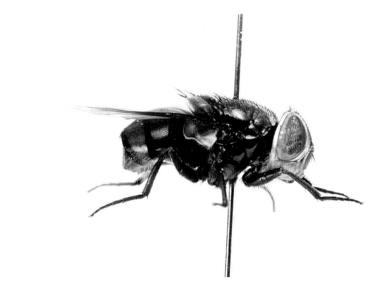

图3 螺旋蝇蛆病：雄性成年旧大陆螺旋蝇（倍赞氏金蝇）。[来源：IAEA]

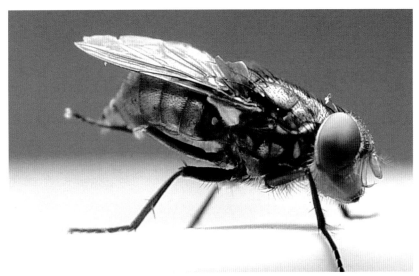

图2 螺旋蝇蛆病：雌性成年新大陆螺旋蝇（嗜人锥蝇）。[来源：COPEG]

图4 螺旋蝇蛆病：产下的卵块具有"屋顶瓦"样外观（不育昆虫产物）。[来源：COPEG]

图5 螺旋蝇蛆病：锯屑上蛹化前的第三期蛆，后部节片上可见深色背气管干（不育昆虫产物）。[来源：COPEG]

图6 螺旋蝇蛆病：即将蛹化的成熟第三期蛆（箭头所指为后气孔附近特征性的深色气管干）[来源：COPEG]

图7 螺旋蝇蛆病：锯屑上的新大陆螺旋蝇蛹（不育昆虫产物）。[来源：IAEA]

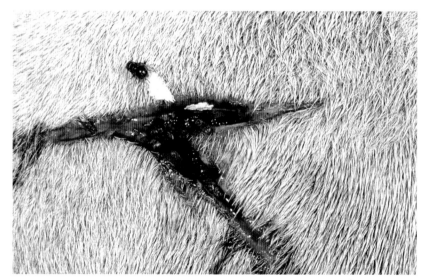

图8 螺旋蝇蛆病：螺旋蝇在感染伤口上产卵（偶尔出现其他种类的蝇）。[来源：IAEA]

图9　螺旋蝇蛆病：受侵染的伤口上有螺旋蝇蛆、卵和螺旋蝇（螺旋蝇卵侵染的伤口能吸引更多的蝇。[来源：COPEG]

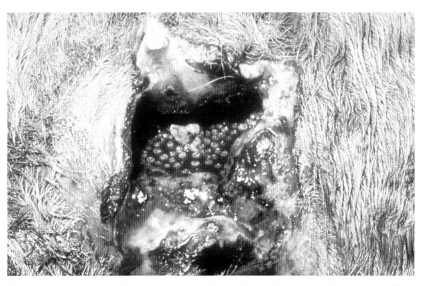

图11　螺旋蝇蛆病：肉公牛蝇蛆病伤口；旧大陆螺旋蝇卵块侵染后约5天时蛆的发育状况。[来源：COPEG]

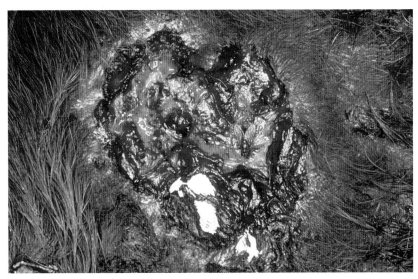

图10　螺旋蝇蛆病：卵块，旧大陆螺旋蝇（倍赞氏金蝇）。[来源：COPEG]

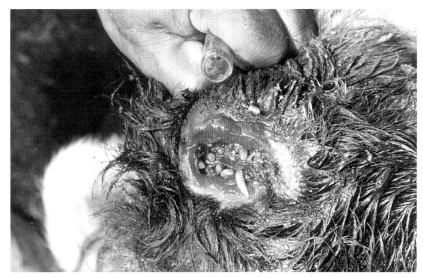

图12　螺旋蝇蛆病：锯角后受侵染的伤口中的第三期蛆。（处理动物时建议带手套）[来源：COPEG]

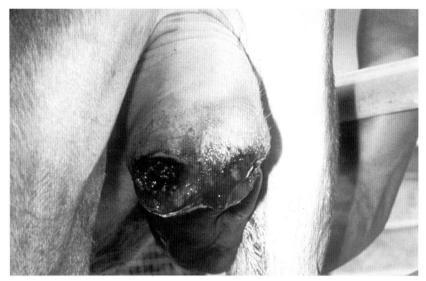

图13 螺旋蝇蛆病：公牛睾丸螺旋蝇蚴侵染。[来源：COPEG]

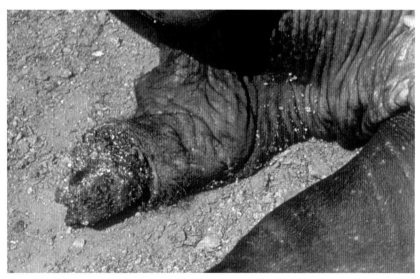

图14 螺旋蝇蛆病：公牛阴茎螺旋蝇蚴侵染。[来源：COPEG]

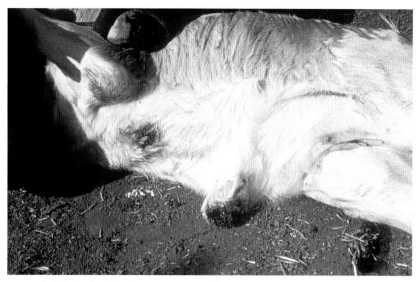

图15 螺旋蝇蛆病：典型的牛犊肚脐侵染。[来源：COPEG]

图16 螺旋蝇蛆病：奶牛后上部蝇蛆病伤口渗出。[来源：COPEG]

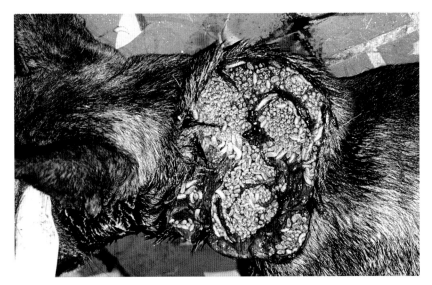

图17　螺旋蝇蛆病：犬，二期和三期蛆严重侵染。[来源：COPEG]

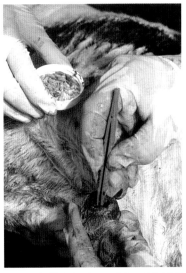

图18　螺旋蝇蛆病：用镊子采集蛆样本用于鉴定（对从伤口清理的非样本蛆须妥善销毁）。[来源：COPEG]

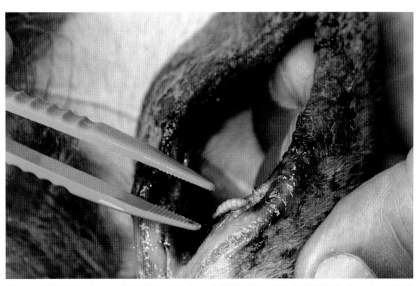

图19　螺旋蝇蛆病：从犬耳部的侵染伤口上清除螺旋蝇蛆（用做鉴定样本）。（建议处理动物时带手套）[来源：COPEG]

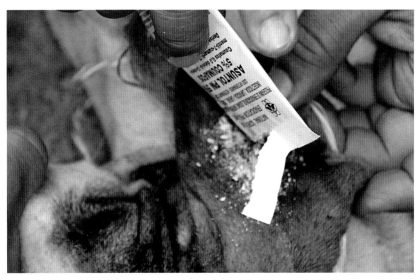

图20　螺旋蝇蛆病：用有机磷杀虫剂粉剂（5%的蝇毒磷）撒在采集蝇蛆并经清理后的伤口。（建议处理动物时带手套）[来源：COPEG]

二十四、绵羊痘和山羊痘

病原学

病原分类

绵羊痘病毒（Sheep pox and goat pox, SPV）和山羊痘病毒（GPV）为痘病毒科（*Poxviridae*）痘病毒属（*Caprivirus*）成员。绵羊痘病毒和山羊痘病毒曾一度被认为是同一种病毒的不同株，但基因组测序现已证实二者为单独的病毒。大多数病毒株具有宿主专一性，只在绵羊或山羊引起严重的临床症状，而少数病毒株在绵羊和山羊具有相同的致病力。事实上，绵羊毒株和山羊毒株之间可以发生重组，产生一些对宿主偏爱居中、毒力不同的新株。这使得对病毒的分类复杂化。

包括病毒中和试验在内的血清学技术不能区分SPV和SGV。SPV和SGV与牛结节皮肤病病毒（LSDV）密切相关，但没有证据表明（LSDV）可以引起绵羊和山羊发病。它有一个不同的传播机制（昆虫），地域分布也有差异。

对理化作用的抵抗力

温度：

对56℃/133℉，2小时或65℃/149℉，30分钟敏感。有些分离株经56℃/133℉，60分钟后失活。

pH：

对强碱强酸（2%的盐酸或硫酸15分钟）敏感。

化学药品/消毒剂：

2%苯酚15分钟可灭活，对清洁剂如SDS敏感。对乙醚（20%）、氯仿、福尔马林（1%）、次氯酸钠（2%~3%）、碘化物（1：33稀释）、Virkon®（2%）和0.5%季铵化合物敏感。

存活力：

对阳光敏感，但是在毛发和干结的痂皮中可存活长达3个月。在不干净的有棚畜圈里可存活6个月。虽能经反复冻融后还存活，但感染性可能降低。

流行病学

- 发病率：疫区70%～90%。
- 死亡率：疫区5%～10%，但是进口动物死亡率可接近100%。

宿主

- 所有家养和野生的绵羊和山羊品种，尽管大多数毒株只引起一种动物表现严重的临床症状。
- 疫区内本地羊的易感性远远低于引进的欧洲和澳大利亚品种的羊，后者发病率和死亡率接近100%。

传播

- 经常是在密切接触那些在黏膜上有溃烂丘疹的严重患病动物时通过气溶胶而传播。
- 在动物出现丘疹前的阶段不传播疾病，如疾病早期或出现丘疹之前就死亡的羊（例如，欧洲索艾羊）。
- 一旦丘疹坏死和中和抗体产生（大约发病后一星期），传播减弱。
- 轻微局部感染的动物极少传播疾病。
- 也可能通过其他黏膜或擦伤的皮肤而发生感染。
- 不出现慢性感染的带毒宿主。
- 可通过污染的工具、车辆或产品（垫料，饲料）间接传播。
- 已经证实可通过昆虫间接传播（机械传播），但只起次要作用。

传染源：

- 黏膜上坏死之前的溃烂丘疹。
- 结痂的受损皮肤：含有大量同抗体连在一起的病毒，但其传染性还不清楚。

- 乳汁、尿液、粪便。
- 精液和胚胎：传播性尚未被证实。

病的发生

羊痘在赤道以北非洲、中东、土耳其、伊朗、阿富汗、巴基斯坦、印度、尼泊尔、中国部分地区、孟加拉国和越南等地流行。最近频繁入侵欧洲南部。

诊断

这两种病的潜伏期为8～13天，实验室皮肤内接种或昆虫机械传播时的潜伏期可缩短为4天。《OIE陆生动物卫生法典》所描述的绵羊痘和山羊痘潜伏期为21天。

临床诊断

临床症状从轻微到严重的变化取决于宿主（如年龄、品种、免疫情况）和病毒（如物种的偏爱和病毒毒株的毒力）。无症状感染也可能发生。

- 早期临床症状
- 直肠温度上升至40℃/104 ℉。
- 2～5天后开始出现斑点为小的充血区。在无色素沉着的皮肤尤为明显。
- 由斑点发展到丘疹，形成直径0.5～1厘米的硬凸起，可能覆盖全身，也可能局限在腹股沟、腋窝和会阴。
- 丘疹可能被充满液体的囊泡覆盖，但这是罕见的。在某些欧洲品种的山羊可观察到出血性羊痘，所有的丘疹几乎连片覆盖全身，这种情况通常是致命的。
- 急性期：24小时内出现全身性丘疹。
- 感染动物出现鼻炎、结膜炎，所有体表淋巴结肿大，尤其是肩胛骨前淋巴结。

- 眼睑上的丘疹引起不同程度的眼睑炎。
- 眼部黏膜上的丘疹和鼻溃疡可产生黏稠脓性液体。
- 口腔、肛门和包皮或阴道黏膜坏死。
- 由于连接肺部损伤处的咽后淋巴结对上呼吸道造成的压力，呼吸困难并有噪声。
- 度过急性期的动物
- 由于血管血栓形成和缺血性坏死导致丘疹坏死。
- 丘疹坏死5~6天后结痂，痂可维持达6周，留下小疤痕。
- 皮肤损伤后易招来蝇虫袭击。
- 常见继发性肺炎。
- 少见厌食，除非有口腔物理损伤影响采食。
- 罕见流产。

病变

- 皮肤病变：充血、出血、水肿、脉管炎和坏死。表皮层、真皮层和部分肌肉组织均出现病变。
- 感染部位淋巴结肿大（至少8倍于正常大小）、淋巴样增生、水肿、充血、出血。
- 痘病变：眼部黏膜、口腔、鼻子、咽部、会厌、气管、瘤胃和皱胃黏膜、口角、鼻孔、会阴、包皮、睾丸、乳房和乳头上均可能出现痘变。重症患畜痘变病灶可能会连成片。
- 肺部病变：严重和广泛的痘病变损伤是局部的，也可以均匀分布于整个肺部；充血、水肿、严重时出现坏死、小叶膨胀不全。纵膈淋巴结肿大、充血、水肿和出血。

鉴别诊断

严重的绵羊痘和山羊痘具有高度的临床特征性。但是，轻度痘病症状易与副痘病毒属引起的、经由昆虫叮咬传播的羊痘疮或荨麻疹混淆。

- 传染性脓疱（羊传染性脓疱性皮炎或羊痘疮）
- 昆虫叮咬
- 蓝舌病
- 小反刍兽疫
- 感光过敏
- 嗜皮菌病
- 寄生性肺炎
- 干酪样淋巴结炎
- 疥癣

实验室诊断

样品

病毒分离所需样品必须尽快冷冻包装送至实验室，如果样品是在无冷藏的情况下长距离运输，可以添加甘油（10%）。组织样品必须足够大，保证甘油不能渗透到组织中心损毁病毒。

中和抗体可能会干扰病毒分离和某些抗原检测试验；进行这些试验的样品需要在发病一周内采集。进行PCR检测的样品可以在中和抗体产生后采集。须采集双份血清样本供血清学试验。

- 活畜：全皮肤厚片活体检测；如可能，要采集水疱液、痂皮、刮皮、淋巴结抽出物、肝素或EDTA全血、血清。
- 剖检动物：皮肤病灶、淋巴结、肺病灶，要采集全套组织，尤其那些病变组织以作组织学检查。

操作程序

病原鉴定

- 聚合酶链反应（PCR）检测基因组，用痘病毒属特异引物扩增附着蛋白基因，详情可见牛结节性皮肤病——OIE《陆生动物诊断试验和疫苗手册》2.4.14章
- 透射电子显微镜：迅速识别典型羊痘病毒粒子。
- 病毒分离用细胞培养（主要用羔羊睾丸细胞或羔羊肾细胞）：4～12天可出现CPE，苏木精和伊红染色可清楚看到胞浆内包涵体，免疫过氧化物酶或免疫荧光染色技术可检测到抗原。
- 琼脂凝胶免疫扩散试验（AGID）：淋巴腺活体组织切片材料在羊痘早期采集，与副痘病毒有交叉反应。
- 在染色的冰冻切片或活体组织石蜡切片或剖检组织病料中可能发现痘病毒抗原和包涵体。
- 用阳性血清抑制细胞病变效应。
- 酶联免疫吸附试验（ELISA）检测抗原。

血清学试验

- 病毒中和试验：特异但不够敏感，羊痘感染主要诱发细胞介导免疫，可能只有低水平中和抗体，不易检测到。
- 间接荧光抗体试验：与其他痘病毒有交叉反应。
- 琼脂凝胶免疫扩散（AGID）：与其他痘病毒有交叉反应。
- 免疫印迹：羊痘病毒P32抗原与待检血清反应，敏感、特异，但是昂贵，很难操作。

- ELISA：P32抗原或其他合适的抗原，经由合适的载体表达之后，可以用来开发可行的，标准的血清学试验。

预防和控制

无治疗措施。

卫生预防

- 如果不能扑杀的话，要将受感染的和患病动物隔离至少45天。
- 如果可能的话，要屠宰感染畜群。
- 适当处理动物尸体和动物产品：焚烧和深埋是常用的办法。
- 农场和设备严格清洁和消毒。
- 隔离检疫新入群动物。
- 控制感染地区动物和车辆的移动。
- 当疫病广泛传播时可以考虑疫苗接种。

医学预防

活疫苗和灭活疫苗均已用于羊痘的控制。迄今为止检查过的所有羊痘病毒毒株共有同一个主要中和位点，疫苗可以提供交叉保护。

- 几种弱毒苗经皮下或皮内接种，免疫力达两年。
- 灭活疫苗只提供短期免疫力。
- 新一代羊痘疫苗是以羊痘病毒为载体，携带其他反刍动物病原体基因，如牛瘟病毒和小反刍兽疫病毒的某些基因。

图1 绵羊痘：绵羊，口鼻。鼻孔和唇部广泛充血伴有大量小斑点。[来源：PIADC]

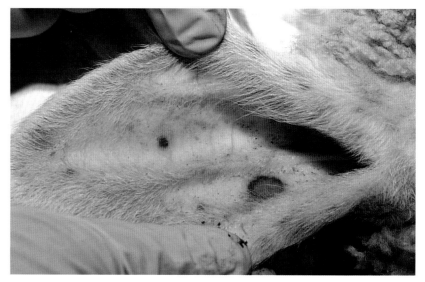

图3 绵羊痘：绵羊，耳朵。斑点和丘疹。[来源：PIADC]

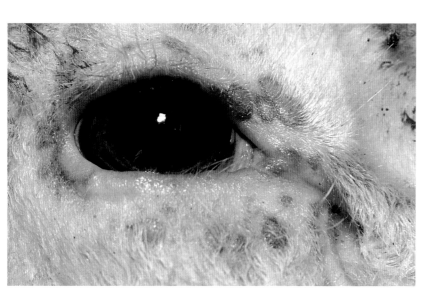

图2 绵羊痘：绵羊，眶周区。丘疹和脓疱。[来源：PIADC]

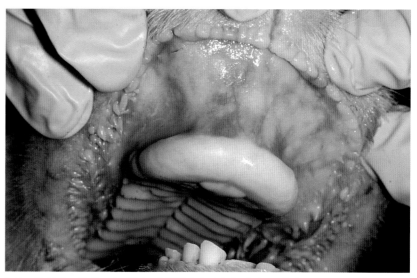

图4 绵羊痘：绵羊，上嘴唇。多灶性白色痘损伤连成片。[来源：PIADC]

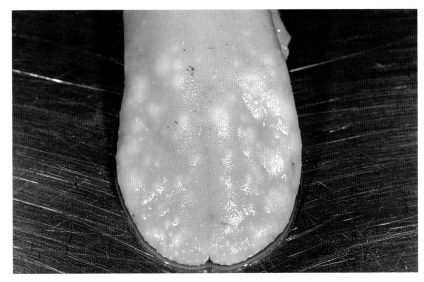

图5　绵羊痘：绵羊，舌背面。多灶性丘疹性舌炎。[来源：PIADC]

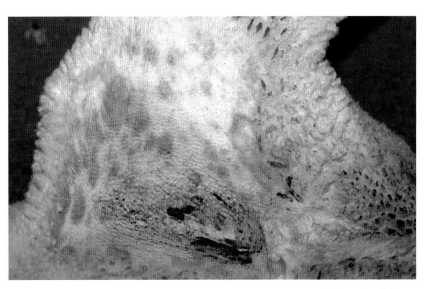

图7　绵羊痘：绵羊，腹股沟皮肤。斑点和丘疹连接成片，伴有脓疱。[来源：PIADC]

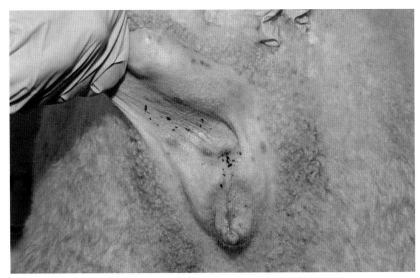

图6　绵羊痘：绵羊，皮肤。斑点和丘疹性皮炎。[来源：PIADC]

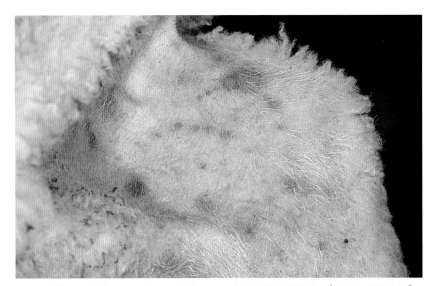

图8　绵羊痘：绵羊，腋窝皮肤。具多个小红点的早期皮肤损伤。[来源：PIADC]

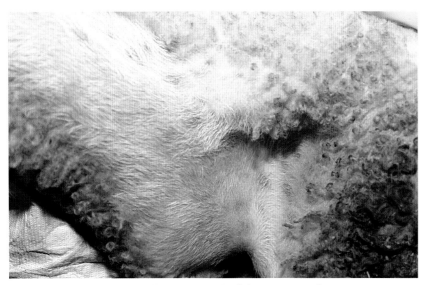

图9 绵羊痘：绵羊，腋窝。多个散在的丘疹。[来源：PIADC]

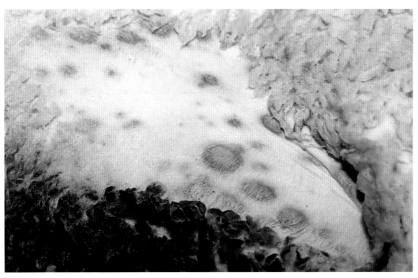

图10 绵羊痘：绵羊，腹股沟皮肤。多个散在的中心坏死的丘疹病灶。[来源：PIADC]

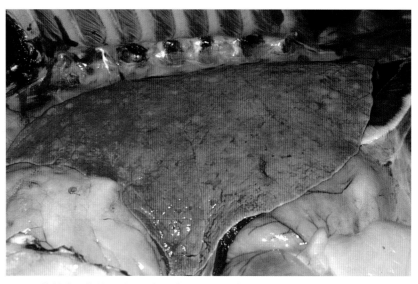

图11 绵羊痘：绵羊，肺。肺部有多处具紫-白色花纹的区域。这些区域的支气管和其他气道的上皮细胞增殖，发炎、水肿和膨胀不张。[来源：PIADC]

图12 绵羊痘：绵羊，肺。多个坚硬的黑红色痘结节分布在肺叶上。[来源：PIADC]

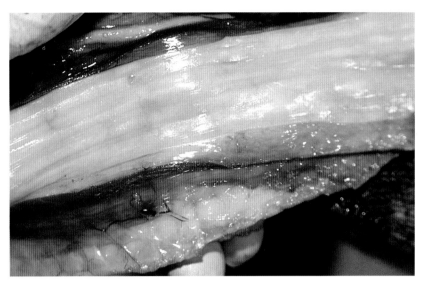

图13 绵羊痘：绵羊，食道。食道黏膜上有小的、局限的和隆起的白色痘疹。[来源：PIADC]

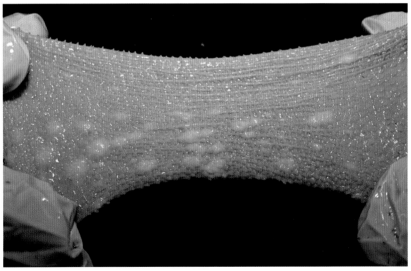

图14 绵羊痘：绵羊，瘤胃。多灶性痘疹性瘤胃炎。[来源：PIADC]

二十五、猪水疱病

病原学

病原分类

猪水疱病病毒（Swine vesicular disease virus, SVDV）归类为细小RNA病毒科（*Picornaviridae*）的一种猪的肠道病毒（enterovirus）。虽然该病毒所有的分离株都属同一个血清型，但具有四个明显的抗原/基因变异种。SVDV的抗原特性与人的科萨奇病毒B_5相关。

对理化作用的抵抗力

温度：

在冷藏和冰冻条件下存活，经56℃/133℉1小时后失活。

pH：

SVDV在pH2.5 ~ 12.0的范围内稳定。

化学药品 / 消毒剂：

在有机物存在时，可以被氢氧化钠（洗涤剂中的浓度为1%）灭活。用1.5%（重量/体积）氢氧化钠或氢氧化钙在4℃/39℉或22℃/72℉直接处理猪的废弃物30分钟可以使SVDV失活。用二癸二甲基氯化铵和0.1%NaOH的混合物处理30 ~ 60分钟也可有效灭活该病毒。对于个人消毒和没有有机物的情况下，氧化剂、碘制剂、酸等消毒剂与洗涤剂同用也可起到同样效果。

存活力：

对发酵和烟熏过程具有抵抗力。可以在火腿中存活180天，在干香肠中可以存活1年以上，在加工过的肠衣中可以存活2年以上。

流行病学

亚临床感染动物的移动是SVDV最常见的传播途径。同时运输大量动物时常常会引起微小损伤，这些小伤就成了SVDV的入侵窗口。将易感猪引入受污染的环境也可以引起猪水疱病（SVD）暴发。给猪饲喂未经热处理的垃圾废物是感染肉制品引起疾病的另一途径。

- 外放养猪的发病率较低，但圈养猪的发病率高。
- 不会引起猪死亡。

宿主

猪是SVDV唯一的自然宿主。

传播

- 病毒通过以下途径感染猪：皮肤和黏膜损伤，摄食和吸入。
- 和受感染猪或他们的分泌物直接接触。
- 通过破损的皮肤感染动物需要的病毒量很小。
- 粪便污染是病毒传播的主要来源，通常发生在受污染的运输工具内或建筑物内。
- 源于感染猪只的肉屑和"猪食"。
- 与尸僵相关的正常pH变化不能使SVDV灭活。

传染源

- 受感染猪在出现临床症状前48小时可以通过鼻、口及粪便排出病毒。
- 大部分病毒是在感染后前7天内产生的。
- 通过鼻和口排出病毒的过程通常在2周内停止。
- 通过粪便排出病毒的持续时间可能会长达3个月之久。
- 在病毒血症期所有的组织都含有病毒。
- 破裂的水疱（上皮细胞和体液）中病毒含量很高；粪便中的病毒含量较低。

病的发生

该病偶尔在欧洲国家报道，经常发生于南意大利，零星地发生于意大利中部。该病可能存在于东亚各地区。

诊断

猪水疱病的潜伏期是2～7天。《OIE陆生动物卫生法典》描述的该病的潜伏期为28天。

临床诊断

根据病毒株、被感染猪的年龄、感染途径、感染剂量及饲养条件的不同，SVD可以表现亚临床、温和或严重的水疱症状。SVD的临床症状很容易与口蹄疫（FMD）混淆，猪只发生的任何水疱性疾病都必须通过实验室确诊来区别。最近暴发的SVD多以症状不严重或无临床症状为特征。当样品被送去进行血清监测或出口鉴定时，才发现猪只有了感染。

- 该病的最初症状是在紧密接触的猪群中个别猪只突然出现跛行和短暂的发热，体温可升到41℃/106℉。连续几天不进食。
- 接着在蹄部冠状带出现水疱，特别是与蹄后跟连接处及足趾间隙。可能会波及到整个蹄冠状带，导致脱壳。
- 水疱偶尔也可见于口鼻部特别是背侧表面、唇部、舌及乳头上。膝盖上也可能见到浅层糜烂。
- 在硬质地面上，可以看到动物跛行较为明显，经常拱背站立，拒绝移动甚至不愿意去采食。
- 在潮湿或不卫生的条件下和在粗糙的地板上，临床症状更加严重。而在牧场上放养的或圈养在厚的干草上的猪只表现轻微症状或不表现临床症状。
- 报道过神经症状，但不常见。
- 年幼的猪只通常更容易受此病侵扰。
- 流产不是SVD病的常见症状。
- 通常在2～3周内康复。只有在蹄部出现一条深色的水平线作为感染证据时，生长才会被短期受阻。

- 一些毒株只产生温和的临床症状或无症状。
- 发病率可达100%，但通常不会出现死亡。

病变

- 水疱形成是直接判断SVDV感染的唯一特征性病变。
- 这些水疱性病变与口蹄疫（FMD）和猪的其他水疱性疾病无差别。

鉴别诊断

- 口蹄疫
- 水疱性口炎
- 猪水疱疹
- 化学或热烧伤

实验室诊断

样品

病毒检测需要采集水疱上皮样品。要假定这些样品中含有口蹄疫病毒，因此样品必须在下列条件下运输：放入pH7.2～7.6的甘油和磷酸缓冲液（1/1）混合液中，并且加入抗生素包括青霉素（1 000，国际单位）、硫酸新霉素（100国际单位）、硫酸多粘菌素（50国际单位）和制霉菌素等抗生素（每毫升中的终浓度）。

- 样品制备
- 病变材料：将样品放在灭菌研钵中，加入灭菌沙子和少量组织培养液和抗生素，用灭菌研槌研磨，制备样品悬液。
- 再加入培养液制得10%混悬液。
- 用高速离心机10 000转、离心20～30分钟，收集上清液。
- 粪便样品：将粪便样品（大约20克）用最小体积的组织培养液或磷酸缓冲液（0.04摩尔/升磷酸缓冲液或PBS）混悬。
- 混悬液经涡流震荡进行匀浆，再10 000转高速离心20～30分钟。
- 收集上清液，用0.45微米的过滤器过滤。

操作程序

病原鉴定

- 病毒分离
- 将澄清的上皮或粪便悬液接种于敏感的单层猪细胞内，每天观察细胞病变效应（CPE）。
- 收集CPE阳性的细胞上清液，用ELISA进行病毒鉴定；也可以用其他适当的方法，如RT-PCR。
- 没有观察到细胞病变的培养物经48或72小时后进行盲传，再继续观察2～3天；如果第二次传代后还没有出现细胞病变，该样品则记录为没有检测到病毒。
- 粪便中的病毒含量较低，分离病毒需要进行第三次组织培养传代。
- 免疫学方法
- 酶联免疫吸附试验：间接夹心ELISA已经取代补体结合试验成为SVD病毒抗原检测的首选方法。
- 兔抗SVDV血清作为捕获血清。
- 加入被测样品悬液孵育；要包含适当的对照。
- 加入豚鼠检测血清后，再加入辣根过氧化物酶标记的兔抗豚鼠血清。
- 加入显色剂（如邻苯二胺）和底物（H_2O_2），观察颜色变化，颜色变化者为阳性反应。
- 用单克隆抗体作为捕获抗体或者用过氧化物酶标记物作为示踪抗体的ELISA也可以。
- 核酸检测
- RT-PCR是检测SVD病毒基因组的有用方法，可用于检测从有临床症状和无临床症的动物采集的样品。

– 有几种不同的RT-PCR方法。

血清学试验

SVD的诊断通常只依赖于常规疾病监测或出口鉴定的血清学检测结果。由于SVD症状温和或者只是亚临床感染，因此在送检疑似临床病例的样品时，应当包括疑似病猪和同群中其他看上去健康的猪的血清。

- 病毒中和试验（国际贸易指定使用的方法）。

– 在平底细胞培养微量滴定板上用IB-RS-2细胞（或合适的敏感猪细胞）进行SVD病毒抗体的微定量检测。

– 要根据所用细胞系来设定阳性判断阈值。各实验室应该参考OIE参考实验室的标准试剂建立自己的判断标准。

- 酶联免疫吸附试验（Brocchi等建立的竞争ELISA）

– 用单克隆抗体5B7将灭活的SVD病毒包被在固相滴定板上。

– 同时孵育血清样品和过氧化物酶标记的单抗5B7；阳性血清会抑制被标记单抗的结合。

– 加入底物和显色剂，发生颜色反应，结果以按标准校准的反应中每个供试血清的抑制率表示。

预防和控制

卫生预防

- 继续实施水疱病监测计划，对所有阳性动物和接触动物实施追踪并人道地予以宰杀。
- 除灭感染和接触猪只。
- 控制运输猪的车辆和工具。
- 对圈舍、运输车辆和设备进行彻底消毒。
- 严格进口要求、动物移动控制及动物和动物产品检疫。
- 禁止用泔水喂猪，或者强制执行喂猪的泔水要彻底烹煮。
- 禁止使用通过入境口岸收集和销毁程序获得的轮船或飞机上的垃圾喂猪。

医学预防

- 无治疗措施。
- 目前没有商品化的SVD的疫苗。

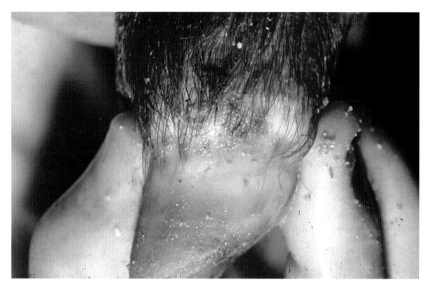

图1 猪水疱病：猪，蹄。蹄部冠状带的多个水疱。[来源：PIADC]

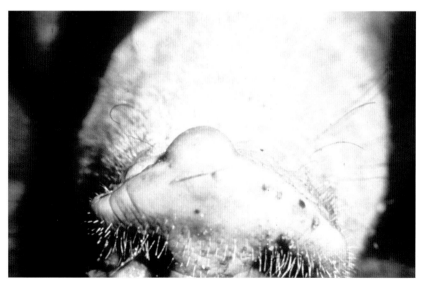

图2 猪水疱病：猪。口鼻部多发性糜烂。[来源：PIADC]

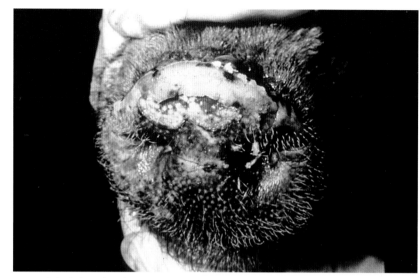

图3 猪水疱病：猪口鼻部。大的未破损的水疱。[来源：PIADC]

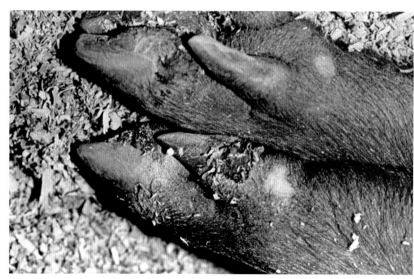

图4 猪水疱病：猪。足垫和爪与悬蹄的冠状多处发生糜烂。[来源：PIADC]

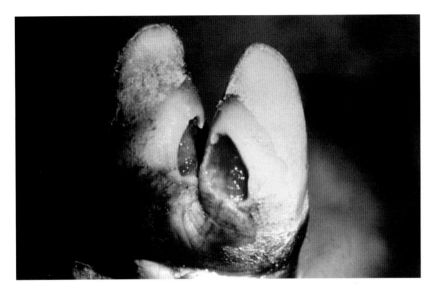

图5　猪水疱病：猪。足垫上有破裂的水疱。[来源：PIADC]

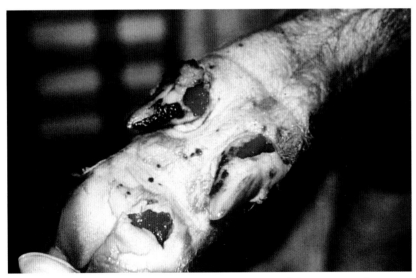

图6　猪水疱病：猪。悬蹄冠状带和蹄球上皮的严重糜烂。[来源：PIADC]

图7　猪水疱病：猪。乳头上多处连在一起的糜烂。[来源：PIADC]

图8　猪水疱病：猪。口腔内多处连在一起的糜烂。[来源：PIADC]

二十六、泰勒虫病

病原学

病原分类

泰勒虫（Theilerosis）为泰勒科（*Theileriidae*）泰勒属（*Theileria*）的胞内寄生的梨形原虫。可感染全世界大多数地区的家养及野生的牛科动物，有些种类对小反刍动物也具有感染力。目前已鉴定的可感染牛的有6个种，其中致病力最强、造成经济损失最为严重的主要为2个种：即引起东海岸热（ECF）的小泰勒虫（*T. parva*）和引起热带泰勒虫病或地中海泰勒虫病的环形泰勒虫（*T.annulata*）。莱氏泰勒虫（*T. lestoquardi*，即*T. hirci*）是唯一可引起小反刍动物感染并造成经济损失的泰勒虫。

对理化作用的抵抗力

泰勒虫为胞内寄生虫，离开宿主不能存活。病原只可借助蜱媒进行传播，因而关于该病原体对物理和化学作用（如温度、化学药品/消毒剂）的抵抗力及其在环境中的存活力等参数无实际意义。

流行病学

泰勒虫借助硬蜱进行传播，在脊椎动物及无脊椎动物体内的发育过程均很复杂。

宿主

* 小泰勒虫可感染牛、非洲水牛（*Syncerus caffer*）、印度水牛（*Bubalus bubalis*）及非洲大羚羊（*Kobus* spp.）。
* 同瘤牛（*Bos indicus*）及桑格牛相比，黄牛（Taurine breeds of cattle）对ECF较为易感。此外，外来引进品种无论是黄牛、瘤牛还是桑格牛，均远比本地牛更敏感。
* 只有黄牛和水牛可呈现出亚临床症状且较为普遍，非洲水牛及非洲大羚羊是感染的储存宿主。
* 环形泰勒虫可感染黄牛和牦牛（*Bos grunniens*），水牛感染通常表现较为温和。水牛常被视为本寄生虫的自然宿主。
* 在将外地黄牛引入疫区时，其临床症状要比本地瘤牛严重得多。

传播

- 小泰勒虫和环形泰勒虫均借助蜱媒进行传播。
- 在非洲南部，小泰勒虫的最重要传播媒介为具尾扇头蜱（*Rhipicephalusappendiculatus*）和赞比西扇头蜱（*R. zambeziensis*），安哥拉的扇头蜱（*R. duttoni*）也可传播ECF。环形泰勒虫则是由璃眼蜱属的硬蜱传播的。
- 根据环境气候条件不同，牧场中的蜱可保持感染力长达两年之久。
- 离开环境中的媒介生物，本病将不能维系存在。
- 蜱在叮咬、血饲时，将泰勒虫子孢子通过唾液传播给易感动物。
- 一般而言，小泰勒虫及环形泰勒虫只有在蜱附上宿主以后才发育成熟并进入唾液。蜱要在附上宿主48～72小时后才具感染性。当环境温度较高时，感染性泰勒虫子孢子也可在地表的蜱的体内发育并可在蜱附上宿主后数小时内侵入宿主。
- 小泰勒虫及环形泰勒虫均不能经蜱卵进行垂直传播。
- 泰勒虫子孢子在宿主动物体内的发育过程较为复杂，包括白细胞内的裂殖体复制和红细胞内的配子体复制阶段。
- 从泰勒虫感染康复的牛通常长期带虫。

传染源

- 东海岸热（ECF）：
- 感染具尾扇头蜱唾液腺中的子孢子。
- 感染动物的脾脏、淋巴结及全血（淋巴细胞）中的裂殖体。对牛进行人工感染实验的成功率不稳定。
- 热带泰勒虫病（TT）
- 感染璃眼蜱唾液腺中的子孢子。
- 感染动物的脾脏、淋巴结、肝脏及全血（单核细胞）中的裂殖体。对牛进行人工感染实验的成功率很高。

病的发生

ECF发生于南苏丹到南非以及西至刚果东部的非洲地区。媒介蜱分布于海平面以上至海拔2 438.4米（8 000英尺）、年降水量超过6.1米（20英尺）的所有地区。热带泰勒虫病在北非、欧洲南部、前苏联南部、印度次大陆、中国及中东等地均有发生。感染小反刍动物的莱氏泰勒虫分布于地中海盆地、北非及亚洲地区。非致病性的*T. buffeli*全球均有分布。

诊断

ECF的平均潜伏期为8～12天，TT为10～25天。

- 有蜱虫侵袭且有体温升高、淋巴结肿大表现的易感动物可怀疑为泰勒虫病。
- 在疫病流行区，只有犊牛的死亡率高。
- 在野外，可通过对全血或者淋巴结穿刺液涂片进行姬姆萨染色后镜检发现泰勒虫作出诊断，但由于除*T. velifera*外的大多数泰勒虫配子体形态很接近，很难鉴定到具体种类。
- 并非在整个病程中都可从体表淋巴结查到裂殖体。
- 实验室确诊很有必要。
- 发病率及死亡率随宿主易感性及泰勒虫种类不同而有差异。
- 从非疫区引入的牛感染ECF的死亡率可高达100%；而疫区的瘤牛即使100%发病，死亡率通常也很低。
- 随宿主易感性及泰勒虫种类不同，TT的死亡率从3%到近90%不等。

临床诊断

- ECF的第一个临床症状常为引流淋巴结肿大，通常多见于耳下腺引流淋巴结，因为耳朵常是蜱虫的叮咬部位。随后是耳下腺淋巴结、肩胛骨前淋巴结以及股骨前淋巴结等体表淋巴结的病变，易于通过肉眼观察或者触诊发现。

- 高烧且持续整个病程，体温急速升高可达42℃/108℉。
- 眼结膜及口腔等处的黏膜组织有较明显的出血点和出血斑。
- 食欲不振、精神状况差。
- 其他临床症状可能包括流泪、角膜混浊、鼻腔分泌物增多，后期呼吸困难、腹泻。
- 濒死前动物通常斜卧、体温下降、由于肺水肿导致严重呼吸困难，鼻孔周围很多泡沫状分泌物。
- 十分易感的牛的死亡率可接近100%。
- 其他影响发病严重程度及病程的因素还包括：感染蜱的攻击强度（ECF为感染剂量依赖性的疾病）及感染的虫株。
- 有些虫株引起慢性消耗性疾病。
- 感染牛康复后出现慢性病并导致犊牛生长受阻，成年牛缺乏生产力。当然，只有少数康复牛有这种情况。
- 在大多数情况下，亚临床感染的带虫牛在生产力方面几乎或完全不受影响。
- 有一种濒死状况称为"转圈病"，这是由于感染细胞堵塞了脑部毛细血管所引起的神经系统症状。
- 热带锥虫病和东海岸热症状类似，还可出现黄疸和贫血。
- 在热带锥虫病的急性病例，动物可在感染后15～25内天死亡。
- 临床症状可包括黏膜苍白（贫血）或者黄疸，由于配子体急剧破坏红细胞而引起。
- 在大裂殖体在巨噬细胞内大量增殖的阶段，病畜可表现为淋巴结肿大、精神状况差，以及由于感染细胞中细胞因子的大量释出导致的肌肉消瘦。
- 病程终期可出现血痢。

病变

- ECF感染动物鼻孔周围常见有泡沫状分泌物。
- 可见腹泻、消瘦、脱水。
- 淋巴结极度肿大，表现为增生、出血或者水肿。
- ECF急性病例的淋巴结可表现为水肿、充血，但大多慢性病例主要表现为坏死及萎缩。
- 肌肉和脂肪通常表现正常，但根据疾病的严重程度，脂肪可消耗殆尽。
- 浆膜表面有广泛性点状或者斑块出血，体腔内有浆液。
- 整个胃肠道均出血、溃疡，特别是皱胃的幽门部位，可见派尔集合淋巴结坏死。
- 肝脏及肾脏部位淋巴细胞浸润，形成白色斑块。
- 感染动物肺部病变最为突出，大多ECF的病例表现为小叶间肺气肿及重度肺水肿，肺颜色变红、内部充满液体，气管和支气管内充满液体和泡沫。
- 热带锥虫病没有特征性临床表现。
- 感染后不久，叮咬部位的引流淋巴结肿大。
- 病情严重或者死亡时，病畜可同时有贫血、黄疸、淋巴结肿大、肌肉萎缩、肺气肿、出血性小肠结肠炎等病变。
- 与东海岸热病例大量淋巴细胞遭受感染而引起明显的淋巴结增生不同，热带锥虫病主要是巨噬细胞受感染。
- 研究人员推测，巨噬细胞的短时间内大量感染会导致以肿瘤坏死因子（TNFa）为主的细胞因子的急速释放，从而产生许多肉眼可见的病变。
- 可在体内不同器官受感染的巨噬细胞中发现泰勒虫大裂殖体。

鉴别诊断

- 心水病

- 锥虫病
- 巴贝斯虫病
- 边虫病
- 恶性卡他热
- 牛传染性胸膜肺炎
- 与其他种泰勒虫感染的鉴别

实验室诊断

- 对于活动物，以血液或者淋巴结穿刺液制成薄片来检查裂殖体。
- 剖检时，可用大多数体内脏器制成压印片以查找裂殖体。
- 有时可从带虫牛的血液中查到配子体。
- 有时可采用PCR或者DNA探针进行泰勒虫病原检测与种类鉴定。
- 可采用ELISA（目前已无商品化试剂盒）或者IFA试验对小泰勒虫或者环形泰勒虫的抗体进行检测。
- 血清学检测的敏感性可能不足以检出所有感染牛，而且与其他泰勒虫种有交叉反应。

样品

裂殖体是小泰勒虫和环形泰勒虫具致病性的阶段，感染早期引起淋巴增殖而晚期导致淋巴破坏。在下列样品中可找到裂殖体感染细胞：

- 全血或者血液白膜层涂片：自然干燥、甲醇固定后用于检查裂殖体。
- 淋巴结可用于裂殖体检查。
- 肺、脾、肾、淋巴结印片：自然干燥、甲醇固定后用于检查裂殖体。
- 肺、肾、脑、肝、脾以及淋巴结进行组织病理学检查，适用于裂殖体检查。
- 在看到一种称为"转圈病"的神经征候时，在血管内外可见受裂殖体感染的淋巴细胞的聚集，引起脑部血栓及贫血性坏死。
- 血清：进行抗体检测

操作程序

病原鉴定

- 在淋巴结活检涂片上，可发现多核的胞内和游离的裂殖体。这是小泰勒虫和环形泰勒虫急性感染的典型诊断特征。
- 在姬姆萨染色的血液涂片、淋巴结印片或者组织切片中发现裂殖体感染细胞，是ECF的诊断依据。
- 红细胞中发现小配子体可怀疑为ECF，但是还需发现裂殖体才能确诊。
- 可从组织切片中发现裂殖体，但活检时的淋巴结穿刺液涂片最佳。
- 由于与其他泰勒虫（如*T. mutans, T.velifera, T. taurotragi*和*T. buffeli*）在形态上相似，也有共同感染的可能性，要采用血清学或者核酸探针技术对感染虫类进行鉴别。
- 感染康复动物体内可携带配子体数月甚至数年，并可断断续续地查到。但是血片镜检阴性并不能排除隐性感染的可能性。
- 有些种类的泰勒虫感染可在康复动物摘除脾脏后复发。
- 死后剖检时也可从血液涂片中发现配子体，但虫体显著萎缩且胞质几乎不见。
- 有多种探针用于感染牛的泰勒虫的检测。这些探针是根据18S核糖体RNA基因序列设计的。
- 针对泰勒虫的不同靶基因，如TpR、p104、p67、PIM等，已经建立了很多PCR检测方法，可以用于检测*T. parva*及*T. annulata*。

血清学试验

- 对泰勒虫最常用的诊断方法为间接免疫荧光（IFA）试验，可采用裂殖体或者配子体抗原作为检测抗原。
- IFA方法具有敏感、较特异和常易于操作的特点。
- 由于不同种泰勒虫之间存在交叉反应，因此本方法在多种泰勒虫混合感染区作大规模调查时的用处是有限的。

- 小泰勒虫的IFA检测方法不能区分具不同免疫原性的虫株。
- 新建立的以重组虫特异性抗原为基础、检测*T. parva*及*T. mutans*泰勒虫抗体的间接ELISA方法的敏感性和特异性均优于IFA，已基本上取代了原来在非洲使用的IFA方法。
- 基于ELISA技术的血清学检测方法越来越多地用于寄生虫特异性抗体的检测。
- ELISA方法已经成功地被用于检测环形泰勒虫抗体并表明 比IFA方法检测到抗体的时间要长些。检测*T. parva*及*T. mutans*的间接ELISA方法已经完成广范围的实验室和田间 评估并在非洲大部分地区得以应用。
  - 同IFA相比，这些间接ELISA方法敏感性和特异性更高（达95%以上），但尚未商品化。

预防和控制

卫生预防

- 牛泰勒虫病一般通过采用药物灭蜱的方式进行控制，但是该方法难以持续使用。
- 杀蜱药物一般价格较高，而且对环境有污染，应用时间长了蜱会产生耐药性，需要研发新的杀虫药。
- 值得期待的是建立更加可持续和可靠的控制泰勒虫病的措施。此措施采用蜱媒控制与疫苗接种相结合的策略。不过，此措施尚未成功地在流行区进行大规模应用。
- 卫生及消毒措施在预防泰勒虫病传播方面作用通常不大。

医学预防

- 可以得到布帕伐醌（buparvaquone）等治疗*T. parva*和*T. annulata*的化学药物。

- 药物治疗不能将体内泰勒虫完全清除，康复动物将长期带虫。
- 感染环形泰勒虫某一虫株的康复动物可获得对其他大多数虫株感染的交叉保护力。
- 感染小泰勒虫的康复动物缺乏对其他虫株感染的完全交叉保护力。

灭活疫苗

尚不可得到。

致弱疫苗

- 目前已经开发出效果明了和可靠的*T.parva*和*T.annulata*疫苗。
- *T.annulata*疫苗是从感染有裂殖体的细胞系制备。裂殖体是从牛分离到并经体外培养致弱的。
- 疫苗在使用前必须冷冻保藏、临用时取出。
- 对小泰勒虫的免疫是采用感染与药物处理相结合的方案，即皮下注射蜱源子孢子进行免疫接种并同时注射长效四环素。
  - 药物处理的结果是动物产生温和的、不明显的东海岸热症状并随后康复。
  - 康复动物对于同源性小泰勒虫具有强保护力并持续终生。
- 使动物产生广谱免疫力的理想疫苗株应该覆盖田间存在的具不同免疫原性的小泰勒虫虫株。
- 免疫动物常常成为免疫虫株的携带者。
- 应该考虑到，在引入新的虫株到一个地区后，该虫株可能通过带虫宿主而在这个地区定植。

重组苗

- 正在研制ECF亚单位疫苗。理想的亚单位疫苗既包含子孢子阶段抗原（如p67），也包含裂殖体阶段抗原。一种改良的p67疫苗已经经过田间试验，可能不久即可上市。

图1 泰勒虫病：牛。呼吸困难，肩胛骨前淋巴结肿大。[来源：PIADC]

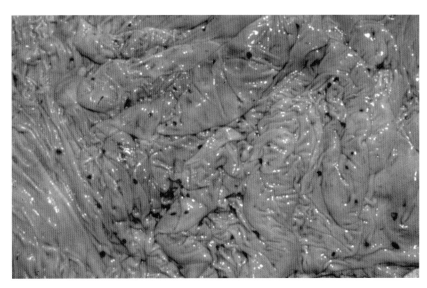

图3 泰勒虫病：牛，皱胃。多处黏膜溃疡。[来源：PIADC]

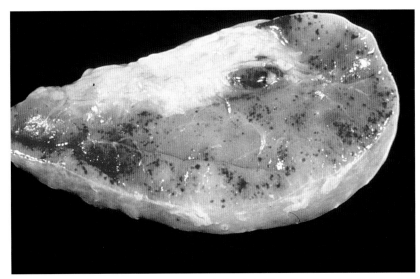

图2 泰勒虫病：牛，淋巴结切面。明显的淋巴组织增生并具多灶性点状出血。[来源：PIADC]

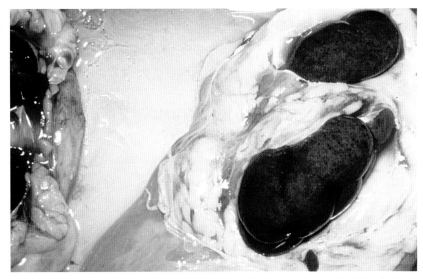

图4 泰勒虫病：牛，肾。严重的肾周水肿，肾皮质有多个淡色病灶。[来源：PIADC]

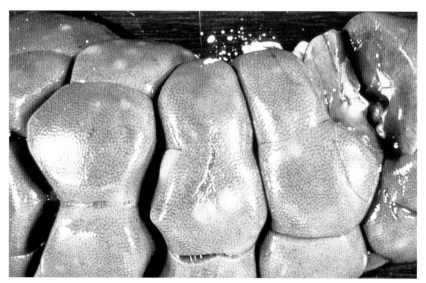

图5 泰勒虫病：牛，肾。多个隆起的白色病灶，用显微镜检查时可见大量淋巴细胞。[来源：PIADC]

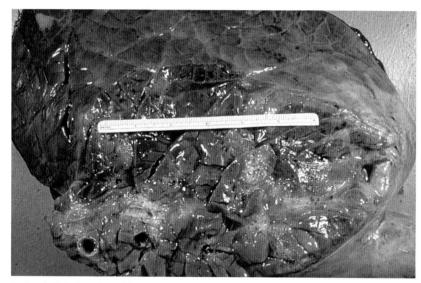

图7 泰勒虫病：牛，肺切面。水肿和明显的小叶间气肿。[来源：PIADC]

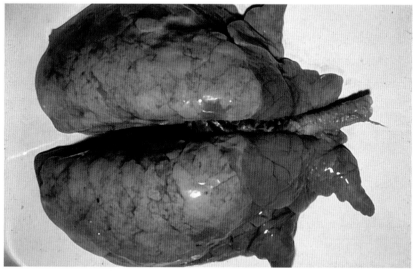

图6 泰勒虫病：牛，肺。水肿和肺过度充气，颅前侧肺膨胀不全。[来源：PIADC]

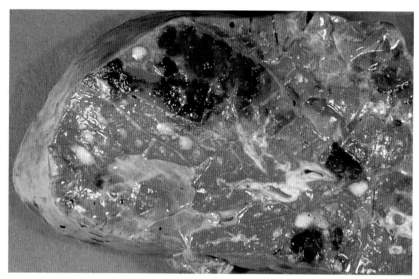

图8 泰勒虫病：牛，肺切面。肺水肿和多灶性出血。[来源：PIADC]

二十七、锥虫病（采采蝇传播）

病原学

病原分类

采采蝇传播的锥虫病（Tsetse-transmitted Trypanosomosis）是由动基目（Kinetoplastida）锥虫科（Trypanosomatidae）锥虫属（*Trypanosoma*）的鞭毛原虫引起的寄生虫病。其中，刚果锥虫（*T. congolense*）为*Nannomonas*亚属，活跃锥虫（*T. vivax*）为*Duttonella*亚属，布氏锥虫亚种（*T. brucei* ssp.）为*Trypanozoon*亚属。采用分子生物学技术可将刚果锥虫分成若干种基因型，其中，最常见也是对牛致病性最强的基因型为草原（savannah）型，其他如森林型及基利菲（Kilifi）型致病性较弱，在宿主嗜性上也有不同。刚果锥虫和活跃锥虫主要为血管内寄生虫，而布氏锥虫亚种则具有组织嗜性。这些原虫病的病原体寄生在它们的脊椎动物宿主的血液、淋巴及各种组织内：刚果锥虫和活跃锥虫完全是这样，布氏锥虫指名亚种（*T. brucei brucei*）也大体是这样。二或三种锥虫混合感染的现象较为普遍。*T. uniforme*及猴锥虫（*T. simiae*）是另外两种较少见的采采蝇传播的锥虫。在非洲，采采蝇传播的锥虫病被称为那加那病（Nagana）。

对理化作用的抵抗力

锥虫只可在宿主动物的血液、体液、组织及采采蝇体内存活。经机械传播的活跃锥虫在宿主体外存活时间很短。一旦脊椎动物死亡，体内锥虫将在几小时内消失。控制节肢动物媒介和防止它们接触宿主动物是防止新感染的重要途径。作为血液传播性寄生虫，消毒措施不能阻断其传播。

流行病学

采采蝇滋生区域达1.0×10^7千米^2，见于37个国家，主要是非洲国家。在非洲，本病被称为那加那病。本病是非洲在经济上最重要的家畜特别是牛的疾病。

宿主

- 野生动物是本病的天然宿主
- 至少有30种动物是本病的天然宿主，包括大羚羊（*Tragelaphus strepsiceros*）、疣猪（*Phacochoerus aethiopicus*）、南非林羚（*Tragelaphus*

scriptus)、丛林猪（*Potamochoerus porcus*）、非洲水牛（*Syncerus caffer*）、非洲象（*Loxodonta africana*）、白犀牛（*Ceratotherium simum*）、黑犀牛（*Diceros bicornis*）、野马、非洲狮及豹（*Panthera pardus*）。

- 野生动物大多没有任何临床表现，寄生虫与宿主间维持动态平衡。
- 野生动物也是巨大的锥虫病储存宿主。

● 采采蝇（*Glossina*）是本病传播的生物媒介。

- 在北纬14°到南纬29°的撒哈拉以南非洲地区有23种具传播能力的采采蝇存在，但主要为*G. morsitans*、*G. palpalis*和*G. fusca*。
- 它们在草原、河边及森林等栖息地呈群分布。
- 它们可终生持续带虫。
- 锥虫的生活史包括了在采采蝇体内的周期发育阶段。根据锥虫种类及环境温度的不同，此阶段历时3周或更长时间。

● 家畜是本病的机会宿主，牛在经济上是最重要的。

- 刚果锥虫：牛、猪、山羊、绵羊、马和犬。
- 活跃锥虫：牛、马、山羊、绵羊。
- 布氏锥虫指名亚种：牛、马、犬、猫、骆驼、山羊、绵羊和猪。

● 对锥虫具有耐受力的动物：

- 西非本土的黄牛品种：N'Dama、Baoule、Muturu、Laguna、Somba和Dahomey。
- 东非瘤牛：Orma Boran和Maasai zebu。
- 本土的小反刍动物：西非矮羊、东非山羊。

● 储存宿主：很多野生动物、对锥虫具有耐受力的动物、慢性感染动物及采采蝇。

● 实验用啮齿动物：主要是大鼠和小鼠。

- 可用于展示布氏锥虫指名亚种和伊氏锥虫（*T. evans*）的亚临床感染，但是对一些刚果锥虫无效，活跃锥虫也很少感染啮齿动物。

● 人类：布氏锥虫冈比亚亚种（*T. brucei gambiense*）和布氏锥虫罗得西亚亚种（*T. brucei rhodesiense*）可引起人的昏睡病。

- 动物锥虫很少感染人，但是人和动物锥虫病的储存宿主（野生动物和家畜）和媒介（采采蝇）是共同的。

传播

● 循环传播

- 锥虫病可通过被感染的采采蝇的叮咬而传播。
- 采采蝇通过吸食感染带虫动物的血液而获得感染。
- 采采蝇血饲后，体内锥虫经过15～21天发育后具感染性并将终生保持感染性。
- 叮咬传播发生在血饲的早期，即蝇在吸入动物血液前往动物体内注入唾液的时候。

● 机械传播

- 叮咬性蝇类，特别是虻和蝇类，当然也包括其他叮咬性昆虫（如采采蝇）是活跃锥虫传播的机械媒介。
- 当采采蝇的血饲过程被中断而在一个新的宿主机体再开始时可发生机械传播。因此，机械传播主要发生于同群动物中，在极少数情况下可发生远距离传播。

● 活跃锥虫引起的锥虫病已经传播到了无采采蝇或者已经消灭了采采蝇的一些非洲、中美及南美地区。

● 其他传播途径，包括怀孕期的子宫内及分娩时的垂直传播。

● 对布氏锥虫而言，也存在经口传播，即犊牛在生后吞食污染的血液或者其他体液获得感染。食肉动物也常因采食新近染病的猎物而发生感染。

传染源

● 染病动物的血液、淋巴及其他液体。

病的发生

非洲锥虫病发生在有采采蝇分布的非洲地区，即北纬15°和南纬29°之间。由于活跃锥虫可通过蝇叮咬进行机械传播，故活跃锥虫引起的锥虫病也可在无采采蝇或者已经消灭了采采蝇的非洲、中美及南美部分地区发生。

诊断

本病潜伏期为8～20天，刚果锥虫感染多在4～24天后有症状表现，活跃锥虫为4～40天，布氏锥虫指名亚种感染则没有固定的潜伏期。

临床诊断

受宿主营养不良、并发症及其他应激因素的影响，锥虫病可表现为急性或者慢性病程。牛锥虫病多为慢性病，有些病例可慢慢康复，但一旦遇应激因素则常复发。本病最重要的临床表现就是再生障碍性贫血，受感染动物出现功能失常。在采采蝇肆虐地区，本病的感染率通常较高。除非采取治疗措施，上述三种锥虫病均可导致宿主死亡。

主要临床症状表现有：

- 间歇热
- 贫血
- 水肿
- 流泪
- 淋巴结肿大
- 流产
- 繁殖性能下降
- 食欲不振、体况下降、生产性能下降

- 急性型可见动物早期死亡
- 慢性病例中的动物逐渐憔悴消瘦，多在出现消化/神经系统症状后死亡。

病变

死后剖检病变缺乏特征性，且常与贫血和持续很久的抗原抗体反应有关。

- 消瘦、脂肪萎缩。
- 淋巴结、肝、脾肿大。
- 体腔积水、皮下水肿。
- 点状出血。
- 病程末期，由于动物发动免疫反应的大量消耗导致淋巴组织萎缩并常见重症心肌炎。
- 在引起贫血的同时，布氏锥虫指名亚种感染常导致多种组织的炎症和变性。

鉴别诊断

有发热表现的急性锥虫病：

- 巴贝斯虫病
- 边虫病
- 泰勒虫病（东海岸热）
- 出血性败血症
- 炭疽

有贫血及消瘦表现的慢性锥虫病：

- 蠕虫病
- 营养不良
- 其他血液寄生虫病

实验室诊断

样品

寄生虫鉴定

- 常血或者EDTA和/或肝素抗凝血（10毫升）。
- 活跃锥虫及布氏锥虫指名亚种感染动物的肩前或者腿前淋巴结活检的穿刺物。
- 布氏锥虫感染动物的脑脊液。

血清学检测

- 血清样品（10~20毫升）。

操作程序

病原鉴定

- 直接取新鲜血液或者血沉棕黄层涂片、加上盖玻片后进行直接检查，有时可根据疫病流行状况结合显微镜下虫体的大小、形状及运动状态对虫的种类作出初步鉴定。如需可靠的种类鉴定，则应将涂片固定、染色后镜检。
- 提累尔氏锥虫（*T.theileri*）对牛是一种非致病性锥虫，分布于全球很多地区，且可引起短时间的寄生虫血症，有时易与非洲锥虫病混淆。
- 取染色后的厚膜血片、薄膜血片或者湿片直接进行虫体鉴定。
- 取肝素抗凝血置于微量血细胞比容管中，静止后取血沉棕黄层进行镜检，此时虫的浓度提高，诊断敏感性大大提高。
- 在低倍显微镜下对血沉棕黄层作直接镜检（Woo's方法），或作湿片用位相反差（phase-contrast）或暗视野（dark-ground）显微镜检查（Myrry's方法）。

- 也可对血沉棕黄层作涂片和染色。
- 对畜群进行检测的敏感性明显高于个体动物水平的检测。
- 不同感染进程的虫血症水平不同：感染早期高、慢性感染时较低、带虫动物几乎查不到。
- 迷你阴离子（mini-anion）交换离心技术是检测低虫血症的简易技术，可从宿主红细胞中分离出草原型锥虫，广泛应用于人锥虫病的诊断，但不适合大批量动物样品的筛查。
- 聚合酶链式反应（PCR）
- 同病原直接观察相比，敏感性更高、特异性更强。
- 可进行寄生虫亚属、种乃至亚种水平的鉴定。
- 在虫血症水平较低的情况下（<1个锥虫/毫升）的情况下，可以出现假阴性，这种情况多见于慢性感染病例。当引物不能识别某一特定种类锥虫的所有虫株时，也会出现假阴性。

血清学试验

- ELISA法检测抗体，适于大规模调查。
- 间接免疫荧光抗体检测（IFA）。
- 这两种血清学检测方法均具有高敏感性和属特异性，但种特异性较低。目前，只用于锥虫病的推定性诊断。血清中的抗体在疾病治愈或者自愈后可持续3~4个月时间，甚至可长达13个月。

预防和控制

锥虫病已严重束缚非洲很多地区反刍动物养殖业。

卫生预防

- 在地面喷洒杀虫剂、清除灌木、淘汰狩猎动物等措施破坏珍稀动物资源并造成土壤侵蚀，目前已经弃用。

- 控制和消灭采采蝇媒介。
- 使用杀虫剂：采用合成的拟除虫菊酯直接对动物喷雾或者做成浇泼剂使用的发展前景较好，蹄部药浴的效果正在评价中。
- 雄蝇不育技术：雌蝇一生只交配一次，故选择雄蝇绝育的效果较好。但由于生产设施花费高，只适用于在灭蝇战役的最后阶段、剩余雌蝇数量低时使用。
- 采用信息素诱饵诱捕（pheromone baited tsetse traps）的技术：可吸引并捕获采采蝇，简易、价廉、无污染，易于为社区所接受。
- 加强易感动物养殖管理，尽可能减少与采采蝇的接触。
- 引进及培养耐锥虫品种，N'Dama及西非短角牛在非洲西部已有数百年历史，对锥虫病有天生的抵抗力。
- 这些品种即使被采采蝇叮咬并感染锥虫病也没有任何临床表现，但这些品种由于个头较小且产奶量低，很难为人们所接受。
- 杂交育种的方式还是为大家所普遍接受的途径。

医学预防

- 可用扼锥定（isometamidium chroride）、硫酸喹嘧胺和氯化喹嘧胺（quinapyramine sulphate and chroride）等药物，在放牧季节及寄生虫高发季节预防使用。
- 可用于治疗的药物包括三氮脒（diminazene aceturate）及硫酸二甲酯喹嘧胺（quinapyramine methylsulfate）。
- 锥虫可对药物产生耐药性，但是应注意有时候用户买到的是假药，而不是由于锥虫已产生了耐药性。
- 目前没有疫苗销售，近期也不太可能有疫苗上市，因为锥虫体表覆盖着变异性表面糖蛋白（VSG）且变异很快，可逃避宿主的免疫反应（抗原变异）。
- 这也导致锥虫感染持续时间较长并表现间歇性虫血症。
- 估计锥虫表面约有1 000个VSG。当宿主产生抗体时，这些VSG受基因调控发生转换。

图1 锥虫病（采采蝇传播）：牛。消瘦。[来源：OVI/ARC]

图3 锥虫病（采采蝇传播）：采采蝇。[来源：OVI/ARC]

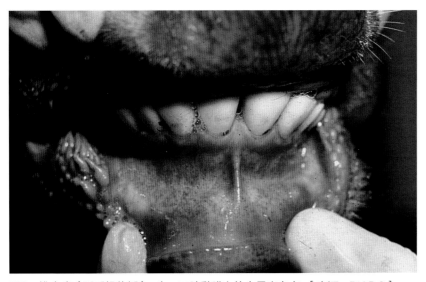

图2 锥虫病（采采蝇传播）：牛。口腔黏膜上的大量出血点。[来源：PIADC]

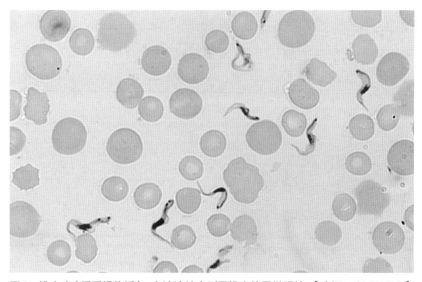

图4 锥虫病（采采蝇传播）：血液涂片中刚果锥虫的显微照片。[来源：OVI/ARC]

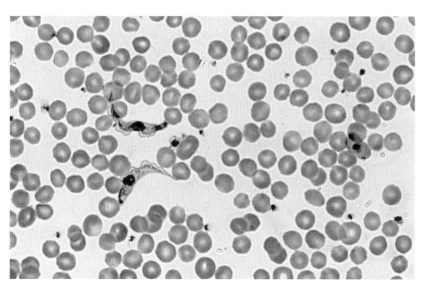

图5 锥虫病（采采蝇传播）：血液涂片中活跃锥虫的显微照片。[来源：OVI/ARC]

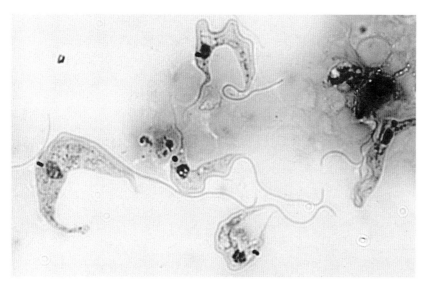

图6 锥虫病（采采蝇传播）：血液涂片中提累尔氏锥虫的显微照片。[来源：OVI/ARC]

二十八、委内瑞拉马脑脊髓炎

病原学

病原分类

委内瑞拉马脑脊髓炎（Venezuelan equine encephalitis,VEE）病毒属于披膜病毒科（*Togaviridae*）甲病毒属（*Alphavirus*）[以前称A群虫媒病毒（Group A Arbovirus）]。VEE病毒群按抗原变异株分为6个抗原亚型（Ⅰ~Ⅵ）。亚型Ⅰ包括5个抗原变异株（变异株AB~F）。以前认为亚型Ⅰ-A和Ⅰ-B是不同的抗原变异株，现在认为它们是相同的，已被归为Ⅰ-AB。抗原变异株Ⅰ-AB和Ⅰ-C与马属动物和人的疾病有关。另外三个亚型Ⅰ的变异株（Ⅰ-D,Ⅰ-E,Ⅰ-F）和其他5个VEE亚型（Ⅱ~Ⅵ）只引起动物疫病。

对理化作用的抵抗力

温度：

甲病毒的热失活点（TIP）是58℃/136℉，病毒半数存活率为37℃/99℉，条件下7小时。

pH：

甲病毒在pH7~8的碱性条件下稳定，但是在酸性条件下迅速失活。

化学药品/消毒剂：

多种常用的消毒剂均可灭活本病毒，对有机溶剂、1%次氯酸钠清洁剂、70%乙醇、2%戊二醛与甲醛都敏感。

存活力：

病毒对日光照射、湿热或干热和干燥敏感，低温、潮湿、黑暗条件有助于病毒存活。

流行病学

宿主

- 引起动物发病的VEE病毒（I–D，I–E，I–F和亚型II~Ⅵ）主要发现于栖息森林的啮齿类动物和库蚊（库蚊亚属）。

- 鸟类可能也与引起动物发病的病毒的维持有关。
- 马科动物和人是偶发性或死亡终宿主。
- 引起动物发病的流行性的病毒株（I–AB和I–C）的自然或流行间宿主还没有确定。研究揭示引起动物发病的地方性的毒株的基因变异导致了引起动物发病的流行性毒株的出现。
- 马科动物成为了兽疫流行性VEE毒株的扩大宿主。马和驴产生含毒量高的病毒血症，其结果是感染大范围的蚊子。
- 牛、猪、鸡和犬经过流行后血清转阳。家兔、犬、山羊与绵羊也发生了死亡。
- 在VEE兽疫流行期间，从棉鼠、负鼠、灰狐、蝙蝠和多种野生鸟类中分离到病毒。
- 实验表明，豚鼠、老鼠、仓鼠和一些非人灵长类能被感染。实验室啮齿类动物通常亚临床感染，但是一些分离株可以是致死性的。

传播

- 本病不具接触传播性，只能通过媒介进行传播。
- 食血为生的昆虫在所有VEE病毒的传播过程中起主要作用。
- 引起动物发病的流行性毒株已从相关蚊属中分离到，包括伊蚊、疟蚊、库蚊、*Deinocerites*属、曼蚊属、鳞蚊属。
- 兽疫流行性VEE毒株的机械传播已在黑蝇（*Simulium* spp.）中证实。
- 虽然钝眼蜱属（*Amblyomma*）和璃眼蜱属（*Hyalomma*）能试验性感染引起动物发病的地方性和流行性VEE毒株，但是它们的作用还不肯定。
- 引起动物/人发病的地方性VEE毒株的森林循环：引起动物发病的地方性VEE变异株及其亚型在热带生态系统中以啮齿类动物、鸟类（可能）捕食蚊类方式进行循环。
- 引起动物/人发病的地方性VEE的循环：马科动物是扩大宿主（高浓度的、持续时间长的病毒血症），感染多种的蚊子（其叮咬对象不限于马

科动物）。
- 有人提出非媒介传播的疾病可通过直接接触或气溶胶进行传播。尚无马传人和人传人的记录。
- 非马的脊椎动物在疫病传播中的作用还不清楚但可能很小。
- 传播速度依赖于：VEE病毒亚型、传播媒介的密度和易感宿主的数量。兽疫流行性VEE的大范围的传播取决于病毒在马科动物上所产生严重病毒血症的能力。

传染源

- 马科动物（马、驴和斑马）是疾病暴发时兽疫流行性病毒株的主要来源。
- 虽然尚不知兽疫流行性毒株在疫病流行中是如何得以维持的，但是目前有三个假设盛行：
  - VEE I–AB亚型疫苗没有完全失活（根据基因定序研究结果提出）。
  - 引起动物/人发病的流行性的VEE I–AB和I–C亚型毒株是由引起动物发病的地方性的I–D亚型毒株的基因变异所致（得到遗传学研究的支持）。
  - 对委内瑞拉的引起动物发病的流行性VEE I–C毒株的近期研究表明在一种尚未知的循环中有持续的、低水平的森林维持存在（隐藏的传播循环）。
- 以吸血为生的媒介从患病马感染到高滴度的病毒。
- 引起动物/人发病的地方性毒株在热带生态系统中，在啮齿类动物与蚊子间循环，一些亚型还包括鸟类。

病的发生

引起动物/人发病的地方性VEE毒株在南美洲、中美洲、墨西哥与美国的低地热带与亚热带森林及湿地中持续循环。引起动物发病的VEE病毒通常不导

致马属动物产生临床上的脑脊髓炎，但是其亚型I-E于1993年和1996年在墨西哥引起了有限的马的兽疫流行。

从历史上看，引起动物发病的流行性VEE只局限于南美洲的北部与西部（委内瑞拉、哥伦比亚、厄瓜多尔和秘鲁）以及特立尼达（Trinidad）的加勒比岛（1944年）。VEE Ⅰ-AB导致的兽疫大流行从1969年在中美洲开始传播，于1971年到达美国的德克萨斯州。自从1972年以来，由I-AB或I-C病毒导致的VEE在动物的流行尚未在北美与墨西哥出现。最近从马和人分离到的引起动物发病的流行性VEE病毒是I-C亚型（1993、1995与1996年于委内瑞拉，1995年于哥伦比亚）。近年来更多的马科动物VEE疫情已由一些国家报给OIE，包括伯利兹（Belize，1996、1998、2003、2004、2005、2007年）、哥伦比亚（1996、1997、1998、1999、2001、2002、2003、2005~2007年）、哥斯达黎加（2001、2002年）、洪都拉斯（1997、2000、2001、2002、2003、2007年）、危地马拉（1998、2005—2008年）、圭亚那（2006年）、巴拿马（1999、2005年）与委内瑞拉（2000、2003、2004、2005年）（病例可能在报告之前的那年就已发生）。

诊断

潜伏期通常为1~5天，1天之内出现高热，5天左右出现神经症状。

临床诊断

虽然当热带或亚热带地区的易感动物出现马脑脊髓炎的临床症状且所在区域食血为生的蚊虫活跃时，可得出"马脑脊髓炎"的推定诊断，VEE只能被认为是多个可能病症的一种，最终诊断还需要进行实验室确认。

- 虽然引起动物发病的地方性VEE病毒不会导致马科宿主出现明显症状，但是也不总是如此，例如 I-E病毒于1993年与1996年在墨西哥导致的疾病。

- 能够导致人的临床疾病。

* 多个引起动物发病的流行性毒株能够导致马、骡、驴与斑马的严重疾病，但是其毒力有差异。

- 有的导致发热病征，没有神经症状。

* 通过检测循环的抗体确定，感染率可高达90%，但是发病率取决于毒株及免疫反应。

* 发病率在不同地区差别较大，从10%~40%或50%~100%不等。

* 马的死亡率为50%~70%，38%~90%的病例有动物死亡。

临床疾病可分为四个类型：

亚临床

* 没有疾病表现。

* 大多数通常与引起动物发病的地方性VEE毒株相关。

中等

* 食欲不振、发热、没有精神。

* 看到的引起动物发病的流行性VEE病毒感染的第一个症状是发热，伴随着发热皮肤发红，可持续24天。

- 感染12~24小时后发热伴随着皮肤发红，感染5~6天后停止，同时体内产生中和抗体。

严重但不致死

* 持续性厌食、高热、心动过速、精神不振，接着出现更严重的中枢神经症状。

- 轻度瘫痪、肌肉收缩与痉挛，不协调、高抬脚步行、蹒跚、不能步行，导致出现开放式站位以防止跌倒。

- 失明。

- 低头、磨牙、四肢摇晃或转圈，倒地动物出现四肢划动或侧卧状。
- 昏迷和/或抽搐，通常导致不可逆的神经损伤。
- 一些动物出现腹泻和腹痛。

致死

- 与严重型症状类似，但导致死亡。
- 突然死亡或在神经症状发作后数小时后死亡。
- 持续日久的疾病会导致动物脱水和身体极度虚脱。
- 引起动物发病的流行性VEE病毒也可导致其他动物的死亡，如兔、山羊、犬和绵羊。

病变

- VEE病马在中枢神经系统的损伤通常是非特异的，从无损伤到广泛的出血性坏死，情况各异。
- 与动物的渐进性神经症状相关的失明可导致自我诱发的损伤；瘀斑性出血。
- 其他器官的病变因差异太大而无助于诊断。
- 这些病变包括在胰腺、肾上腺皮质、心脏、肝脏和血管壁的坏死性损伤。
- 就组织病理学而言，主要的损伤都是与弥散性坏死性脑膜炎有关。病变包括血管周围和细胞的反应到明显的血管坏死并伴有出血、胶质细胞增生和神经元坏死。
- 最严重损伤是在大脑皮层，并向的马尾部逐渐减弱。
- 中枢神经系统损伤的程度及临床症状的严重程度与疾病持续时间直接相关。

鉴别诊断

- 东方或西方马脑脊髓炎（EEE和WEE）

- 日本脑炎
- 西尼罗热
- 发霉玉米毒素（镰刀菌属）导致的脑白质软化症
- 狂犬病
- 破伤风
- 非洲马瘟
- 细菌性脑膜炎
- 毒物中毒

实验室诊断

那些接触传染性VEE病毒或从感染组织或细胞培养物制备病毒抗原的操作人员，应当进行疫苗接种并证实已经以VEE病毒特异性中和抗体的形式建立了免疫力。所有可从VEE病毒材料产生气溶胶的操作都要在3级隔离室的生物安全柜中进行（参见OIE《陆生动物诊断试验和疫苗手册》1.1.2章"兽医微生物实验室与动物设施的生物安全与防护"）。

VEE的确诊是建立在对病毒的分离与鉴定或血清转阳的基础上的。

样品

病原鉴定
- 感染早期和同临床脑炎密切相关的发热动物的肝素抗凝血液。
- 脑组织和部分未固定的胰腺：通常难从感染马的脑组织中分离到VEE病毒。
- 一整套采自新近死亡动物的、用10%福尔马林浸泡的组织。

血清学检测
- 如果动物存活的话，要采双份血清。
- 第一份样品要采自动物发热时。康复期血清样品要在采集第一份急性期样品4~7天后或在动物濒死时采集。

病原鉴定

- 用试验动物作病毒分离
- 将感染动物的血液或血清经颅内接种于1~4日龄老鼠或仓鼠，也可接种其他实验动物（豚鼠、断奶鼠）。
- 用细胞培养物作病毒分离
- 接种多种类型的细胞、鸡或鸭的胚胎成纤维细胞。
- 接种胚胎化的鸡蛋。
- 所分离的病毒可通过补体结合试验（CF）、血凝抑制试验（HI）、蚀斑减数中和试验（RPN）、免疫荧光或聚合酶链式反应（PCR）作VEE鉴定。
- 分离到的VEE病毒可以通过间接荧光抗体或应用单克隆抗体的RPN试验，或核酸测序进行确证。
- VEE病毒的确证应当由参考实验室完成。

血清学试验

- 马感染VEE病毒的诊断需要检测在急性期与康复期所采集的血清中的特定抗体。
- RPN抗体在感染后5~7天出现。
- CF抗体在感染后6~9天出现。
- HI抗体在感染后6~7天出现。
- 当解释VEE血清学试验结果时，必须要考虑到疫苗接种史。
- 从采自最近未用弱毒疫苗接种的马匹的单份血清中检测到VEE特异性血清IgM抗体，说明最近感染了VEE病毒。
- 在没有兽疫流行的情况下，依据血清转阳来对单个马匹作VEE诊断必须要慎重。尽管兽疫地方性亚型和变异株对马属动物是非致病性的，但是感染后会刺激动物产生对兽疫流行性VEE病毒变异株的抗体。

预防和控制

卫生预防

- 对于兽疫流行性VEE最有效的控制措施是对主要扩大器——马科动物采取措施。
- 对所有马科动物进行检疫与活动限制。
- 对马科动物进行疫苗接种。
- 把马匹关养在具有纱窗的马舍中，尤其是蚊子活动频繁的主要时段。
- 使用驱虫剂与风扇。
- 媒介控制措施；清除蚊子的繁殖场所（如聚积或不流动的水）。

医学预防

- 没有针对病毒性脑脊髓炎的特定治疗方法，可采用下列支持疗法：
- 给不能饮水的马提供液体。
- 认真监测抗炎药的使用。
- 对于出现中枢神经症状的病例使用抗痉挛药。
- 只有两种获得批准的VEE疫苗：
- 弱毒疫苗（用TC-83毒株制备）。
- 弱毒疫苗应以生理盐水配制并立即使用，在配置后4小时内未用的疫苗应当安全废弃。
- 2周龄的马驹和怀孕母马不应接种。
- 疫苗接种部位为动物颈部皮下，使用一个剂量；建议不进行重复接种。
- 进行肌肉注射时可导致不良反应。
- 灭活疫苗（用TC-83毒株制备）
- 接种两次，间隔2~4周。
- 建议每年加强免疫一次。

- 目前灭活疫苗应用最广，已有商品化的EEE/VEE、EEE/WEE/VEE、EEE/WEE/VEE/破伤风类毒素和EEE/WEE/VEE/西尼罗病/破伤风类毒素的多联苗。
- 经福尔马林灭活的强毒力VEE病毒制品不得用于马属动物。
- 残留的强毒力病毒在福尔马林灭活后可以继续存在并导致人和动物的严重疾病。
- VEE的兽疫流行和使用这种经福尔马林灭活的病毒有关。

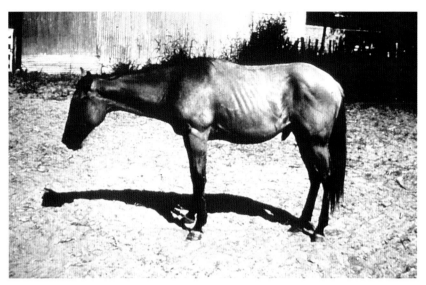

图1　委内瑞拉马脑脊髓炎：马。精神不振。[来源：EADC]

图3　委内瑞拉马脑脊髓炎：马。运动失调和高抬脚步行。[来源：USDA/APHIS/IS]

图2　委内瑞拉马脑脊髓炎：马。无精神、运动失调和难以步行。[来源：EADC]

图4　委内瑞拉马脑脊髓炎：马。失明所造成的带刺的护栏对胸部的刮伤。[来源：USDA/APHIS/IS]

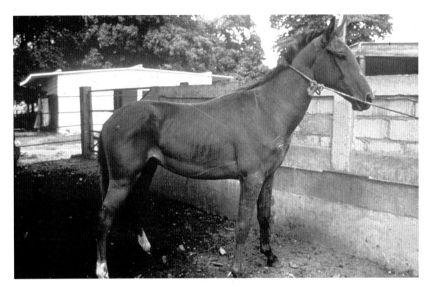

图5　委内瑞拉马脑脊髓炎：马僵硬的站立（锯架式或木马式站姿）。[来源：USDA/APHIS/IS]

图7　委内瑞拉马脑脊髓炎：马。转圈和濒死时四肢划动。[来源：EADC]

图6　委内瑞拉马脑脊髓炎：马。摇晃，转圈。[来源：EADC]

二十九、水疱性口炎

病原学

病原分类

水疱性口炎病毒（Vesicular stomatitis virus，VSV）为弹状病毒科（*Rhabdoviridae*）水疱病毒属（*Vesiculovirus*）成员。水疱性口炎病毒依免疫学上的差别可分成两个型：新泽西（New Jersey，NJ）和印第安纳（Indiana；IND）。印第安纳型依据血清学亲缘关系可分成三个亚型：IND-1（classical IND）、IND-2（Cocal virus）及IND-3（Alagoas virus）。

对理化作用的抵抗力

温度：

58℃/136.4℉，30分钟可将病毒灭活。

pH：

病毒于pH4.0～10.0稳定。

化学药品 / 消毒剂：

病毒对甲醛、乙醚和其他有机溶剂具有敏感性；二氧化氯、福尔马林（1%）、1%次氯酸钠、70%乙醇、2%戊二醛、2%碳酸钠、4%氢氧化钠及2%含碘消毒剂等均为该病毒之有效消毒剂。

存活力：

病毒可被阳光灭活；低温下可长时间存活。

流行病学

- 虽然VSV在分子生物学上已经被广泛研究，但有关流行病学方面仍有许多尚未知晓。
- 已知VSV可经由皮肤或黏膜直接传播。
- 可从沙蝇、黑蝇、蚊子和其他昆虫分离到病毒，显示该病毒可由昆虫传播。
  - 季节性差异（在热带地区于雨季结束后及温带地区于初霜来临时，本病即消失）也支持该病毒由虫媒传播。

– 也有假说称VSV是一种存在于牧场的植物病毒。

● 在流行地区VSV会长期、稳定地循环于沙蝇和无症状易感宿主之间。有证据显示这些地区的家畜和野生动物带中和抗体。

● 发病率差异大，动物群最高可达90%。

● 死亡率低。

宿主

● 家畜：马科动物（马、驴、骡）、牛科、猪科、南美骆驼科动物。

– 绵羊和山羊具耐受性，少出现临床症状。

● 野生动物：白尾鹿和热带地区多种小型哺乳类动物。

● 人

● 实验宿主包括实验室动物（小鼠、大鼠、天竺鼠）、鹿、浣熊、山猫和猴子。

传播

● VSV的传播机制尚不清楚。

● 可经由皮肤或黏膜传播。

● 可经节肢动物传播：沙蝇（白蛉，沙蝇属）、蚊子（伊蚊属）、黑蝇蚋科）。

传染源

● 唾液、渗出液或破裂的水疱上皮。

● 节肢动物媒介。

● 植物和土壤（可疑）。

病的发生

该病局限于美洲。然而，法国（1975年和1917年）及南非（1886年和1897

年）曾有病例报导。血清型NJ和亚型IND-1毒株则在墨西哥南部、中美洲、委内瑞拉、哥伦比亚、厄瓜尔多和秘鲁等地区的家畜中呈地方性流行。这些毒株所致疾病在墨西哥北部和美国西部也偶有发生。IND-2亚型病毒仅从阿根廷和巴西的哺乳类动物分离到。IND-3亚型病毒（Alagoas）则仅在巴西分离到。在美国，并非每年都从家畜中诊断出VS，但认为该病在乔治亚州的Ossabaw岛上的野猪中呈地方性流行。

诊断

潜伏期2~8天，平均为3~5天。VSV水疱可在接种后24小时内出现。在人的潜伏期可从24小时到6天不等，通常为3~4天。

临床诊断

症状类似于口蹄疫（foot and mouth disease，FMD），两者容易混淆。然而，马对VS具有易感性，对FMD则有抗性。

● 当马未被感染时，VS很难从临床上与其他水疱性疾病区别，例如FMD、猪水疱疹（vesicular exanthema of swine，VES）和猪水疱病（swine vesicular disease，SVD）。因此，任何疑似VS病例之早期实验室诊断有其迫切性。

● 该病的发生在畜群中差异很大；仅10%~15%的动物表现临床症状。表现临床症状的通常为成年动物。

● 1岁以下的牛和马很少受到影响。

● 该病的第一个症状一般为过度流涎；有时伴随鼻部结痂。

● 口中出现大小不等的白色凸起或破裂水疱，例如：

– 马：舌头的上表皮，鼻孔的周围及嘴唇表面，嘴角和牙龈。

– 牛：舌，唇，齿龈，硬腭，有时鼻口和鼻孔周围。

– 猪：口鼻部。

- 病变也出现在马和牛的蹄部。
- 乳牛会有乳头损伤。
- 猪常见蹄部损伤和跛行。
- 数天到2周后康复。
- 并发症：乳牛因继发细菌感染导致泌乳量减少和乳房炎，马则出现跛行。
- 发病率介于5%～70%之间，死亡率低。
- 较高的死亡率仅见于猪感染NJ型。

病变

- 鼻口和嘴唇可见水疱、溃疡、糜烂及结痂；病变局限于嘴、鼻孔、乳头和蹄的上皮组织。
- 尚不清楚该病的致病机制，已观察到特异性抗体并不一定能防止同血清型VS病毒的感染。

鉴别诊断

- 虽然马、猪和牛同时感染时可怀疑是VS，但需立即进行鉴别诊断，因为牛及猪都有感染VS时临床症状无法与FMD区别，而仅猪单独感染时则需与猪水疱疹及猪水疱病区别诊断。

临床上无法区别的疾病

- 口蹄疫
- 猪水疱病
- 猪水疱疹

其他鉴别诊断

- 牛传染性鼻气管炎

- 牛病毒性痢疾
- 恶性卡他热
- 牛丘疹性口炎
- 牛瘟
- 蓝舌病
- 流行性出血病
- 腐蹄病
- 化学或热灼伤

实验室诊断

样品

供VS诊断用样品的采集技术必须与用于诊断FMD、VES和SVD的方法相协调，以利于这些水疱性疾病的鉴别诊断。注意：VSV对人可能具致病性，当接触这些可能具传染性的组织或病毒时需采取适当的防护措施（详见OIE《陆生动物诊断试验和疫苗手册》第1.1.2章"兽医微生物实验室和动物设施生物安全防护及生物安全管控"）。

病原鉴定

- 从口、足及其他部位的水疱形成处采集水疱液、未破裂水疱之上皮、新破裂水疱之上皮组织或破裂水疱的拭子。
- 采样前应给动物注射镇静剂，以避免伤及采样人员并符合动物福利规定。
- 当从牛身上无法取得水疱上皮组织时，可藉由探杯来收集食道咽头液（OP fluid）。
- 对猪只可采集咽喉拭子送交实验室进行病毒分离。
- 从各种患病动物采集的病材应放置于装有pH7.6的Tris-缓冲胰蛋白胨液

肉汤（含酚红）的容器内。

- 如果需用补体结合（CF）试验作抗原检测，从所有种类的动物采得的样品要置于pH7.2 ~ 7.6的甘油/磷酸盐缓冲液中。
  - 甘油对病毒具有毒性会降低病毒分离的敏感性，因此仅适用于补体结合试验病材的收集。
- 如果样品能在采集后48 ~ 72小时内送达实验室，可采用冷藏方法保存。若运输时间超过72小时，样品应冷冻保存于装有湿冰和盐的箱子内。以干冰运送的样品，应采取预防措施，需避免样品与二氧化碳接触。
  - 关于使用干冰运输样品的特殊包装规范请阅OIE《陆生动物诊断试验和疫苗手册》第1.1.1章"诊断样品的收集和运输"）。

血清检验

- 自康复动物取得的血清样品，可用作VS特异性抗体的检测和定量。
- 从同一动物间隔2 ~ 4周采集的急性期和恢复期的配对血清适于检测抗体效价的变化。

操作程序

病原鉴定

- 病毒分离
  - 为鉴定不同血清型的VS病毒并作水疱性疾病鉴别诊断，对怀疑含有病毒的田间样品的悬浮上清液应进行免疫学检测。
  - 为病毒分离，将同一上清液接种于适当的细胞培养物。
  - 各血清型的VS病毒会引起一种细胞病变效应（CPE）。
  - 细胞培养物可用VS特异性荧光抗体复合物进行染色。
  - 电子显微镜对于区分不同科的病毒是一项很有用的诊断工具。

- 酶联免疫吸附检测法（ELISA）–间接夹心法ELISA（IS-ELISA）是目前首选可鉴别VSV血清型别和其他水疱性疾病的诊断方法。
- 补体结合试验：敏感性较ELISA差，并会受亲补体因子或抗补体因子之干扰。
- 核酸辨识法：PCR可用于扩增VSV基因的一些小区域。
  - 可以检测存在于组织、水疱液和细胞培养内的病毒RNA，但无法确定病毒是否具有感染性。
  - PCR技术目前尚未被常规地应用于筛选引起VS的病毒。

血清学试验

- 液相阻断酶联免疫吸附法（LP-ELISA）或竞争性酶联免疫吸附法（c-ELISA）[国际贸易指定的检验方法]：可用于血清中的特异性抗体的定性和定量检测。
  - 对不同血清型的VS病毒的抗体作定性和定量检测时，选用LP-ELISA法。
  - 建议使用病毒糖蛋白作为抗原，因为它们不具传染性，可以检测中和抗体，比起病毒中和试验，具有较少的假阳性结果。
- 病毒中和（Virus neutralization，VN）试验[国际贸易指定的检验方法]：可用于血清中特定抗体的鉴定和定量。
  - 使用经灭活的血清作为测试样品，并用平底的组织培养微量滴定板进行操作。
- 补体结合试验[国际贸易指定的检验方法]：可对早期产生的抗体，主要是IgM抗体进行定量检测。

预防和控制

无特殊治疗方法。抗生素可以避免受损组织的继发感染。

卫生预防

- 怀疑该病时，需执行动物移动管制，包括受感染设施的隔离检疫，直到实验室的确诊结果出来。
- 经确诊是该病，移动管制必须继续严格执行。
- 此外，应对卡车和污染物进行消毒，隐性感染的动物应于室内隔离。
- 在动物的损伤痊愈后至少21天内禁止动物从感染了的场地移出，除非动物直接进屠宰场。
- 昆虫控制可能有助于防止本病的传播。要消除或减少蚊虫繁殖区，或喷洒杀虫剂或动物佩戴耳标以表明动物已经用杀虫剂处理过。

医学预防

- 灭活和减毒疫苗已进入实验测试阶段，目前尚无商品化疫苗可供使用。

（本章由台湾家畜卫生试验所潘居祥博士和黄天祥博士译成繁体中文。因本书绝大多数章节被译成中文简体，为保持全书在文体上的一致性，所有章节均用中文简体出版。经潘居祥博士同意，本章遂由上海市农业科学院畜牧兽医研究所朱于敏博士打印成中文简体。）

图2　水疱性口炎：牛，口。牙床出现大面积糜烂并有坏死上皮残余和纤维黏在表面。鼻子结痂及唾液分泌过多。[来源：USDA/APHIS/VS]

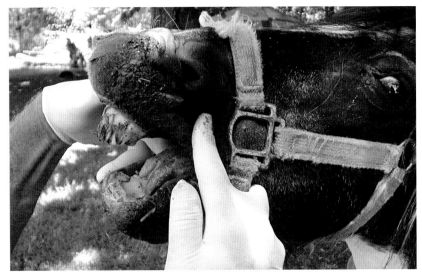

图1　水疱性口炎：牛，头部。明显流涎和鼻部结痂。[来源：USDA/APHIS/VS]

图3　水疱性口炎：马，舌头。舌头广泛糜烂。[来源：USDA/APHIS/VS]

Original: English Version

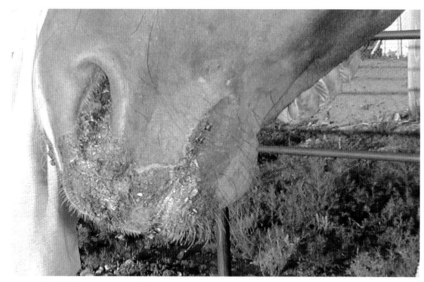

图4 水疱性口炎：马。鼻口和嘴唇部汇合在一起的糜烂病变。[来源：USDA/APHIS/VS]

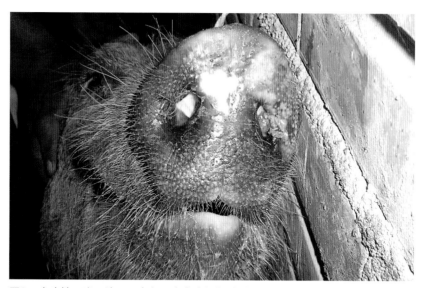

图6 水疱性口炎：猪，口鼻部。大水疱近期破裂留下带坏死上皮的糜烂区。[来源：INDEA]

图5 水疱性口炎：马，乳头。红斑和糜烂。[来源：USDA/APHIS/VS]

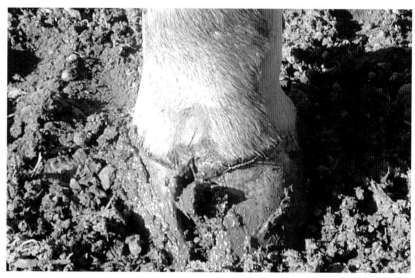

图7 水疱性口炎：马，蹄。蹄壁已经从冠状带分离。[来源：INDEA]

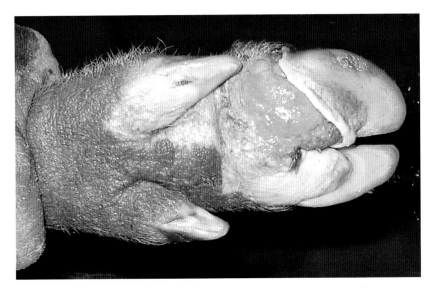

图8 水疱性口炎：猪，脚垫。水疱形成后的严重糜烂。[来源：INDEA]

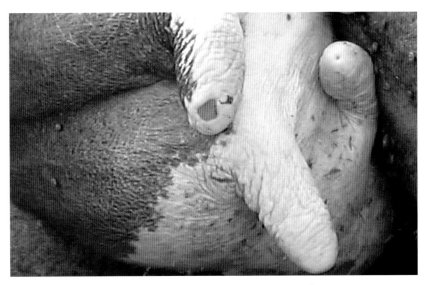

图10 水疱性口炎：乳牛，乳头。局部糜烂。[来源：INDEA]

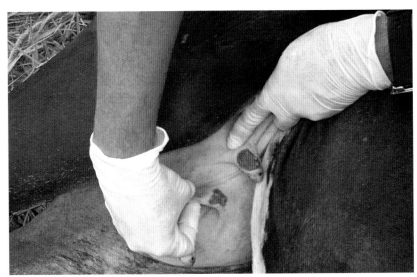

图9 水疱性口炎：马，乳头。严重糜烂。[来源：INDEA]

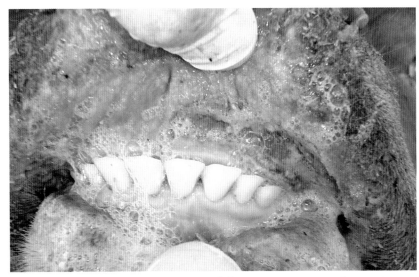

图11 水疱性口炎：马，严重糜烂性口炎。[来源：FMVZ/UMSNH]

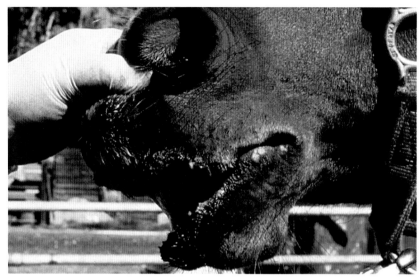

图12　水疱性口炎：马，严重糜烂性口炎。[来源：USDA/APHIS/VS]

图14　水疱性口炎：马，严重糜烂性口炎。[来源：USDA/APHIS/VS]

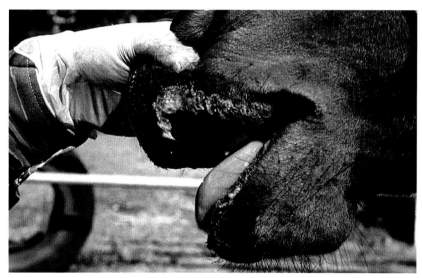

图13　水疱性口炎：马，严重糜烂性口炎。[来源：USDA/APHIS/VS]

参考文献

Anon. 1993. Validation of the publication of the new names and new combinations previously effectively published outside the IJSB. List No. 45. *Int. Syst. Bacteriol.*, **43**, 398–399.

Anon. 2002. Commission decision of February 2002 approving a diagnostic manual establishing diagnostic procedures, sampling methods and criteria for evaluation of the laboratory tests for evaluation of the laboratory tests fir the confirmation of classical swine fever (2002/106/EC). *Off. Eur. Union*, **L039**, 78–88.

Anon. 2009. Integrated Taxonomic Information System (IT IS) on-line database. Website access in 2009 at www.itis.gov.

Anon. 2009. International Center for Research-Development in Animal Breeding in Sub-humid Zones (CIRDES); for strategic control of trypanosomes, trypanocide use and insecticide treatments. Website accessed in 2009 at www.cirdes.org.

Arif A., Schulz J., Thiaucourt., Taha A. and Hammer S. 2007. Contagious caprine pleuropneumonia outbreak in captive wild ungulates at Al Wabra Wildlife Preservation, State of Qatar. *Zoo. Wildl. Med.*, **38**, 93–96.

Barrette T., Pastoret P.-P. and Taylor W.P. 2005. Rinderpest and peste des petits ruminants: virus plagues of large and small ruminants. London: Academic Press.

Bascunana C.R., Mattsson J.G., Bolske G. and Johansson K.E. 1994. Characterization of the 16S rRNA genes from Mycoplasma sp. strain F38 and development of an identification system based on PCR. *Bacteriol.*, **176**, 2577–2586.

Brès P. 1981. Prevention of the spread of Rift Valley fever from the African continent. *Contributions to Epidemiology and Biostatistics*, **3**, 178–190.

Brown C. and Torres A. Eds. 2008. USAHA Foreign Animal Diseases, Seventh Edition. *Committee of Foreign and Emerging Diseases of the US Animal Health Association*. Boca Publications Group, Inc.

Chen Y.S., Chen S.C., Kao C.M. and Chen Y.L. 2003. Effects of soil pH, temperature and water content on the growth of Burkholderia pseudomallei. *Folia Microbiol.*, **48** (2), 253–256.

Claes F., Agbo E.C., Radwanska M., Pas M.F.W., Baltz T., De Waal D.T., Goddeeris B.M., Claassen E. and Büscher P. 2003. How does *Ttrypanosoma equiperdum* fit into the Trypanozoon group? A cluster analysis by RAPD and multiplex-endonuclease genotyping approach. *Parasitology*, **126**, 425–431.

Coetzer J.A.W. and Tustin R.C., Eds. 2004. Infectious Diseases of Livestock, 2nd Edition. Cape Town, South Africa: Oxford University Press Southern Africa.

Desquesnes M. 2004. Livestock trypanosomoses and their vectors in Latin America. *CIRAD-EMVT Publication*, World Organization for Animal Health (OIE), Paris, 174.

Endy T.P. and Nisalak A. 2002. Japanese encephalitis: ecology and epidemiology. *Curr. Top. Microbiol. Immunol.*, **267**, 11–48.

Erlanger T.E., Weiss S., Keiser J., Utzinger J. and Wiedenmayer K. 2009. Past, Present, and Future of Japanese Encephalitis. *Emerg. Inf. Dis.*, **15**, 1–7.

Fauquet C., Fauquet M. and Mayo M.A. Eds. 2005. Virus Taxonomy: VIIIth Report of the International Committee on Taxonomy of Viruses. London: Elsevier/Academic Press.

Fernandez P.J. and Shope R.E. 1991. Focus on: Japanese Encephalitis. *Foreign Animal Disease Report*, **19** (1). Veterinary Services, USDA, Hyattsville, MD.

Food and Agriculture Organization (FAO) 1992. Training manual for tsetse control personnel; Vol. 4 – Use of attractive devices for tsetse survey and control. Food and Agriculture Organization (FAO), Rome. 196 .

Geering W.A., Forman A.J. and Nunn M.J. 1995. Japanese encephalitis. *In* Exotic Disease of Animals: a field guide for Australian Veterinarians, Canberra: Australian Government Publishing Service.

Homer M.J., Aguilar-Delfin I., Telford III S.R., Krause P.J. and Persing D.H. 2000. Babesiosis. *Clin. Micribiol. Rev.*, **13** (3), 451.

Kahn C.M. ED. 2005. Merck Veterinary Manual, 9th Edition. Merck & Co. Inc. and Merial Ltd. Whitehouse Station, NJ.

Lorenzon S., Manson-Silván L. and Thiaucourt F. 2008. Specific real-time PCR assays for the detection and quantification of *Mycoplasma mycoides* subsp. *mycoides* SC and *Mycoplasma capricolum* subsp.

capripneumoniae. Molec. Cell. Probes, **22**, 324–328.

Lorenzon S., Wesonga H., Ygesu L., Tekleghiorgis T., Maikano Y., Angaya M., Hendrikx P. and Thiaucourt P. 2002. Evolution of *M. capricolum* subsp. *capripneumoniae* strain and molecular epidemiology of contagious caprine pleuropneumonia. *Ver. Microbiol.*, **85**, 111–123.

MacOwan K.J. and Minette J.E. 1976. A mycoplasma from acute contagious caprine pleuropneumonia in Kenya. *Trop. Anim. Health Prod.*, **8**, 91–95.

Mellor P.S. and Hamblin C. 2004. African horse sickness: review article. *Vet. Res.*, **35**, 445–466.

Ozdemir U., Ozdemir E., March J.B., Churchward C. and Nicholas R.A. 2005. Contagious caprine pleuropneumonia in the Thrace region of Turkey. Vet. Rec., **156**, 286–287.

Pettersson B., Bolsker G., Thiaucourt F., Uhlen M. and Johansson K.E. 1998. Molecular evolution of *Mycoplasma capricolum* subsp. *capripneumoniae* strains, based on polymorphism in the 16S rRNA genes. *Bacteriol.*, **180**, 2350–2358.

Radostits O.M., Gay C.C., Hinchcliff K.W. and Constable P.D. 2007. Veterinary Medicine – A textbook of the diseases of cattle, horses, sheep, pigs, and goats, 10th Edition. Saunders Elsevier, St. Louis, Missouri.

Rurangirwa F.R., McGuire T.C., Kibor A. and Chema S. 1987. An inactivated vaccine for contagious caprine pleuropneumonia. *Vet Rec.*, **121**, 397–400.

Saegerman C., Reviriego-Gordejo F. and Pastoret P.-P. Eds. 2008. Bluetongue in Northern Europe. World Organization for Animal

Health (OIE), Paris/University of Liège, Faculty of Veterinary Sciences, Liège.

Shah A.H., Kamboh A.A., Rajput N. and Korejo N.A. 2008. A study on the optimization of physic-chemical conditions for the growth of *Pasteurella multocida under in vitro*. *Agri. Soc. Sci.*, **4**, 176–79.

Solomon T., Ni H., Beasley D.W., Ekkelenkamp M., Cardosa M.J. and Barrette A.D. 2003. Origin and evolution of Japanese encephalitis virus in Southeast Asia. *Virol.*, **77** (5), 3091–3098.

Spickler A.R. and Roth J.A. 2009. Technical Fact Sheets. Website accessed in 2009. Iowa State University, College of Veterinary Medicine. Consulted at www.csfph. Iastate.edu/DiseaseInfo/factsheets.htm.

Taylor W.P. and Barrette T. 2007. Rinderpest and peste des petits ruminants. *In* Diseases of sheep, fourth edition (I.D. Aitked, ed.). Blackwell Publishing.

Thiaucourt F. and Bölske G. 1996. Contagious caprine pleuropneumonia and other pulmonary mycoplasmoses of sheep and goats. *In* Animal mycoplamoses and control (J. Nicolet, ed.). *Rev. sci. tech Off. Int. Epiz.*, **15**, 1397–1414.

Thiaucourt F. and Bölske G., Libeau G., Le Golf C. & Lefèvre P.-C. 1994. The use of monoclonal antibodies in the diagnosis of contagious caprine pleuropneumonia (CCPP). *Vet. Microbiol.*, **41**, 191–203.

Thomson J.R., Bell N.A. and Rafferty M. 2007. Efficacy of some disinfectant compounds against porcine bacterial pathogens. *The Pig Journal,* **60**, 15–25.

Uilenberg G. 1998. A field guide for the diagnosis treatment and prevention of African animal trypanosomosis. Food and Agriculture Organization (FAO), Rome, 158 .

Walton T.E. and Johnson K.M. 1988. Venezuela equine encephalomyelitis. *In* The Arboviruses: Epidemiology and Ecology, Vol. IV, Monath, T.P., ed. CRC Press, Boca Raton, FL., 204 .

Weaver S. C. 2005. Host range, amplification and arboviral disease emergence. *Arch. Virol. Suppl.*, **19**, 33–44.

World Organisation for Animal Health 1997. Recommended standards for epidemiological surveillance systems for contagious bovine pleuropneumonia. *Ad hoc* group on Contagious Bovine Pleuropneumonia Surveillance Systems of the Office of International des Epizooties. *Rev. Sci. tech. Off. Int. Epiz.*, **16**, (3), 898–918.

World Organisation for Animal Health 2008. Manual of Diagnostic Tests and Vaccines for Terrestrial Animals, sixth Edition, OIE, Paris, Vol. I and II 1343 .

World Organisation for Animal Health 2009. Online World Animal Health Information Database (WAHID). Website accessed in 2009 at www.oie.int/wahis/public.php?page=home.

World Organisation for Animal Health 2009. Terrestrial Animal Health Code. Eighteenth Edition, OIE, Paris, Vol. I and II 650.

Wombat S., Lorenzon S., Peyraud A., Manson-Silvan L. and Thiaucourt F. 2004. A specific PCR for the identification of *Mycoplasma capricolum subsp. capripneumoniae*, the causative agent of contagious caprine pleuropneumonia (CCPP). *Vet. Microbiol.*, **104**, 125–132.

备 注

虽然关于疾病的流行情况已在每个病的有关章节介绍，但如需获得本书所包括的疾病的最新的详细信息，可查阅已同OIE 网站(www.oie.int/) 相连的"OIE 全球动物健康信息数据库"（WAHID），或查阅OIE最近发布的全球动物健康信息。同样，虽然作者提供了关于每个疾病实验室诊断的基本信息，但如需关于某些特定方法更详细的信息，可查阅最新版本的OIE《陆生动物诊断试验和疫苗手册》。关于陆生动物及其产品的国际贸易的信息，请查阅《OIE陆生动物卫生法典》。